艺术设计思维与创造系列

廖刚　主编

服装结构设计实训教程

INTERACTIVE
MEDIA ART

刘旭　王玮　王立慧　编著

辽宁美术出版社

国家艺术设计专业实验教学示范中心“十二五”系列教材

总策划：潘 力
主 编：廖 刚
副主编：刘 旭
编 委：刘 旭 王 玮 王立慧

图书在版编目（CIP）数据

服装结构设计实训教程 / 刘旭等编著. -- 沈阳：辽宁美术出版社，2014.5（2015.1重印）
（艺术设计思维与创造系列）
ISBN 978-7-5314-6059-6

Ⅰ. ①服… Ⅱ. ①刘… Ⅲ. ①服装结构-结构设计-教材 Ⅳ. ①TS941.2

中国版本图书馆CIP数据核字（2014）第084177号

出 版 者：辽宁美术出版社
地 址：沈阳市和平区民族北街29号 邮编：110001
发 行 者：辽宁美术出版社
印 刷 者：沈阳恒美印刷有限公司
开 本：889mm×1194mm 1/16
印 张：12.5
字 数：390千字
出版时间：2014年5月第1版
印刷时间：2015年1月第2次印刷
责任编辑：苍晓东
封面设计：范文南 洪小冬 苍晓东
版式设计：戈权威 苍晓东
技术编辑：鲁 浪
责任校对：李 昂
ISBN 978-7-5314-6059-6

定 价：58.00元

邮购部电话：024-83833008
E-mail：lnmscbs@163.com
http：//www.lnmscbs.com
图书如有印装质量问题请与出版部联系调换
出版部电话：024-23835227

总序

在当今社会对服装专业人才需求的大背景下，我们应当务实客观地审视我们的服装高等教育。高等教育是为国家培养人才，更是为国家储备人才，建树大学精神。大学教育要有思想，有智慧，我们的教育必须要尊重客观规律。首先，是国家富强之规律，其次，是教育所要研究的课题即教育之规律。我们可以回顾一下，当今世界上先进、发达的国家如德国、日本、美国、北欧等一些国家的成功之道，一是有先进的思想理念，新而务实，定位决策恰当。二是有一支与先进的思想理念相配套的、务实的技术队伍。社会只有分工不同，不同的分工有着相同的价值规范，可以达到相同的境界。只有艺术与设计、艺术与生产达到高度统一，才能达到服务社会、造福人类之功效。

这套示范实训教材基于社会所需的新型人才的培养模式，是“十二五” 系列教材的改革焦点之一。同时，也是服装学院一直以来非常重视，并收到很好实训教学成果的经验总结，也正是我们办学的特色之一。与此同时，我们也清醒地看到我们教学中存在的不足，并针对其不足做了调整与改革。我们本着对社会、对国家高度的责任感，系统地、直观地、科学地讲授专业课程的核心本质规律。

大连工业大学服装学院
副院长 廖刚

绪论

打开你的思维空间，从一个全新的视觉角度走进服装结构设计，构建一个新的结构设计思维方式。

服装结构设计课程是一门理论和实践密切结合的实践性较强的课程，服装结构设计是实现服装从设计理念到立体实物的重要桥梁，在服装立体形态构成中起着承上启下的作用。服装结构设计涉及技术与艺术两方面含义，它相对于纯粹的艺术设计更理性、更严谨。随着人们对服装时尚性、舒适性、个性化高标准的设定，对结构设计的技术与艺术含量的要求也越来越高。巧妙和自然是结构设计艺术性的体现，在二维的结构图中所表现出来的艺术性是很微妙的，一条基础线的定位，一条造型线的弧度表情，省道转移的功能美化，分割线的精练处理，都需要建立在感性的基础上。根据服装结构设计课程的特点与教学目标，设计本书的内容与模式，力求在掌握扎实基础知识的前提下，培养学生既有技术含量又有设计内涵的结构设计能力，为学生的后续发展打下坚实基础。

服装平面结构设计作为服装结构构成两大方法之一，具有速度快、成本低、适合成衣化生产的优点，但对于初学者来说由于缺少立体形态与平面结构之间的思维转换经验与掌控能力，往往不能很好地完成结构设计的变化与应用。基于此方面的考虑，本书以原型制图法作为结构设计的主要方法和出发点，从某种意义上说原型法具备了一定的立体效果的直观性，在三维立体形态与二维平面结构之间搭建了沟通的桥梁，增强了操作者对平面结构的感性认知，易于初学者的学习与掌握。

本书立足于服装结构设计实践教学，以基础理论与实际案例分析相结合的模式，分基础模块、专项模块、综合应用三大模块，分别阐述了服装结构设计基础理论常识及女装衣原型、基础裙和基础裤的结构设计原理及其变化应用。案例法贯穿全书，案例法有利于把知识视觉化、系统化、简单化。在案例的选择与设计上注重了实用性和可拓展性。案例内容设计从易到难，从单一到综合，每个案例涵盖不同知识点。通过对案例的了解、分析与掌握，培养和训练学生结构设计思维的能力。

书中的课后实训部分是课程内容必要的补充和延展，是构建完整的结构性设计思维不可缺少的部分。基础模块的课后实训，是以参观考察为主的认知实践。专项模块的课后实训，以考查学生掌握基础知识的程度，训练结构设计的应变能力为主。综合应用模块的课后实训，增加了一些探索性、自由设计性内容，组织学生收集相应流行服装款式，并对其结构特点进行对比与分析。以提高学生的学习兴趣与积极性，深化学生对结构设计的理解程度，锻炼学生与他人沟通协作的专业素养为目的。

为使读者轻松阅读与理解，书中配以翔实的图解、图表进行解析说明，增强了教材的直观性，使学生对教材内容一目了然，可促进对教材内容的理解。

目录

1

基础模块——了解服装结构设计

第一章

第一节　服装结构设计概述

第二节　服装结构设计方法

第三节　服装结构制图常识

服装结构设计就像桥梁一样把设计师的设计思维与三维立体的实物沟通联系起来。服装结构设计是实现服装款式造型设计的必经途径，在服装立体形态构成中处于中间环节，有承上启下的作用。

课题说明

服装结构设计涉及技术与艺术两方面含义，通过平面构成与立体构成两大构成方法，实现三维立体服装。服装结构设计相对于纯粹的艺术设计更理性、更严谨，已形成一套完整的体系。

实践意义

本章是实践操作的基础模块，了解服装结构设计的相关属性是学习掌握服装结构设计技能的基础前提。

实践目标

了解服装结构设计的概念及其在服装构成中的地位与作用。

了解服装结构设计构成方法及其特点。

掌握服装结构制图原则及所用工具、相关符号、代号等技术要求。

实践方法

以参观、了解为主的认知实践。

第一节
服装结构设计概述

一、服装结构设计简介

1. 概念

服装结构设计隶属服装工艺学，是研究服装结构的内涵及各部位的相互关系、装饰与功能性的设计、分解与构成规律和方法的课程，是技术和艺术相互融合、理论和实践密切结合的实践性较强的学科。

2. 作用

现代服装工程包括服装款式造型设计、服装结构设计、服装工艺设计三部分（见表 1-1）。

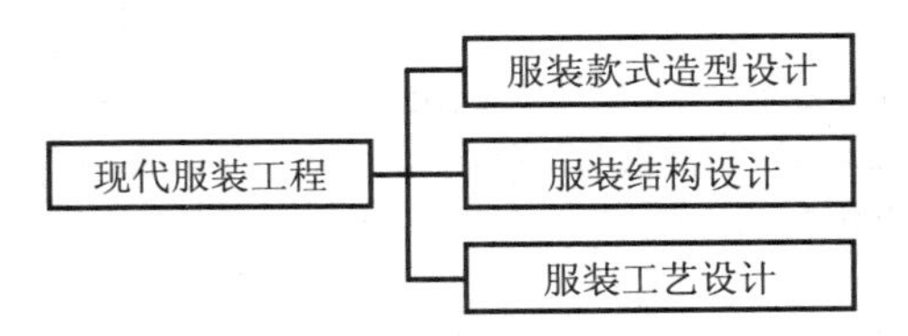

表 1-1

服装结构设计是现代服装工程的重要组成部分，有承上启下的作用。服装结构设计将立体的服装形态分解成相应的、科学的、合理的平面几何图形，同时修正款式造型设计中不合理的结构关系，为工艺制作提供完整的系列样板，是实现服装款式造型设计的必经途径。

3. 相关科目（见表 1-2）

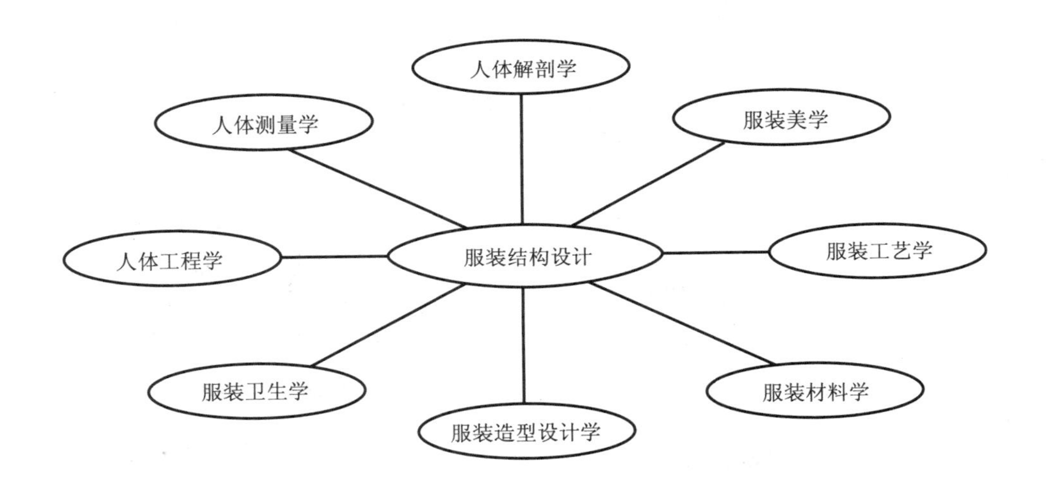

表 1-2

4. 学习方法

与其他学科相比，服装结构设计具有很强的技术性与实践性，所以必须通过大量的实践才能得到深入的理解和掌握。同时，结构设计更注重思维的逻辑性与严谨性，需要学习者有严谨细致、追求最佳的学习态度。

二、服装结构设计原理——从立体形态到平面图形的转化

对立体形态与平面图形之间思维转换的掌控能力是学习服装平面结构设计的关键。

1. 以日常生活中我们常见的几何形体为例，了解从立体形态到平面图形的转化过程

（1）以圆柱体为例，说明立体形态与平面图形的对应关系（见图1-1）。

（2）以圆台为例，说明立体形态与平面图形的对应关系（见图1-2）。

（3）以球体为例，说明立体形态与平面图形的对应关系（见图1-3、图1-4）。图1-3为经向分割，图1-4为纬向分割。

图 1-1 圆柱体的立体形态与平面展开的对应图

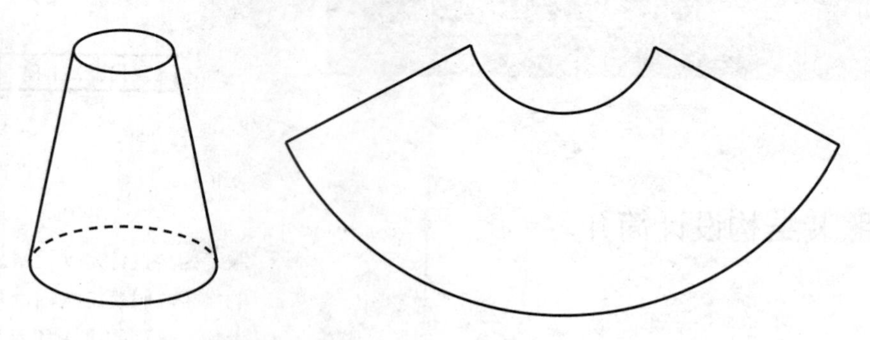

图 1-2 圆台的立体形态与平面展开的对应图

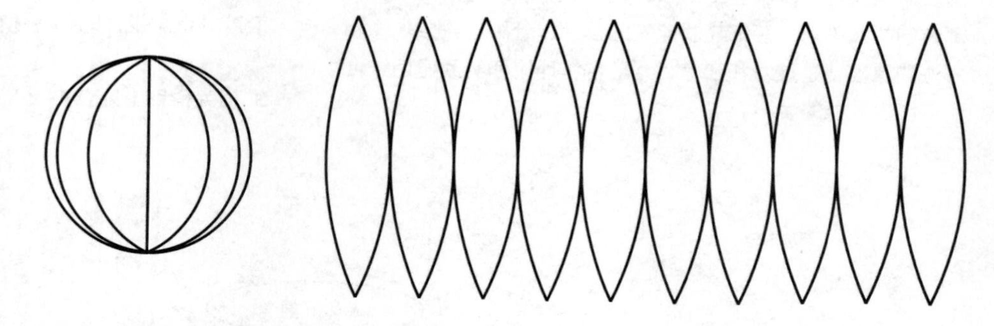

图 1-3 球体的立体形态与以经度线分割的平面展开图

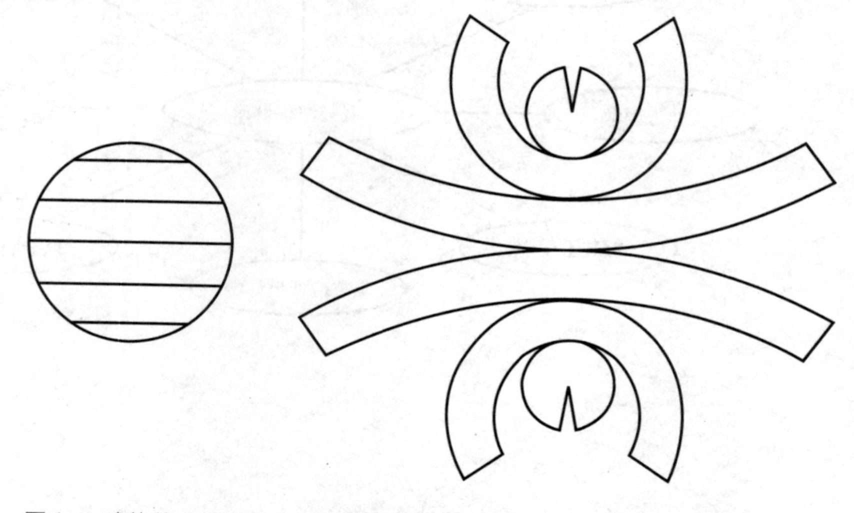

图 1-4 球体的立体形态与以纬度线分割的平面展开图

2. 服装结构设计中的立体形态到平面图形的转换原理

把服装立体造型分解为相应的几何形体；结构制图则是几何形体的平面展开图形的组合。以一款直筒裙型为例（见图1-5）。

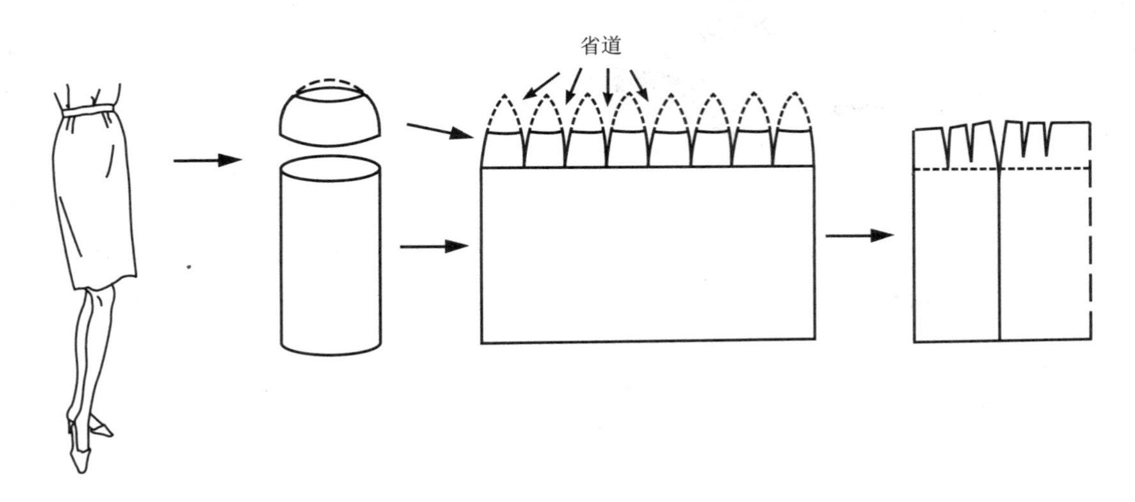

图 1-5 直筒裙的几何体构成与平面展开图

三、服装制作过程与结构设计

服装的生产制作有两种形式，一种是服装厂的批量生产，一种是单件定制。其具体流程如下：

批量生产加工的方式（见表1-3）：

单件定制的方式（见表1-4）：

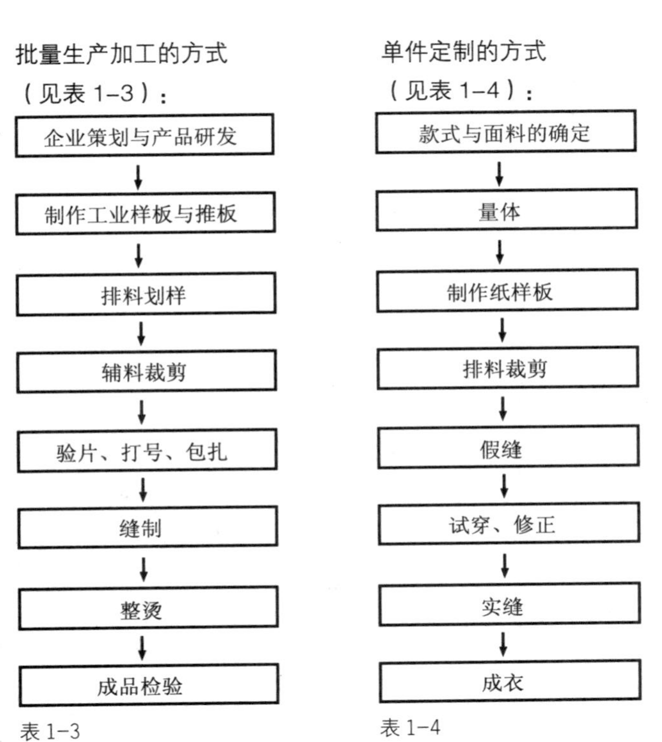

表 1-3

表 1-4

批量生产中的服装结构设计是按国家统一服装标准号型进行制板、推板，具有适应范围广的特点。服装结构设计的样板系统、规范，目前以平面结构构成方式为主。单件定制中的服装结构设计是针对个体的以量体裁衣的形式进行制板，强调的是合体性和个性特征。服装结构设计样板的形式与内容较灵活，平面、立体两种结构构成方式都为常见。

第二节
服装结构设计方法

一、服装结构构成方法
二、服装平面构成方法

一、服装结构构成方法

1. 服装结构构成方法有两种：平面构成与立体构成（见表 1–5）

表 1–5 服装结构构成方法

	构成方法	说明
服装结构构成方法	平面构成	又称平面裁剪，是在平面的纸张或布料上绘制服装结构图，将服装的立体形态转换成二维的平面几何图形。与立体构成方法相比较，平面构成方法是由依据实测或经验、视觉判断而产生的定寸、公式绘制出的平面纸样。
	立体构成	又称立体裁剪，是将布料依附于人体或人台，在三维空间中直接进行塑型裁剪的一种结构构成方法。与平面构成方法相比较，立体构成方法直观效果好，操作过程中常采用分割、折叠、抽缩、拉展等技巧塑造服装形态。

2. 平面构成与立体构成优缺点

依据服装款式结构特征，充分发挥平面构成与立体构成的各自优势，平面与立体相结合的构成方法是科学可行的（见表 1–6）。

表 1–6 平面构成与立体构成优缺点

	优点	缺点	解决办法
平面构成	方便、简捷、制图精确。	二维纸样与三维服装之间缺少形象、具实的立体对应关系，影响结构制图的准确性。	实际操作时常采用假缝样衣，进行立体验证，调整、修正、确认最终准确样板。
立体构成	直观效果好、成功率高，能解决平面裁剪难以解决的造型问题，同时利于设计思维的发挥。	操作条件要求高、费用高，操作手法和技巧对准确性影响较大。	在扎实的平面制图基础上，加强操作技术素养和艺术修养。

二、服装平面构成方法

1. 服装平面构成可分为间接法、直接法，间接法又可分为原型法、基型法；直接法又可分为比例法和实寸法（见表 1–7）

表 1–7 服装平面构成方法分类

	构成方法		说明
服装平面构成	间接法	原型法	以人体必要尺寸绘制服装原型，依据服装款式结构特征，在原型基础上进行加放、缩减、剪切、折叠、拉展等变化，得到所需服装结构图。
		基型法	以所要设计的服装品种中最接近该款式的服装纸样作为基型，对基型作局部造型调整，并作出所需服装款式的纸样。
	直接法	比例法	以人体主要部位的尺寸（身高、胸围、腰围、臀围等）为基础，依据服装款式结构特征，加放各部位放松量设计服装的规格尺寸，再进行各部位尺寸公式的比例计算，得出各部位尺寸的结构制图方法。
		实寸法	又称为剥样，测量成衣的各部位尺寸，以此为结构图的各部位尺寸或参考尺寸的制图方法。

2. 原型法与比例法对比的案例分析（见图 1-6）

原型法与比例法是服装平面结构制图中常用的、具有代表性的制图方法。

原型法是在已有的原型基础上制图，降低了结构设计的难度。适合于初学者，同时便于学习者对人体和结构设计原理的理解和掌握。这种结构设计方法比较适合非常规的服装款式。

比例法是建立在大量通过长期实践验证的基本公式的基础上，比原型法的制图步骤少，对尺寸的控制更直接，制图更方便。在服装款式变化较大时，需要依据经验调整计算公式，对初学者会有一定的难度。这种结构设计方法比较适合于常规的服装款式。

随着对原型法与比例法的了解和熟练掌握，会有殊途同归之感。

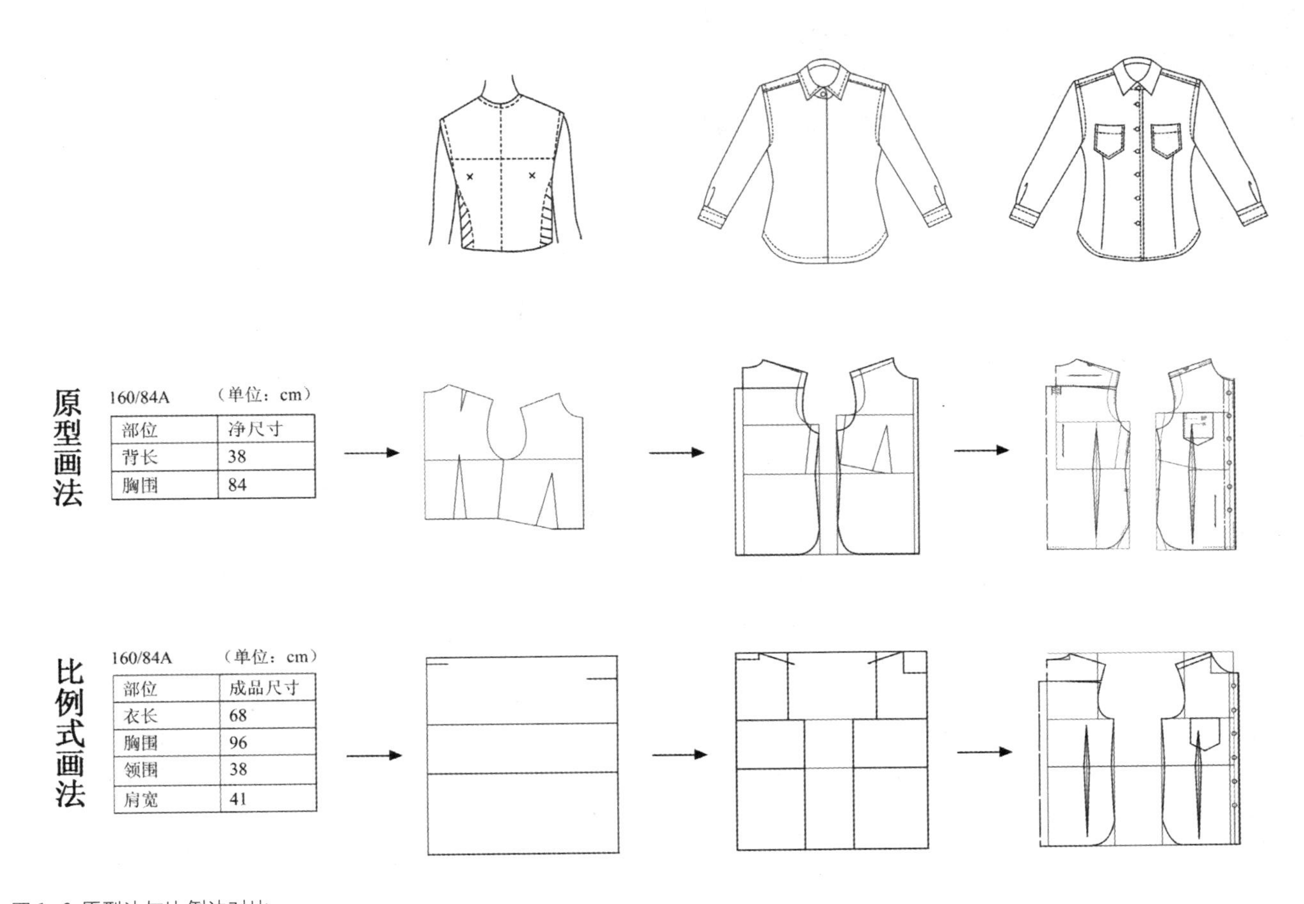

图 1-6 原型法与比例法对比

第三节 服装结构制图常识

一、服装结构制图工具

正确的使用制图工具可使结构制图更方便、更准确。

1. 皮尺：测量身体各部位尺寸，还可以灵活地测量曲线的长度。
2. 比例尺：可按其比例放缩进行结构制图。
3. 方格直尺：绘制直线、平行线和测量长度、加放缝份时使用。
4. 直角三角尺：绘制 90°、45° 角时使用。
5. 曲线尺：绘制袖窿、袖山、领窝等曲线时使用。
6. 弯尺：绘制侧缝、腰线等曲线时使用。
7. 样板纸：通常为牛皮纸，也有用较厚、硬的卡纸作为样板定稿后的保存。
8. 剪口器：在样板边缘打上小方形孔标记作为对位记号点。
9. 点线器：可将样板上的结构线直接描摹到下层的制图纸上。
10. 锥子：刺穿样板在面料上做记号的工具。
11. 剪刀：裁纸用的剪刀和裁剪面料用的剪刀要分开准备。
12. 画粉：在面料上画线的工具。
13. 大头针：暂时固定样板纸或面料，样衣修正时也会用到。
14. 人台：样衣的立体检验和修正时使用。

二、几种常用工具尺使用的案例说明

1. 直角三角尺的使用说明（见图 1-7）

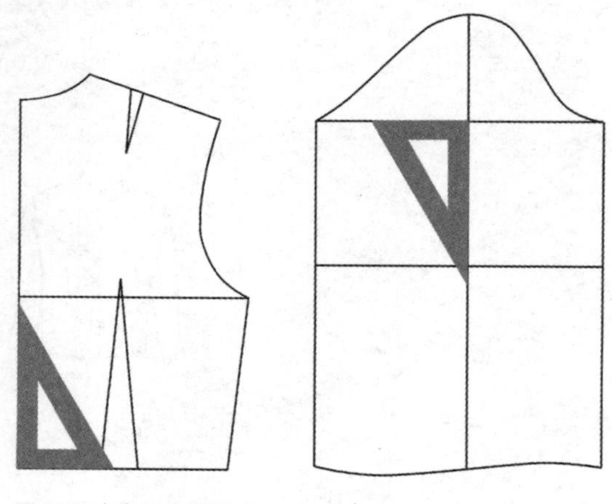

图 1-7 直角三角尺的应用

2. 曲线尺的使用说明（见图 1-8）

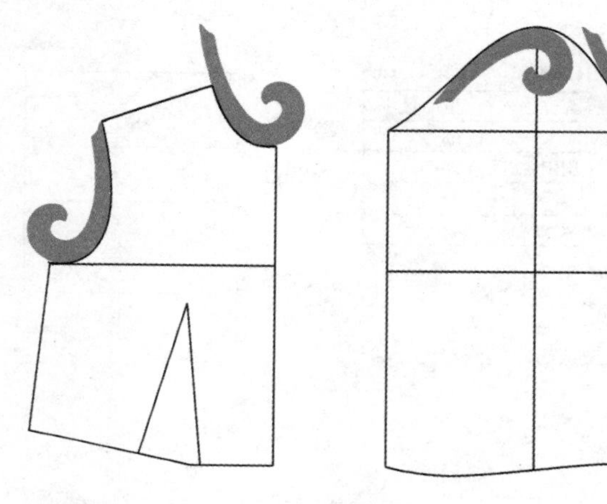

图 1-8 曲线尺的应用

3. 弯尺的使用说明（见图 1-9）

图 1-9 弯尺的应用

4. 方格直尺的使用说明（见图 1-10）

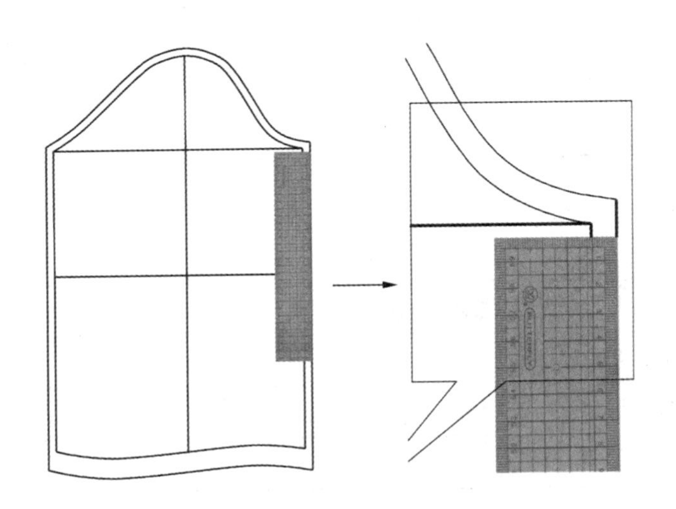

图 1-10 方格直尺的应用

三、服装结构制图规则

在服装行业中，服装结构制图是传达设计意图，沟通设计、生产的技术文件，有着统一的规范要求。

1. 服装结构制图采用厘米为单位，细部精确到 0.1 厘米。
2. 结构制图通常为净缝制图，制作样板时再按面料及需要加放缝份。
3. 结构制图顺序一般是先作衣身，后作部件；先作大衣片，后作小衣片。对于具体的衣片来说先作基础线，后作轮廓线和内部结构线。作基础线一般是先横后纵，即先定长度后定宽度，由上而下，由左至右进行。
4. 结构制图的线条和符号有统一标准，以确保制图的规范性。

四、服装结构制图符号

服装结构制图符号是服装结构设计的基本语言，是表达样板内容与要求的基本手段。表 1-8 中列出了服装制图中常用的制图符号及其使用说明。

表 1-8 服装结构制图符号

序号	符号	名称	说明
1	————	基础线	制图中的各种辅助用线
2	━━━━	轮廓线	结构图的轮廓线或完成线，较基础线重，一般宽为基础线的 2 ~ 3 倍
3	— — — — — —	翻折线	表示衣领部位的翻折位置或衣片连折不可裁断处
4	—·—·—·—	贴边线	表示贴边的轮廓形状
5		明线	表示在缝制中装饰性缝线的位置
6		纱向线	表示面料纱向的方向
7		等分线	表示将某一线段分成若干等份的符号
8	▲△●○■□	等长符号	表示符号所对应的部位尺寸大小相同
9		直角符号	表示两线相交处于垂直状态
10		拼合符号	表示分开制图的两部分裁片在实际样板中需要拼合的部位，其总是成对出现
11		重叠符号	表示制图时两部分裁片是重叠的，两条双平行线所在位置即为重叠部分，为两块样板共有
12	～～～	缩缝符号	表示裁片某部位缝合时需要收缩的标记
13		单向褶裥	表示顺斜线由高到低方向折叠
14		对合褶裥	表示顺斜线由高到低方向对合折叠
15		归拢符号	表示裁片某部位需要熨烫归拢的标记
16		拔开符号	表示裁片某部位需要熨烫拉伸的标记
17	├──┤	扣眼符号	两短线间距离表示扣眼大小
18	⊕	扣位符号	纽扣位置的标记，交叉线交点为钉扣位置
19	⊕	孔位符号	表示裁剪时需钻眼做记号的符号，常用于省尖、袋口等
20		对位符号	表示缝合时必须对齐的标记

五、服装结构制图常用代号

在服装结构制图时，为了简化制图过程，方便书写，一些常见的部位往往用字面代号简化，这些代号通常是由各部位英文名词的首位字母组成，形象而便于记忆，服装结构制图中的常用代号如表 1-9 所示。

表 1-9 服装结构制图常用代号

序号	人体及服装部位名称	英文名称	代号
1	领围	Neck Girth	N
2	胸围	Bust Girth	B
3	腰围	Waist Girth	W
4	臀围	Hip Girth	H
5	肩宽	Shoulder Width	S
6	领围线	Neck Line	NL
7	上胸围线	Chest Line	CL
8	胸围线	Bust Line	BL
9	下胸围线	Under Bust Line	UBL
10	腰围线	Waist Line	WL
11	中臀围线	Meddle Hip Line	MHL
12	臀围线	Hip Line	HL
13	肘线	Elbow Line	EL
14	膝盖线	Knee Line	KL
15	胸点	Bust Point	BP
16	前颈点	Front Neck Point	FNP
17	侧颈点	Side Neck Point	SNP
18	后颈点	Back Neck Point	BNP
19	肩端点	Shoulder Point	SP
20	袖窿	Arm Hole	AH
21	袖长	Sleeve Length	SL
22	裤长	Trousers Length	TL
23	袖口	Cuff Width	CW
24	裤口	Slacks Bottom	SB

课后实训

一、参观服装厂和设计师工作室，增加对服装生产过程的了解与认知程度。
二、思考分析不同服装结构构成方式的优缺点。
三、了解熟悉各种常用工具尺的使用方法。
四、掌握服装结构设计相关规则、符号、代号等技术要求。

第二章

人体美造就了服装美，服装造型设计严格地说并不是单单由设计师决定的，设计师必须考虑的是人体工程学。所谓量体裁衣，就明确指出了人体结构与服装结构之间的关系。

课题说明

人体是服装外在形式的载体，是支撑服装的骨架。人体的基本形状与尺寸是构成服装衣片形状与大小的依据。对人体体态特征的了解、对人体相关部位尺寸的测量和对服装号型的掌握是结构设计者必备的基本知识。只有在此基础上才能从根本上理解服装结构设计的原理和实质。

实践意义

本章是服装结构制图的前提基础，人体结构特征是服装结构制图的依据。人体测量数值的准确性会直接影响到服装结构制图的合体性。

实践目标

了解人体基本体态特征，掌握人体结构特征对服装结构设计的影响。

掌握人体测量的基本方法。

熟悉服装号型及使用参考尺寸表。

实践方法

通过人体测量加深对人体体态特征的认知程度。

第一节
人体结构与服装结构设计

一、人体结构概述

1. 骨骼

骨骼是人体的支架，决定了人体的体积和比例。掌握骨骼与骨骼之间关节的部位、活动方向、活动量，对于服装结构设计有着重要的指导意义。

躯干骨——从侧面看，人直立时有 S 形的生理弧线弯曲，其中颈椎和腰椎活动幅度大，所以在服装制图时必须理解这些部位的运动幅度。胸椎附有 12 对肋骨，左右均等。肋骨与前胸中央的胸骨形成近似于卵形，上小下大呈下倾状的胸廓。胸廓后部有肩胛骨，运动手臂时起重要作用。

上肢骨——锁骨和肩胛骨在胸廓上左右各一组，属上肢骨。其上所覆盖的肌肉是肩部的重要组成部分。肩关节是联系躯干骨和上臂的骨骼，由于能进行复杂的大运动，所以与装袖有重要的关系。上肢骨由肱骨、前臂的桡骨、尺骨、掌骨构成，可以进行肘和手指关节运动。

下肢骨——骨盆与股骨连接处为胯关节，进行下肢运动。下肢骨（大腿）由股骨、髌骨、腓骨、胫骨、足骨组成，膝和踝、趾关节可以运动。

2. 肌肉

人体虽有许多肌肉，但和服装有关的是运动关节的骨骼肌。肌肉由于受神经刺激，产生收缩引起骨骼运动。与服装运动量有关的是关节的单侧肌肉收缩，另一侧的肌肉伸展形成屈伸运动，引起肌肉的形状发生变化。了解肌肉的走向，对服装制作有很大作用。与服装制作有关的肌肉：颈部肌肉、胸部肌肉、背部肌肉、腹部肌肉、上肢肌肉、下肢肌肉（见图 2-1、图 2-2）。

3. 皮肤

皮肤位于人体最外侧，有感知外界状况、储存皮下脂肪的功能。皮下脂肪的厚度因年龄、性别、种族的差异而不同，一般来说，女性脂肪较男性脂肪厚，成人较小孩的脂肪厚。并且人体各部位分布也不一样，通常在乳房、臀部、腹部、大腿等部位脂肪分布较多，手掌、足底部位分布较少。以上因素影响而形成的各种体形特征，是服装结构设计的重要因素。

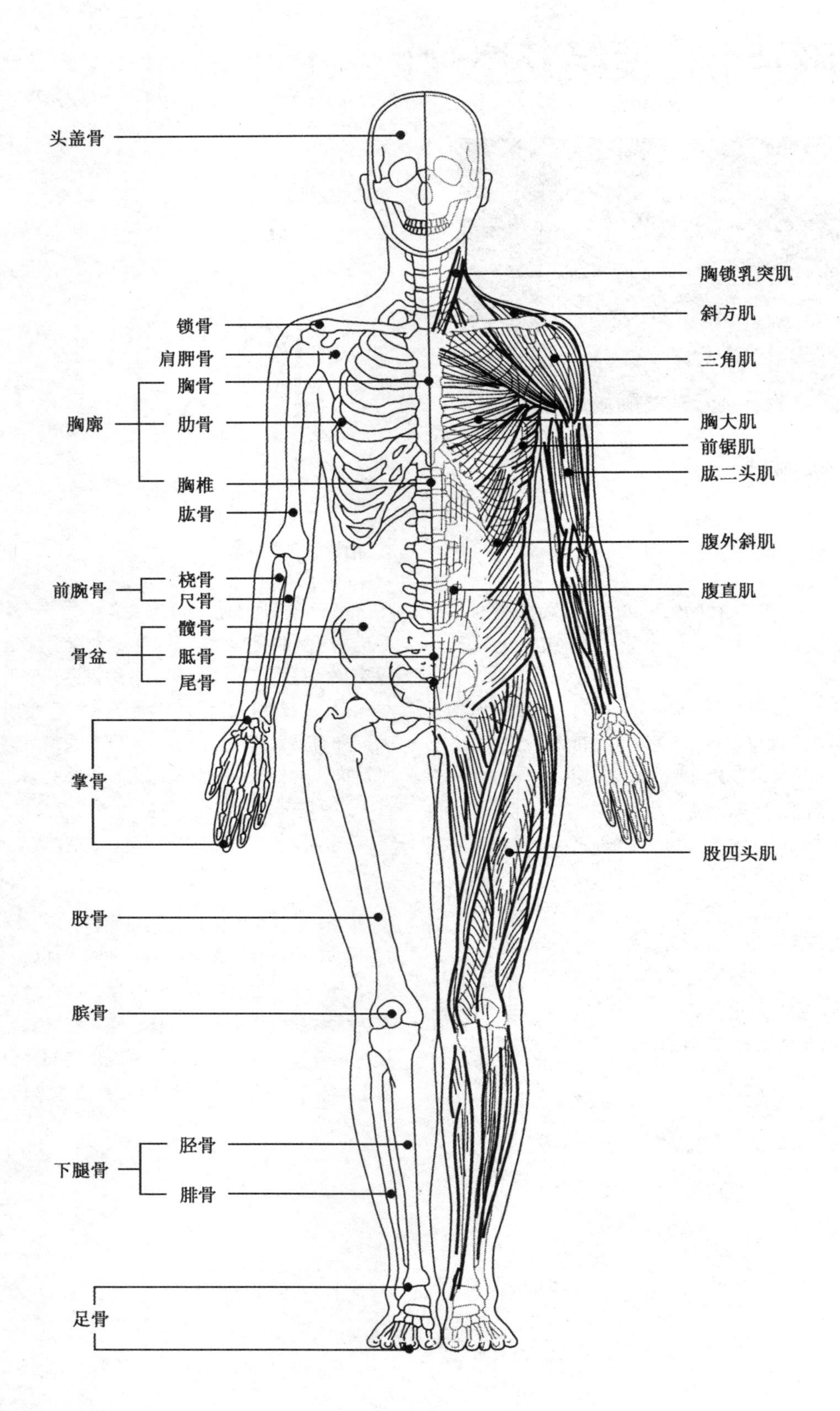

图 2-1 人体骨骼与肌肉正面图

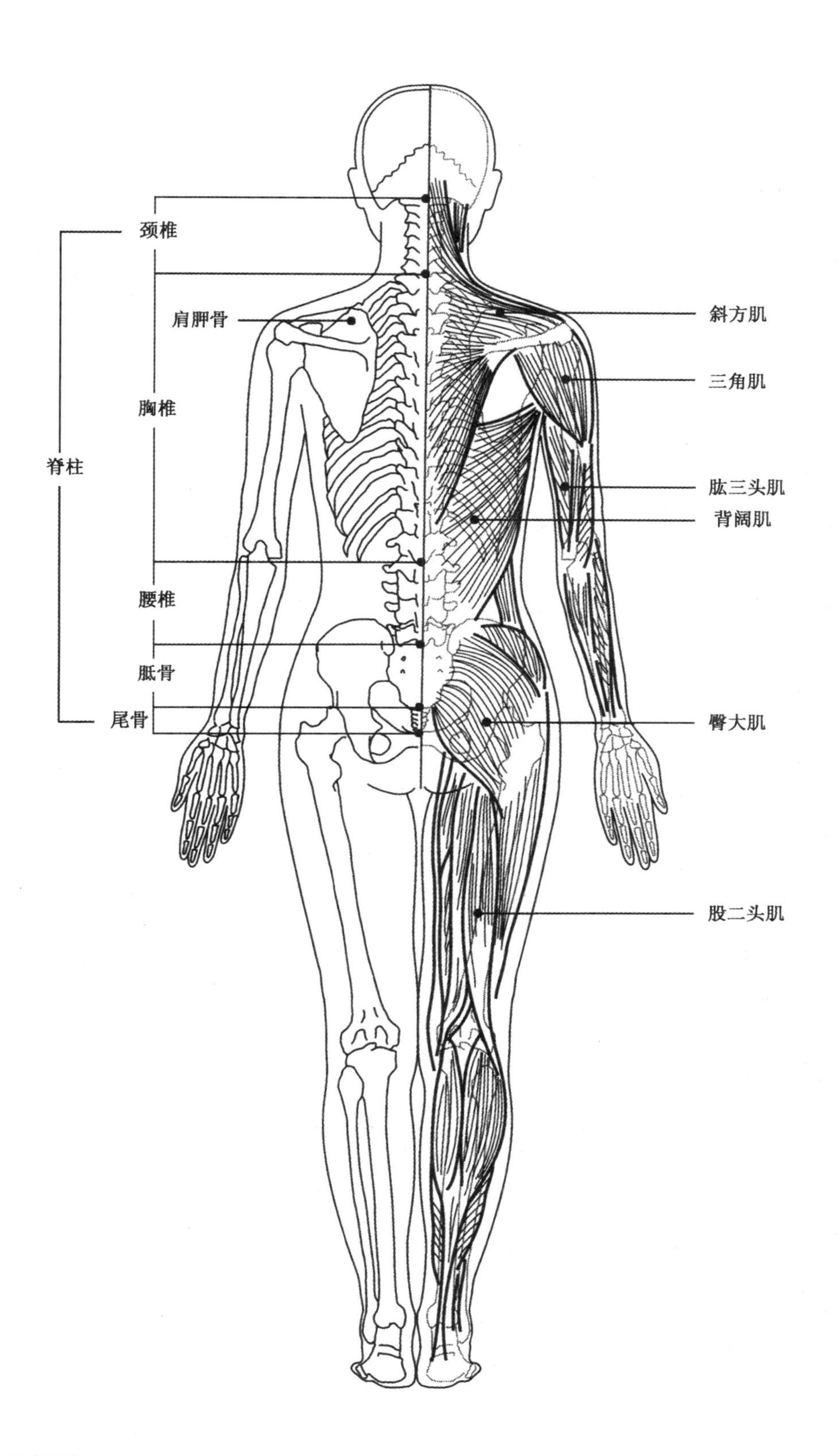

图 2-2 人体骨骼与肌肉背面图

二、人体的比例

1. 人体的标准比例

人体的比例因性别、年龄、种族等不同而各异，且审美观也不同，所以很难划定理想的比例。下面以日本文化服装学院的测量数据为基础的成年女性（18 ~ 24 岁）的三种标准比例作为指标来展示比例（见图 2-3）。

从头顶到下巴正中的长度（垂直距离）为“全头高”。以身高平均是 7.1 个头高左右为例：

（1）全头高的 2 倍位置是乳头的位置，这个位置往下移是年龄增大的标志。

（2）全头高的 4 倍左右位置是躯干部分的终止线。

（3）身高和指端（两臂水平伸展时右指尖端到左指尖端的长度）几乎相等。

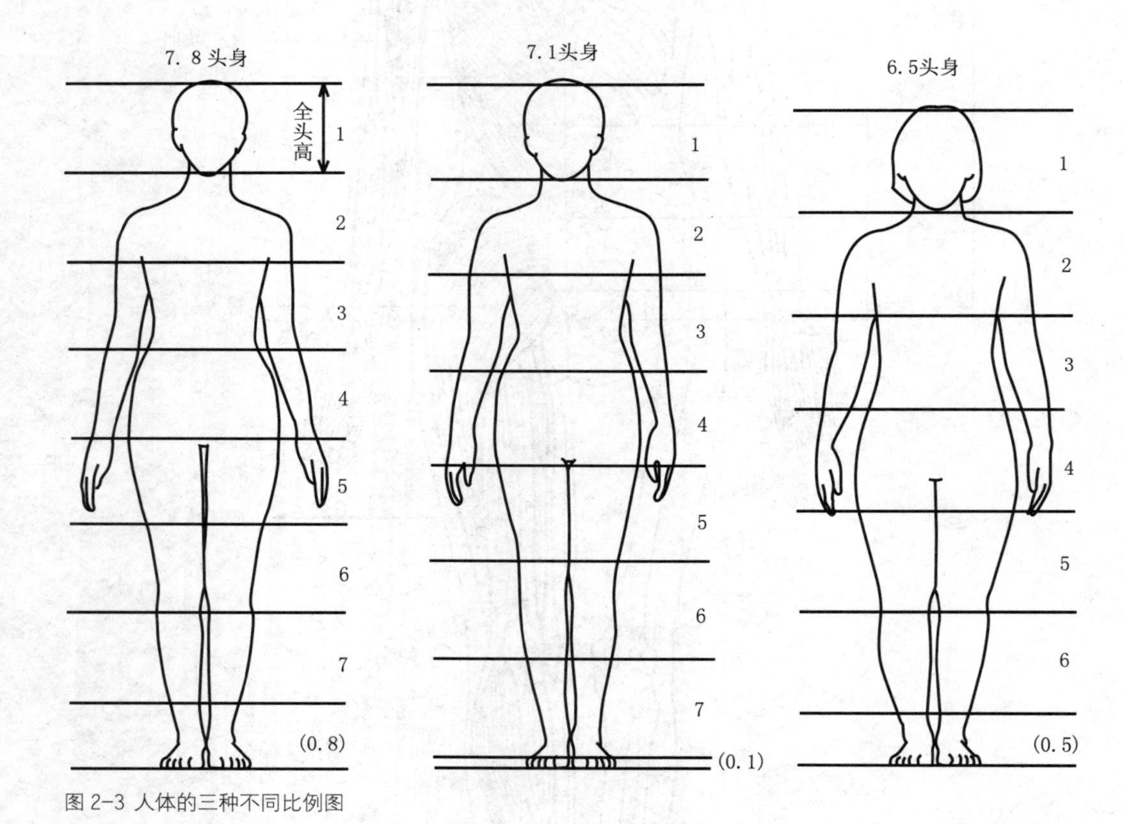

图 2-3 人体的三种不同比例图

2. 不同年龄阶段的人体比例

人体各部位的比例，由出生至成年有很大的变化。如图 2-4、图 2-5 所示，男女体型在童年时期头与身的比例表现为头大身小，下肢短上身长。随着年龄增长，身体不断发育，下肢在全身的比例逐渐加大。

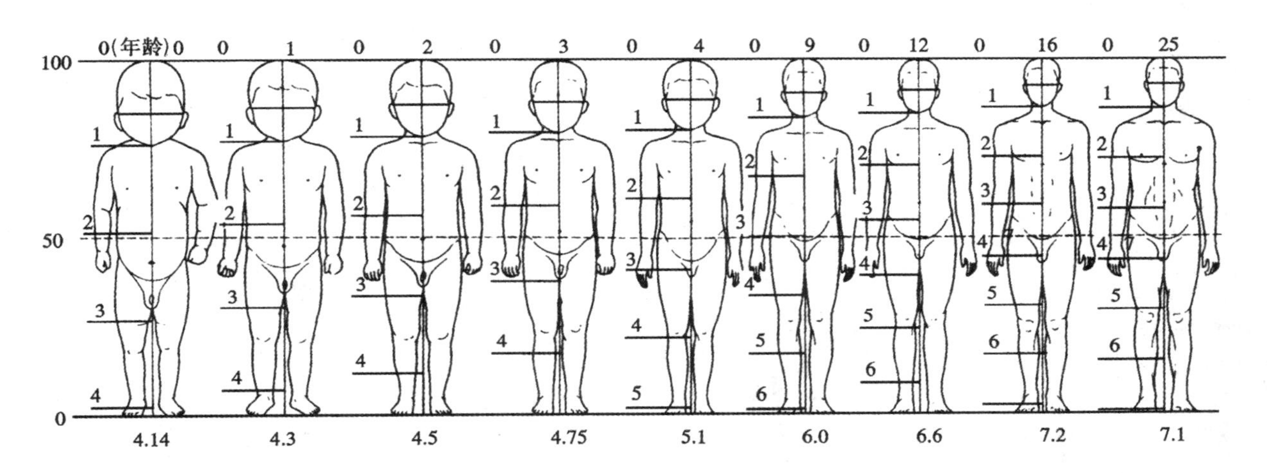

图 2-4 男性不同年龄的比例图

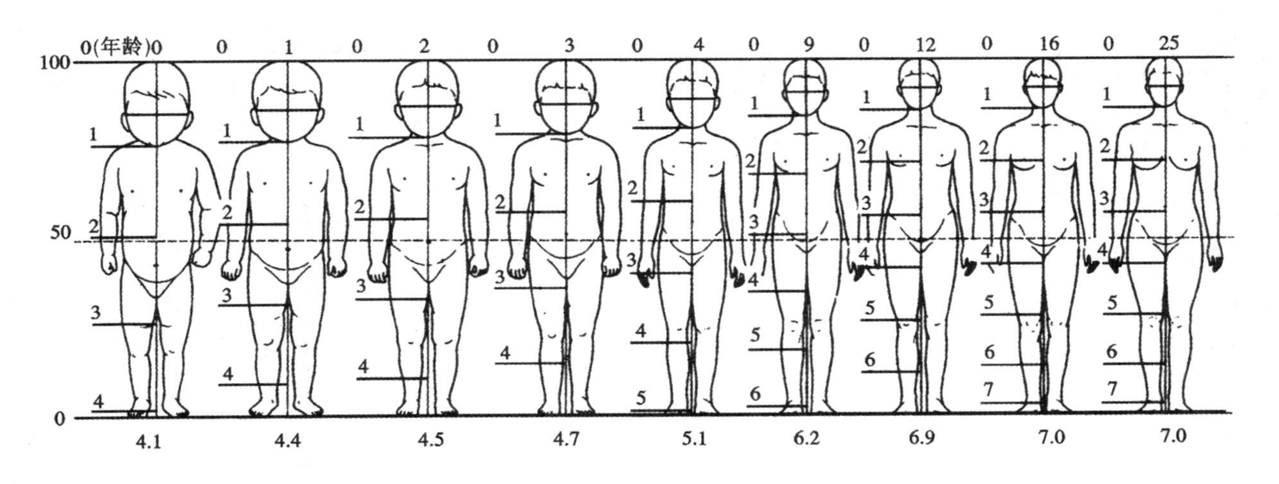

图 2-5 女性不同年龄的比例图

三、男女体型差异与结构设计

男女体型差别主要在躯干部分，女性胸部隆起，表面起伏变化较大，而男性胸部较为平坦；女性骨盆较宽大，脊柱的腰椎部分较长，显得腰部以下较发达，而男性肩部胸部骨骼肌肉宽大，显得腰部以上较发达。因此，从肩线至腰节线与腰节线至大转子连线所形成的两个梯形中观察（见图 2—6），男性上大下小，而女性上小下大；男性腰节线较女性腰节线偏低。男女体型差异及对结构设计的影响（见表 2—1）。

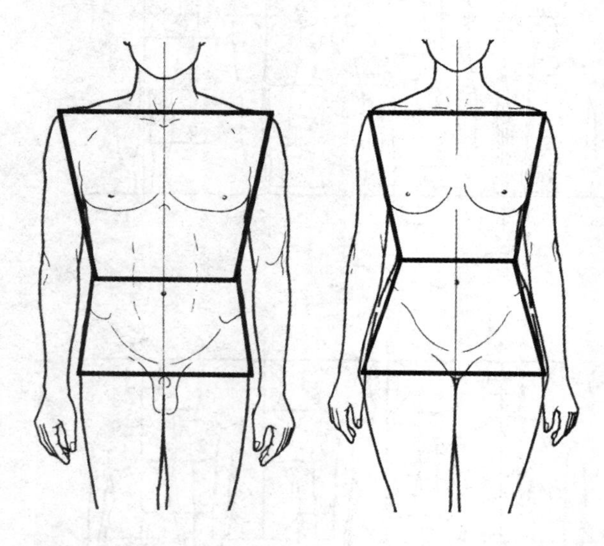

图 2-6 男女体型差异图

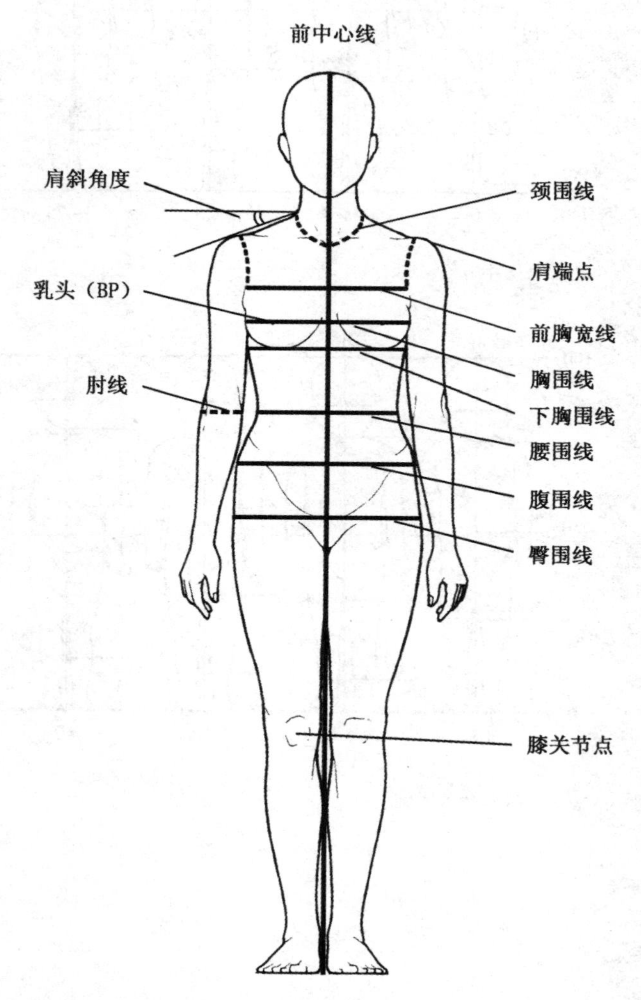

图 2-7 人体部位与服装结构对应正面图

表 2-1 男女体型差异对结构设计的影响

	骨骼	肌肉与皮下脂肪	外部形态特征	对结构设计的影响
男性	骨骼粗壮而有棱角，上身骨骼较发达，肩较宽，胸廓体积大，骨盆窄而薄，呈倒梯形。	肌肉发达，肌腱多形成短而凸起的块状，皮下脂肪少，局部外形起伏不平。	颈部竖直，胸部前倾，收腹，臀部收缩而体积小，外形整体平直，挺拔有力。	男性体形外观较平直，结构变化较小，以直线型为主。形式内敛，注重服装材料的性能和分割的技术处理。
女性	骨骼平滑柔和，下身骨骼较发达，肩较窄，胸廓体积小，骨盆宽而厚，呈正梯形。	肌肉不发达，皮下脂肪多，外形光滑圆润。	乳房隆起，背部稍向后倾斜，使颈部稍前伸，肩胛凸出，骨盆宽厚使臀大肌高耸，促成后腰凹陷，腹部前挺，整体外形呈优美的 S 形曲线。	女性外形起伏较大，给省道、折裥、分割的变化设计留有很大的设计空间，结构设计以曲线型为主。女装的款式变化多样，形式纷繁。

四、人体部位与服装结构对应的分析图（见图 2-7 ~ 图 2-9）

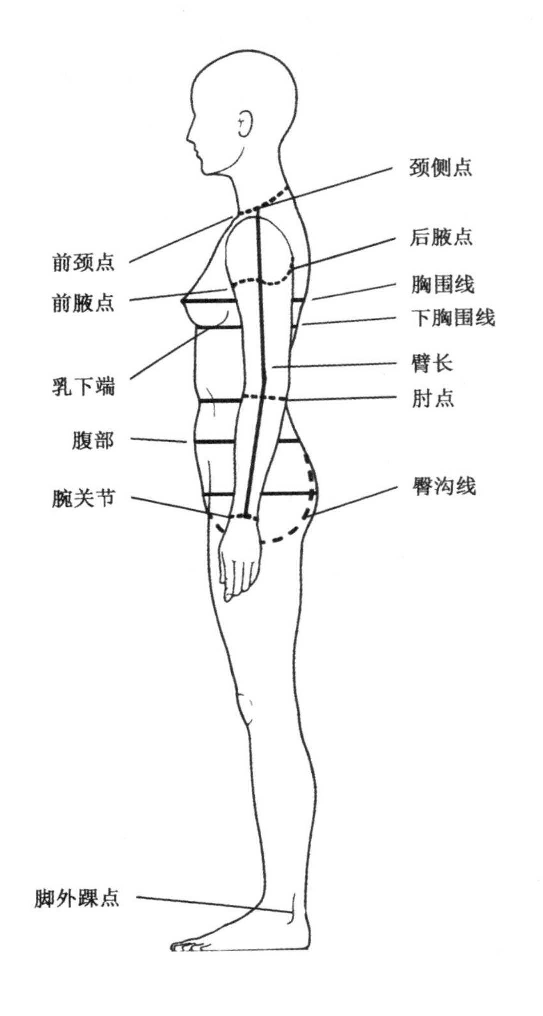

图 2-8 人体部位与服装结构对应侧面图

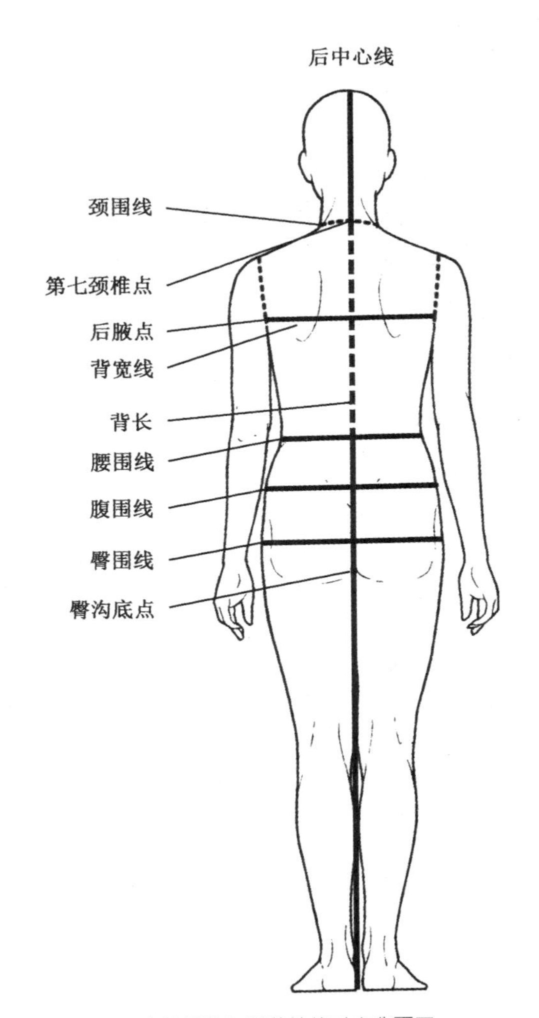

图 2-9 人体部位与服装结构对应背面图

第二节
人体测量

一、服装制作的人体测量
二、手工测量
三、仪器测量

一、服装制作的人体测量

1. 人体测量的意义

人体测量是服装设计和生产的重要基础性工作，是正确把握人体体态特征的必要手段。在测量中可以了解人体各部位的尺寸与形态，还便于进一步掌握人体与服装之间的形态关系，了解服装与人体的形态差异和尺寸差异。同时，人体测量是服装生产中制定号型规格标准的基础。服装号型标准的制定，是建立在大量人体测量的基础上，通过人体普查的方式，对成千上万的人体进行测量，取得大量的人体数据，然后对数据进行科学的分析研究，才能制定出正确的号型标准。

2. 测量注意事项

（1）测量时的姿势
被测者头部保持水平，背部自然伸展不抬肩，双臂自然下垂，手心向内，双脚后跟靠紧，脚尖自然分开。姿势自然，呼吸正常。
（2）测量时的着装
测量时被测者要尽量穿着轻薄的内衣（T恤衫、文胸、紧身衣）。
（3）测量者应站在被测者斜前方，便于仔细观察被测者的体型特征。

二、手工测量

1. 测量点

为进行准确测量，需先在人体皮肤上找到准确的测量点，有些骨骼较凸出的测量点好确定，有些测量点较难定位，需要充分观察体表特征来确定，这对服装制图来说是很重要的（见图 2-10）。

2. 测量项目和方法（见表 2-2）

3. 测量提示

（1）量体前要注意观察好被测者体型特征，有特殊部位要注明，以备制图时参考。
（2）对体胖者的测量尺寸不要过肥或过瘦。
（3）围量横度时应注意皮尺不要拉得过松或过紧，要保持水平。
（4）后颈点是测量时较难找准的点，正确方法是：头部前倾，颈椎部凸出点即为后颈椎点。找到后头部恢复正常状态，再进行测量。
（5）背长尺寸的测量：从后颈点沿后背正中线量到腰，因肩胛骨凸出，长度加 0.7cm ~ 1cm 为好。
（6）肩点尺寸的测量：从侧面看上臂正中央位置。

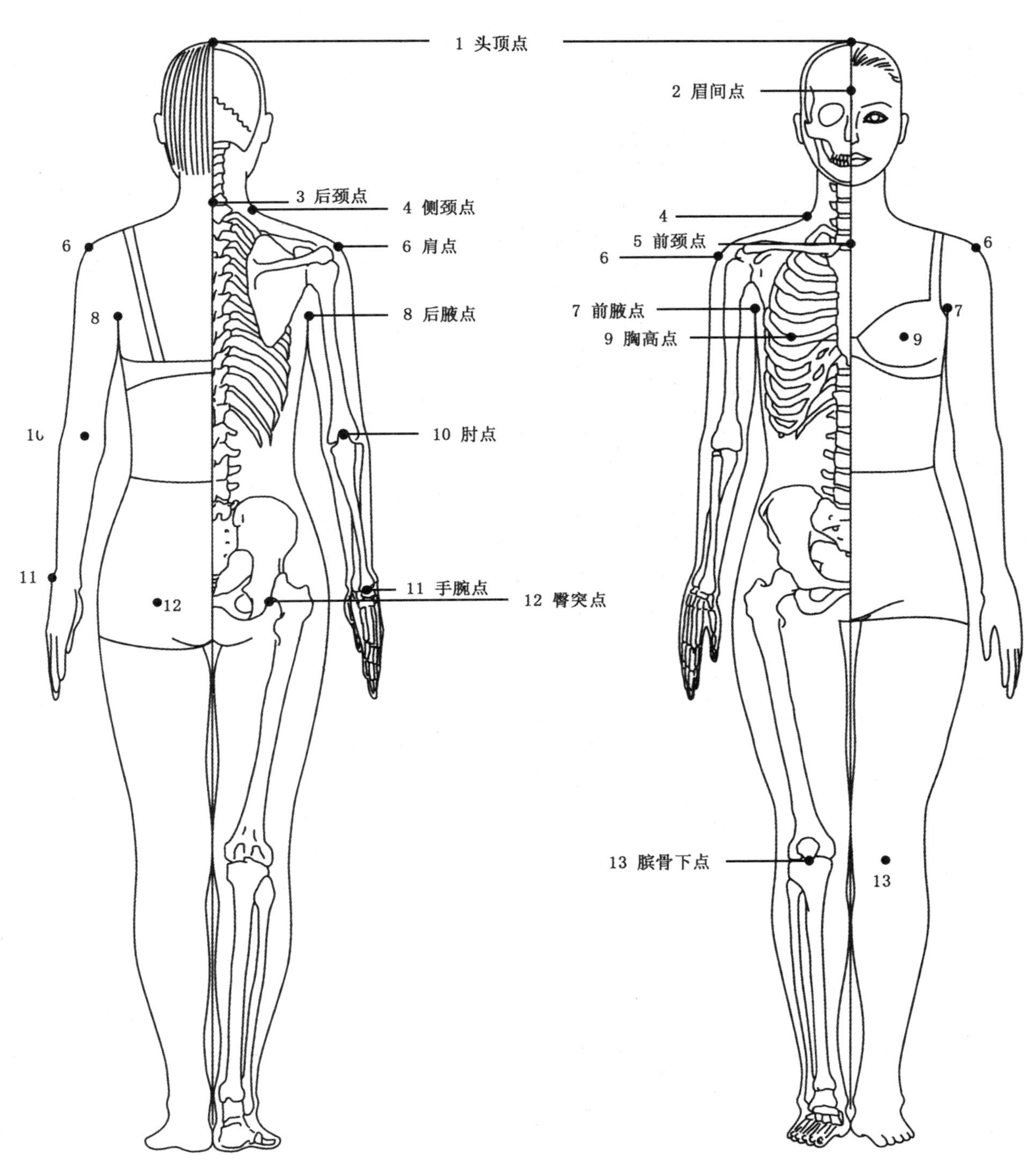

图 2-10 人体测量点部位图

表 2-2 测量项目和方法

	序 号	测量项目	测量方法
围度	1	胸围	沿 BP 点水平测量一周。
	2	下胸围	乳房下沿水平测量一周。
	3	腰围	以腰部最细处水平测量一周。
	4	腹围	腰与臀之间中央水平测量一周。
	5	臀围	通过臀部最高点水平测量一周。
	6	臂根围	经肩点、前后腋点测量一周。
	7	臂围	在上臂最丰满处测量一周。
	8	肘围	沿肘点最粗处测量一周。
	9	手腕围	沿手腕点最粗处测量一周。
	10	手掌围	沿手掌最宽大处测量一周。
	11	头围	沿眉间点通过后脑最凸出处测量一周。
	12	颈围	经前颈点、侧颈点、后颈点测量一周。
	13	大腿围	沿臀底部大腿最粗处测量一周。
	14	小腿围	沿小腿最粗处测量一周。
宽度	15	肩宽	经过后颈点的两肩点间距离。
	16	前胸宽	两前腋点之间距离。
	17	后背宽	两后腋点之间距离。
	18	乳间宽	两 BP 点之间距离。
长度	19	身高	从头顶到脚后跟的长度。
	20	总长	从后颈点量到脚后跟的长度。
	21	背长	从后颈点量到腰围线。
	22	后腰节长	从侧颈点经肩胛骨量到腰围线。
	23	乳高	从侧颈点量到 BP 点的长度。
	24	前腰节长	从侧颈点经 BP 点量到腰围线。
	25	臂长	从肩点量到手腕点。
	26	腰高	从腰围量到脚后跟。
	27	上裆长	腰高减去下裆长。
	28	下裆长	从大腿根部量到脚后跟。
	29	膝长	从前面腰围量到膑骨下端。
	30	上裆前后长	从前腰起穿过裆部量到后腰的长度。

4. 人体测量数据表（见表 2-3）

表 2-3　人体测量数据表

人体测量数据表

被测者：　　　　　　　　　　　　　　　　　　　　　　　　性别：
测量日期：　年　月　日　　　　　　　　　　　　　　　　　联系方式：

	序 号	测量项目	数 据（cm）
围度	1	胸围	
	2	下胸围	
	3	腰围	
	4	腹围	
	5	臀围	
	6	臂根围	
	7	臂围	
	8	肘围	
	9	手腕围	
	10	手掌围	
	11	头围	
	12	颈围	
	13	大腿围	
	14	小腿围	
宽度	15	肩宽	
	16	前胸宽	
	17	后背宽	
	18	乳间宽	
长度	19	身高	
	20	总长	
	21	背长	
	22	后腰节长	
	23	乳高	
	24	前腰节长	
	25	臂长	
	26	腰高	
	27	上裆长	
	28	下裆长	
	29	膝长	
	30	上裆前后长	
其他	31	体重	

5. 人体测量部位与服装结构图的对应（见图 2-11、图 2-12）

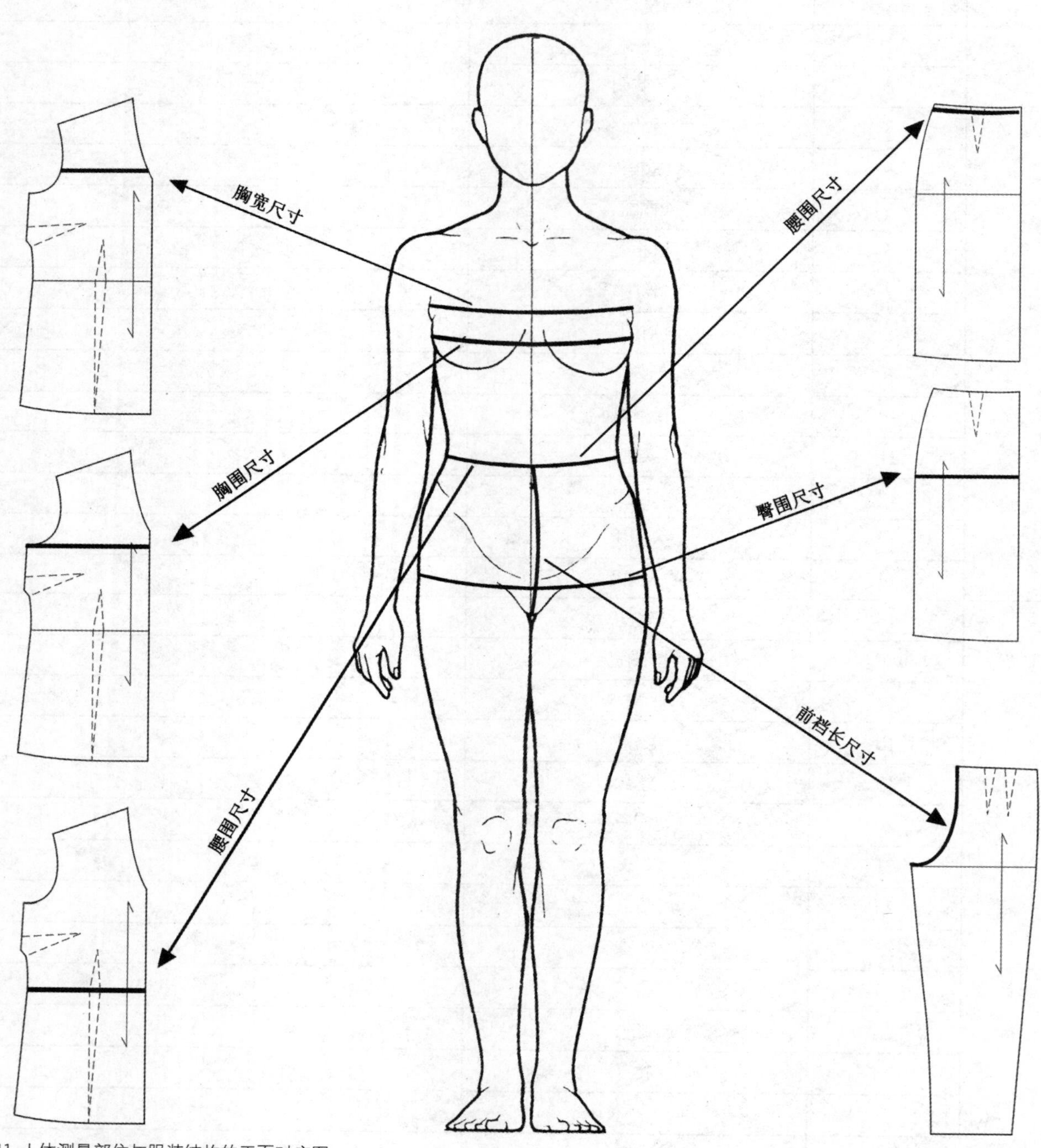

图 2-11 人体测量部位与服装结构的正面对应图

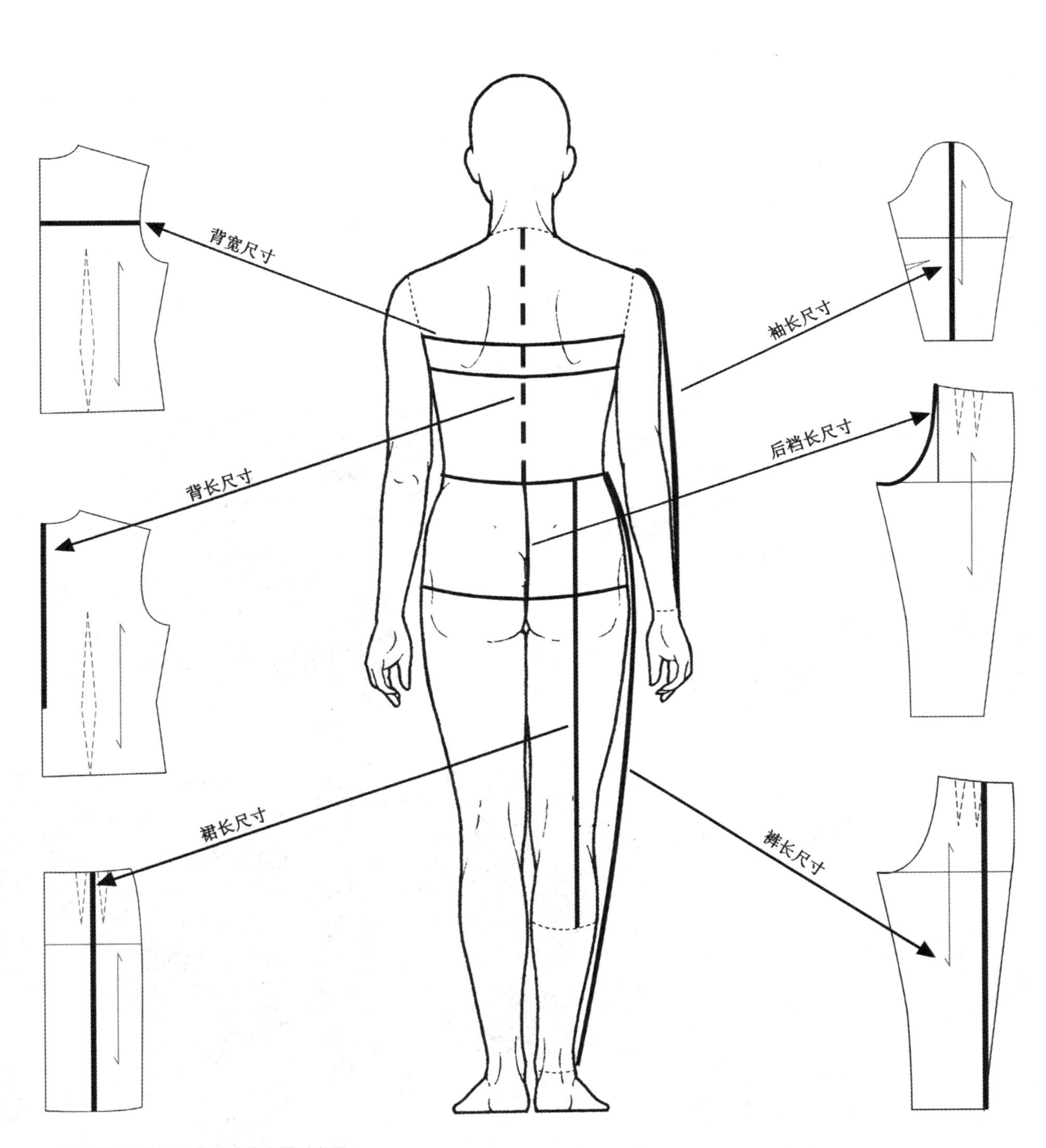

图 2-12 人体测量部位与服装结构的背面对应图

三、仪器测量

1. 三维激光扫描人体测量

三维激光扫描人体测量采用国际上先进的非接触式人体三维扫描技术，测量更科学、更快捷，所得人体尺寸更精确、更全面（见图 2-13）。

2. 马丁人体测量法

马丁测量法是人类学者马丁（Rudolf Martin）在人类教科书中提出的测量方法，是目前国际通用的一种测量方法，是通过一系列测量仪器进行的接触测量（见图 2-14、图 2-15）。

3. 照相人体测量法

照相人体测量法是使用照相机拍摄完成的非接触测量的一种测量方法，通过照片获得人体立面投影图进行人体形态测量分析，如人体比例、体表角度、肩斜度等（见图 2-16）。

4. 石膏人体测量法

石膏绷带浸水后，贴绑在人体上拓出的人体模型的接触式取型测量法（见图 2-17）。

图 2-13 三维激光扫描人体测量

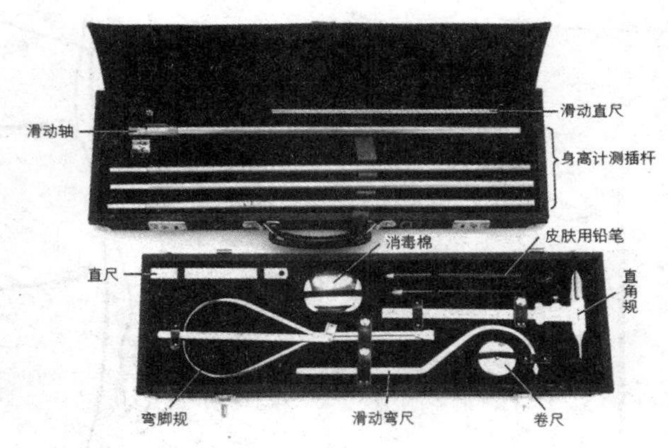

图 2-14 马丁人体测量仪器

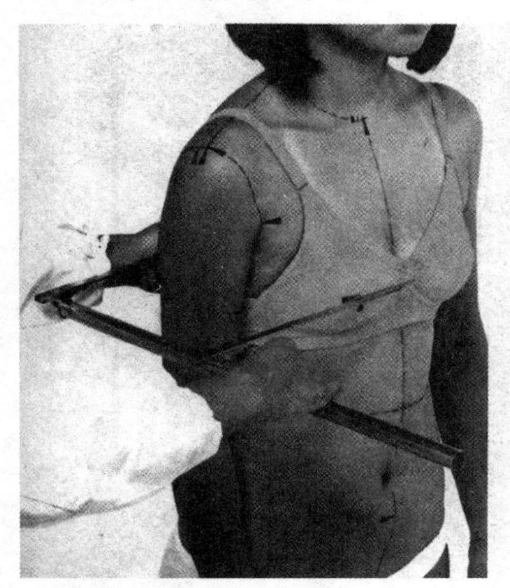

图 2-15 杆状水平计测器的人体厚度测量

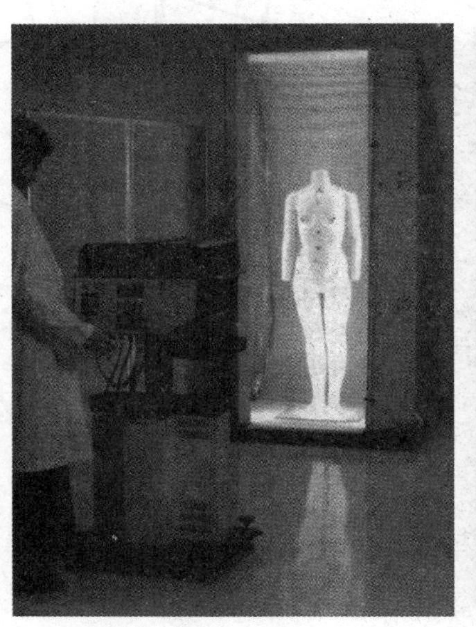

图 2-16 外轮廓照相仪

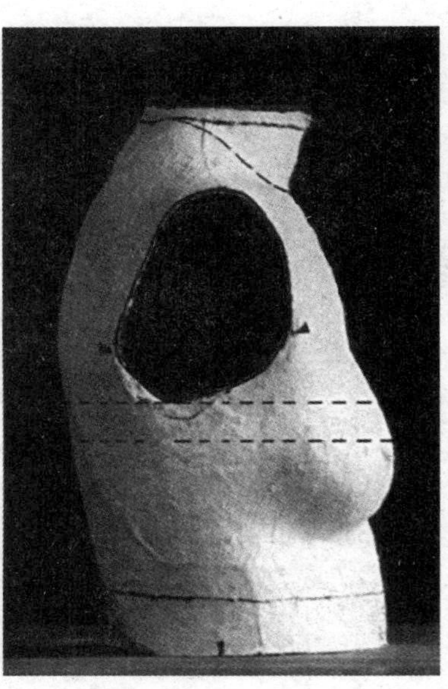

图 2-17 石膏人体测量法

第三节
服装号型

为了适应我国服装产业的高速发展和与国际市场的流通接轨，我国相关部门根据服装行业的国际惯例和参照日本 JIS 服装工业规格的模式，制定并颁布了服装号型的国家标准。我国服装号型标准历经 GB1335-1981 版、GB1335-1991 版、GB/T1335-1997 版到今天采用的最新 GB/T1335-2008 版，服装号型标准越趋符合变化中的中国人体体型的特点。服装号型不仅为样板师提供制板的依据，还为服装批量生产提供了推板缩放的尺寸依据。

一、服装号型定义

服装号型：是服装规格的长短与肥瘦的标志，是根据正常人体型规律和使用需要选用的最有代表性的部位（身高、胸围、腰围），经过合理归并设置的。

号：指人体的身高，以厘米为单位表示，是设计服装长度的依据。

型：指人体的净胸围或净腰围，以厘米为单位表示，是设计服装围度的依据。

上装的“型”表示净胸围的厘米数。

下装的“型”表示净腰围的厘米数。

二、服装号型标注与应用

服装产品出厂时必须标明成品的号型规格，并可加注人体体型分类代号（见表 2-4）。

例：女上装号型　160/84A

表示适合身高在 158cm ～ 162cm，净胸围在 82cm ～ 85cm 之间，胸围与腰围差在 14cm ～ 18cm 之间的 A 体型者穿着。

例：女下装号型　160/68A

适合身高在 158cm ～ 162cm，净腰围 67cm ～ 69cm 之间，胸围与腰围差在 14cm ～ 18cm 之间的 A 体型者穿着。

三、服装号型系列

服装号型是服装大小的标志，服装号型系列则是服装号型的档次排列。成人服装号型系列按照成人体型分为四类，每类包括 5.4 系列、5.2 系列。身高以 5cm 分档，胸围以 4cm 分档，腰围以 4cm、2cm 分档，组成 5.4 系列、5.2 系列。通常上装采用 5.4 系列，下装采用 5.2 系列。

例：女上装类 5.4 系列的号型规格，表示身高每隔 5cm，胸围每隔 4cm 分档组成的系列。如 155/80、160/84、165/88……

女下装类 5.2 系列的号型规格，表示身高每隔 5cm，腰围每隔 2cm 分档组成的系列。如 155/66、160/68、165/70 ……

表 2-4 我国成人体型分类

单位：cm

男子体型	体型分类代号	Y	A	B	C
	胸围与腰围差数	22 ～ 17	16 ～ 12	11 ～ 7	6 ～ 2
女子体型	体型分类代号	Y	A	B	C
	胸围与腰围差数	24 ～ 19	18 ～ 14	13 ～ 9	8 ～ 4

四、参考尺寸表

在服装结构设计中，标准的参考尺寸和规格是不可少的重要内容，它既是样板师制板的尺寸依据，同时又决定了服装工业化生产后期推板放缩及相关质量管理的准确性和科学性。了解和运用标准的参考尺寸和规格表具有实际意义（见表2-5～表2-8）。

表2-5 5·4
5·2 Y型号系列（女子）

单位：cm

Y														
身高 腰围 胸围	145		150		155		160		165		170		175	
72	50	52	50	52	50	52	50	52						
76	54	56	54	56	54	56	54	56	54	56				
80	58	60	58	60	58	60	58	60	58	60	58	60		
84	62	64	62	64	62	64	62	64	62	64	62	64	62	64
88	66	68	66	68	66	68	66	68	66	68	66	68	66	68
92			70	72	70	72	70	72	70	72	70	72	70	72
96					74	76	74	76	74	76	74	76	74	76

表2-6 5·4
5·2 A型号系列（女子）

单位：cm

A																					
身高 腰围 胸围	145			150			155			160			165			170			175		
72				54	56	58	54	56	58	54	56	58									
76	58	60	62	58	60	62	58	60	62	58	60	62	58	60	62						
80	62	64	66	62	64	66	62	64	66	62	64	66	62	64	66	62	64	66			
84	66	68	70	66	68	70	66	68	70	66	68	70	66	68	70	66	68	70	66	68	70
88	70	72	74	70	72	74	70	72	74	70	72	74	70	72	74	70	72	74	70	72	74
92				74	76	78	74	76	78	74	76	78	74	76	78	74	76	78	74	76	78
96							78	80	82	78	80	82	78	80	82	78	80	82	78	80	82

表 2-7 $\frac{5 \cdot 4}{5 \cdot 2}$ B 型号系列（女子）

单位：cm

B														
身高 / 腰围 / 胸围	145		150		155		160		165		170		175	
68			56	58	56	58	56	58						
72	60	62	60	62	60	62	60	62	60	62				
76	64	66	64	66	64	66	64	66	64	66				
80	68	70	68	70	68	70	68	70	68	70	68	70		
84	72	74	72	74	72	74	72	74	72	74	72	74	72	74
88	76	78	76	78	76	78	76	78	76	78	76	78	76	78
92	80	82	80	82	80	82	80	82	80	82	80	82	80	82
96			84	86	84	86	84	86	84	86	84	86	84	86
100					88	90	88	90	88	90	88	90	88	90
104							92	94	92	94	92	94	92	94

表 2-8 $\frac{5 \cdot 4}{5 \cdot 2}$ C 型号系列（女子） 单位：cm

单位：cm

C														
身高 / 腰围 / 胸围	145		150		155		160		165		170		175	
68	60	62	60	62	60	62								
72	64	66	64	66	64	66	64	66						
76	68	70	68	70	68	70	68	70						
80	72	74	72	74	72	74	72	74	72	74				
84	76	78	76	78	76	78	76	78	76	78	76	78		
88	80	82	80	82	80	82	80	82	80	82	80	82		
92	84	86	84	86	84	86	84	86	84	86	84	86	84	86
96			88	90	88	90	88	90	88	90	88	90	88	90
100			92	94	92	94	92	94	92	94	92	94	92	94
104					96	98	96	98	96	98	96	98	96	98
108							100	102	100	102	100	102	100	102

表 2-9 为各体型“女装号型各系列分档数值”，是配合以上 4 个号型系列的样板推档参数。其中中间体是指在人体的调查数据中所占比例最大的体型，而不是简单的平均值，所以不一定处在号型系列表的中心位置。由于地区的差异性，在制定号型系列表时可根据当地的具体情况和目标顾客的体型特征选定中间体。另外，表中的“采用数”是指推荐使用的数据。

表 2-9 服装号型各系列分档数值

单位：cm

体型	Y							
部位	中间体		5·4 系列		5·2 系列		身高①、胸围②、腰围③每增减 1cm	
	计算数	采用数	计算数	采用数	计算数	采用数	计算数	采用数
身高	160	160	5	5	5	5	1	1
颈椎点高	136.2	136.0	4.46	4.00			0.89	0.80
坐姿颈椎点高	62.6	62.5	1.66	2.00			0.33	0.40
全臂长	50.4	50.5	1.66	1.50			0.33	0.30
腰围高	98.2	98.0	3.34	3.00	3.34	3.00	0.67	0.60
胸围	84	84	4	4			1	1
颈围	33.4	33.4	0.73	0.80			0.18	0.20
总肩宽	39.9	40.0	0.70	1.00			0.18	0.25
腰围	63.6	64	4	4	2	2	1	1
臀围	89.2	90.0	3.12	3.60	1.56	1.80	0.78	0.90
体型	A							
部位	中间体		5·4 系列		5·2 系列		身高①、胸围②、腰围③每增减 1cm	
	计算数	采用数	计算数	采用数	计算数	采用数	计算数	采用数
身高	160	160	5	5	5	5	1	1
颈椎点高	136.0	136.0	4.53	4.00			0.91	0.80
坐姿颈椎点高	62.6	62.5	1.65	2.00			0.33	0.40
全臂长	50.4	50.5	1.70	1.50			0.34	0.30
腰围高	98.1	98.0	3.37	3.00	3.37	3.00	0.68	0.60
胸围	84	84	4	4			1	1
颈围	33.7	33.6	0.78	0.80			0.20	0.20
总肩宽	39.9	39.4	0.64	1.00			0.16	0.25
腰围	68.2	68	4	4	2	2	1	1
臀围	90.9	90.0	3.18	3.60	1.60	1.80	0.80	0.90
体型	B							
部位	中间体		5·4 系列		5·2 系列		身高①、胸围②、腰围③每增减 1cm	
	计算数	采用数	计算数	采用数	计算数	采用数	计算数	采用数
身高	160	160	5	5	5	5	1	1
颈椎点高	136.3	136.5	4.57	4.00			0.92	0.80
坐姿颈椎点高	63.2	63	1.81	2.00			0.36	0.40
全臂长	50.5	50.5	1.68	1.50			0.34	0.30
腰围高	98.0	98.0	3.34	3.00	3.30	3.00	0.67	0.60
胸围	88	88	4	4			1	1
颈围	34.7	34.6	0.81	0.80			0.20	0.20
总肩宽	40.3	39.8	0.69	1.00			0.17	0.25
腰围	76.6	78.0	4	4	2	2	1	1
臀围	94.8	96.0	3.27	3.20	1.64	1.60	0.82	0.80
体型	C							
部位	中间体		5·4 系列		5·2 系列		身高①、胸围②、腰围③每增减 1cm	
	计算数	采用数	计算数	采用数	计算数	采用数	计算数	采用数
身高	160	160	5	5	5	5	1	1
颈椎点高	136.5	136.5	4.48	4.00			0.90	0.80
坐姿颈椎点高	62.7	62.5	1.80	2.00			0.35	0.40
全臂长	50.5	50.5	1.60	1.50			0.32	0.30
腰围高	98.2	98.0	3.27	3.00	3.27	3.00	0.65	0.60
胸围	88	88	4	4			1	1
颈围	34.9	34.8	0.75	0.80			0.19	0.20
总肩宽	40.5	39.2	0.69	1.00			0.17	0.25
腰围	81.9	82	4	4	2	2	1	1
臀围	96.0	96.0	3.20	3.20	1.66	1.60	0.83	0.80

注：①身高所对应的高度部位是颈椎点高、坐姿颈椎点高、全臂长、腰围高。

②胸围所对应的围度部位是颈围、总肩宽。

③腰围所对应的围度部位是臀围。

表 2-10、表 2-11 是配合 4 个号型系列的“服装号型各系列控制部位数值”。随着身高、胸围、腰围分档数值的递增或递减，人体其他主要部位的尺寸也会相应地有规律变化，这些人体主要部位就叫控制部位。控制部位数值是净体数值，即相当于量体的参考尺寸，是设计服装规格的依据。

表 2-10　Y 号型系列控制部位数值

单位：cm

体型	Y													
部位	数值													
身高	145		150		155		160		165		170		175	
颈椎点高	124.0		128.0		132.0		136.0		140.0		144.0		148.0	
坐姿颈椎点高	56.5		58.5		60.5		62.5		64.5		66.5		68.5	
全臂长	46.0		47.5		49.0		50.5		52.0		53.5		55.0	
腰围高	89.0		92.0		95.0		98.0		101.0		104.0		107.0	
胸围	72		76		80		84		88		92		96	
颈围	31.0		31.8		32.6		33.4		34.2		35.0		35.8	
总肩宽	37.0		38.0		39.0		40.0		41.0		42.0		43.0	
腰围	50	52	54	56	58	60	62	64	66	68	70	72	74	76
臀围	77.4	79.2	81.0	82.8	84.6	86.4	88.2	90.0	91.8	93.6	95.4	97.2	99.0	100.8

表 2-11　A 号型系列控制部位数值

单位：cm

体型	A																				
部位	数值																				
身高	145			150			155			160			165			170			175		
颈椎点高	124.0			128.0			132.0			136.0			140.0			144.0			148.0		
坐姿颈椎点高	56.5			58.5			60.5			62.5			64.5			66.5			68.5		
全臂长	46.0			47.5			49.0			50.5			52.0			53.5			55.0		
腰围高	89.0			92.0			95.0			98.0			101.0			104.0			107.0		
胸围	72			76			80			84			88			92			96		
颈围	31.2			32.0			32.8			33.6			34.4			35.2			36.0		
总肩宽	36.4			37.4			38.4			39.4			40.4			41.4			42.4		
腰围	54	56	58	58	60	62	62	64	66	66	68	70	70	72	74	74	76	78	78	80	84
臀围	77.4	79.2	81.0	81.0	82.8	84.6	84.6	86.4	88.2	88.2	90.0	91.8	91.8	93.6	95.4	95.4	97.2	99.0	99.0	100.8	102.6

我国与日本的人体体型、民族文化相近，日本的服装尺寸表有其先进性和完善性，参考日本的工业规格和一些常用尺寸表是很有必要的。表 2-12 即为日本工业规格（Japanese Industrial Standard，JIS），是日本成人女子规格和参考尺寸表，它将女装划分为小号（S）、中号（M）、大号（L）、特大号（LL）及超大号（EL）。

表 2-12 日本成人女子规格和参数尺寸表 单位：cm

<table>
<tr><td colspan="2" rowspan="2"></td><td colspan="2">S</td><td colspan="3">M</td><td colspan="2">L</td><td colspan="2">LL</td><td>EL</td></tr>
<tr><td>5YP</td><td>5AR</td><td colspan="2">9YB</td><td>9AT</td><td>13AR</td><td>13BT</td><td>17AR</td><td>17BR</td><td>21BR</td></tr>
<tr><td rowspan="13">围度尺寸</td><td>胸 围（B）</td><td colspan="2">76</td><td colspan="3">82</td><td colspan="2">88</td><td colspan="2">96</td><td>104</td></tr>
<tr><td>乳下围（UB）</td><td>68</td><td>68</td><td>72</td><td>72</td><td>72</td><td>77</td><td>80</td><td>83</td><td>84</td><td>92</td></tr>
<tr><td>腰 围（W）</td><td>58</td><td>58</td><td>62</td><td>63</td><td>63</td><td>70</td><td>72</td><td>80</td><td>84</td><td>90</td></tr>
<tr><td>中臀围（H）</td><td>78</td><td>80</td><td>82</td><td>86</td><td>86</td><td>89</td><td>92</td><td>94</td><td>100</td><td>106</td></tr>
<tr><td>臀 围（H）</td><td>82</td><td>86</td><td>86</td><td>90</td><td>90</td><td>94</td><td>98</td><td>98</td><td>102</td><td>108</td></tr>
<tr><td>袖 窿</td><td colspan="2">35</td><td colspan="3">37</td><td colspan="2">38</td><td colspan="2">40</td><td>41</td></tr>
<tr><td>大臂周长</td><td colspan="2">24</td><td colspan="3">26</td><td colspan="2">28</td><td colspan="2">30</td><td>32</td></tr>
<tr><td>肘 围</td><td colspan="2">26</td><td colspan="3">28</td><td colspan="2">29</td><td colspan="2">31</td><td>31</td></tr>
<tr><td>手腕周长</td><td colspan="2">15</td><td colspan="3">16</td><td colspan="2">16</td><td colspan="2">17</td><td>17</td></tr>
<tr><td>手掌周长</td><td colspan="2">19</td><td colspan="3">20</td><td colspan="2">20</td><td colspan="2">21</td><td>21</td></tr>
<tr><td>头 围</td><td colspan="2">54</td><td colspan="3">56</td><td colspan="2">56</td><td colspan="2">57</td><td>57</td></tr>
<tr><td>领 围</td><td colspan="2">35</td><td colspan="3">36</td><td colspan="2">38</td><td colspan="2">39</td><td>41</td></tr>
<tr><td rowspan="4">宽度尺寸</td><td>大肩宽</td><td colspan="2">38</td><td colspan="3">39</td><td colspan="2">40</td><td colspan="2">41</td><td>41</td></tr>
<tr><td>背 宽</td><td colspan="2">34</td><td colspan="3">36</td><td colspan="2">38</td><td colspan="2">40</td><td>41</td></tr>
<tr><td>胸 宽</td><td colspan="2">32</td><td colspan="3">34</td><td colspan="2">35</td><td colspan="2">37</td><td>39</td></tr>
<tr><td>乳峰间隔</td><td colspan="2">16</td><td colspan="3">17</td><td colspan="2">18</td><td colspan="2">19</td><td>20</td></tr>
<tr><td rowspan="13">长度尺寸</td><td>身 长</td><td>148</td><td>156</td><td colspan="2">156</td><td>164</td><td>156</td><td>164</td><td colspan="2">156</td><td>156</td></tr>
<tr><td>总 长</td><td>127</td><td>134</td><td colspan="2">134</td><td>142</td><td>134</td><td>142</td><td colspan="2">135</td><td>135</td></tr>
<tr><td>背 长</td><td>36.5</td><td>37.5</td><td colspan="2">38</td><td>39.5</td><td>38</td><td>40</td><td colspan="2">39</td><td>39</td></tr>
<tr><td>后 长</td><td>39</td><td>40</td><td colspan="2">40.5</td><td>42</td><td>40.5</td><td>42.5</td><td colspan="2">41.5</td><td>41.5</td></tr>
<tr><td>前 长</td><td>38</td><td>40</td><td colspan="2">40.5</td><td>42</td><td>41</td><td>43.5</td><td colspan="2">43</td><td>44.5</td></tr>
<tr><td>乳下垂</td><td colspan="2">24</td><td colspan="3">25</td><td colspan="2">27</td><td colspan="2">28</td><td>29</td></tr>
<tr><td>腰 高</td><td colspan="2">17</td><td colspan="2">18</td><td>19</td><td>18</td><td>19</td><td colspan="2">18</td><td>19</td></tr>
<tr><td>立 裆</td><td colspan="2">25</td><td colspan="2">26</td><td>27</td><td>27</td><td>28</td><td colspan="2">28</td><td>30</td></tr>
<tr><td>下 裆</td><td>63</td><td>68</td><td colspan="2">68</td><td>72</td><td>68</td><td>72</td><td colspan="2">68</td><td>67</td></tr>
<tr><td>袖 长</td><td colspan="2">50</td><td colspan="2">52</td><td>54</td><td>53</td><td>54</td><td colspan="2">54</td><td>53</td></tr>
<tr><td>肘 长</td><td colspan="2">28</td><td colspan="2">29</td><td>30</td><td>29</td><td>30</td><td colspan="2">29</td><td>29</td></tr>
<tr><td>膝 长</td><td>53</td><td>56</td><td colspan="2">56</td><td>60</td><td>56</td><td>60</td><td colspan="2">56</td><td>56</td></tr>
<tr><td colspan="2">体重（kg）</td><td>43</td><td>45</td><td>48</td><td>50</td><td>52</td><td>54</td><td>58</td><td>62</td><td>66</td><td>72</td></tr>
</table>

表 2-13、表 2-14 分别为日本最新文化式和常用女装参考尺寸表，都是日本较为典型且在我国得到广泛应用的尺寸参考表。

表 2-13 日本最新文化式女装参考尺寸表

单位：cm

部位＼规格	S	M	ML	L	LL	EL
胸　围	78	82	88	94	100	106
腰　围	62 ~ 64	66 ~ 68	70 ~ 72	76 ~ 78	80 ~ 82	90 ~ 92
腹　围	84	86	90	96	100	110
臀　围	88	90	94	98	102	112
腰　长	18	20	21	21	21	22
背　长	37	38	39	40	41	41
全臂长	48	52	53	54	55	56
腕　围	15	16	17	18	18	18
头　围	54	56	57	58	58	58
股上长	25	26	27	28	29	30
股下长	60	65	68	68	70	70

表 2-14　日本最新女装常用参考尺寸表

单位：cm

部位＼规格	S	M	ML	L	LL
胸　围	76	82	88	94	100
腰　围	58	63	69	75	84
臀　围	84	88	94	98	102
背　长	36.5	37.5	38	38	39
腰　长	17	18	18	20	20
全臂长	50	52	53	54	54
股上长	25	26	27	28	29
股下长	63	67	67	66	70
身　高	150	155	155	155	160
体重（kg）	45	50	55	63	68

课后实训

一、了解人体结构特征。
二、掌握人体结构特征对服装结构设计的影响因素。
三、两人一组相互进行人体测量，提交人体测量数据表。
四、熟悉服装号型及使用参考尺寸表。

1

专项模块——女上装原型的结构设计

第一章

第一节　日本文化式衣原型的结构设计

第二节　日本文化式新衣原型的结构设计

第三节　其他种类衣原型的结构设计

原型是服装纸样设计过程中的基础纸样，其特点是符合人体基本形态。从某种意义上说，建立在原型样板上的平面结构设计具备了一定的在人台上进行立体裁剪的直观性。原型制图法已有一套相对系统、完善的结构设计理论，对初学者尤为适用。

课题说明

女上装原型包括原型衣与原型袖，本模块以日本文化服装学院的新旧衣原型为例进行讲解。

实践意义

原型是进行女上装结构设计的基础纸样，对原型结构的理解与制图的准确会直接影响女上装的结构设计。

实践目标

掌握新旧日本文化式衣原型的结构制图方法。

了解掌握新旧衣原型的异同。

了解相关的其他种类衣原型。

实践方法

以 1:5 缩小比例制图与 1:1 等大比例制图为主的实践操作。

第一节
日本文化式衣原型的结构设计

一、日本文化式衣原型简介

日本的文化式原型于 1935 年由并木伊三郎结合其二十余年的洋裁经历创立，其为第一代原型。目前国内广泛使用的是第六代旧原型，新文化原型是由日本的文化服装学院于 1999 年的下半年推出的第七代新原型，与第六代原型相比在许多方面都有改进，解决了老原型中存在的诸多问题，新旧原型的应用原理基本相同。

目前，我国的服装院校大多采用日本文化式原型进行教学。因中国人和日本人的体态特征比较接近，形体差异小，日本原型很符合中国人的体态特征。此外，还由于日本文化式原型法具有简捷易学、可传授性强、灵活多变等优点。

二、日本文化式衣原型的各部位名称（见图 1–1、图 1–2）

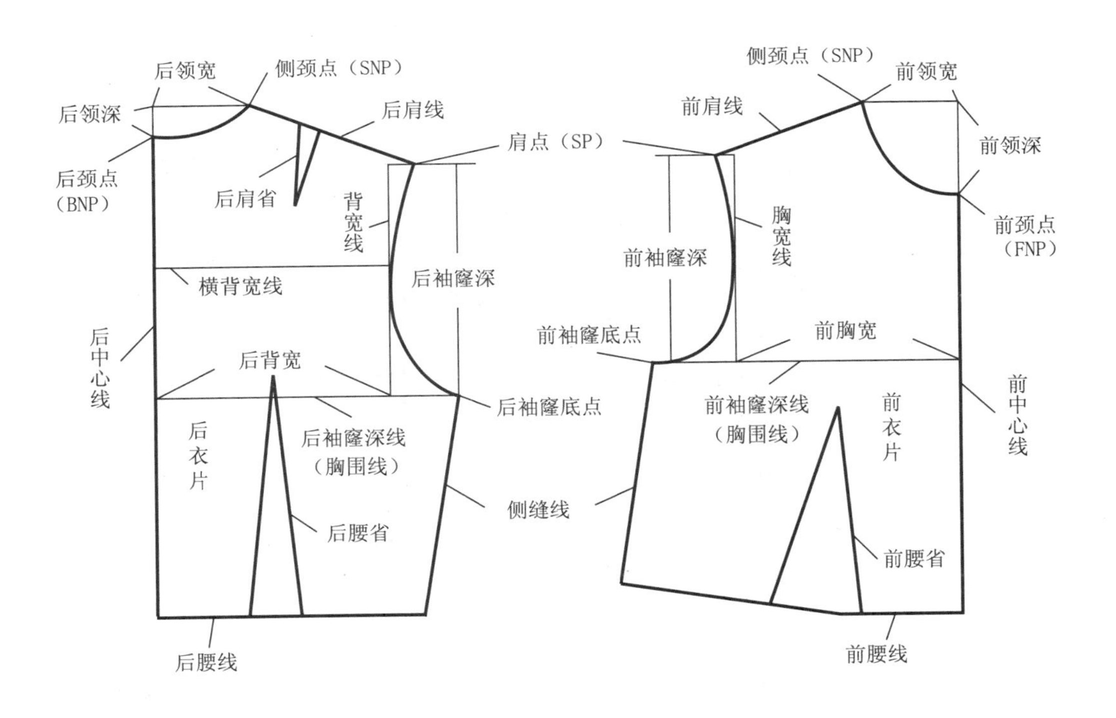

图 1–1 原型衣片的部位名称

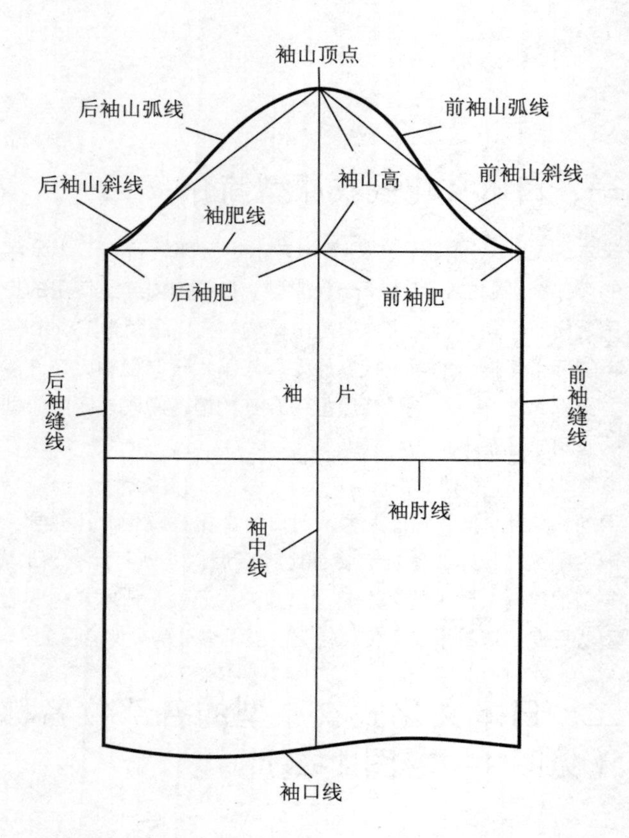

图 1-2 原型袖片的部位名称

三、原型衣的立体构成

1. 原型与人体

原型作为纸样变化的基础，具有最简单的结构特征，对于原型的实际应用来说，只了解其结构制图方法是远远不够的，需要理解和明确原型在立体状态下与人体之间的关系。

首先，需要理解一块平面的布料是怎样吻合人体的曲面状态的(见图1-3)，用立体构成的方法将一块坯布包裹在人台上，在将坯布向人台靠近贴合的过程中，体会原型各部位尺寸与人体尺寸之间的关系(见图1-4)。将在BL以上浮起的余量，以省的形式消除，以使坯布与人体成贴合状态(见图1-5)。

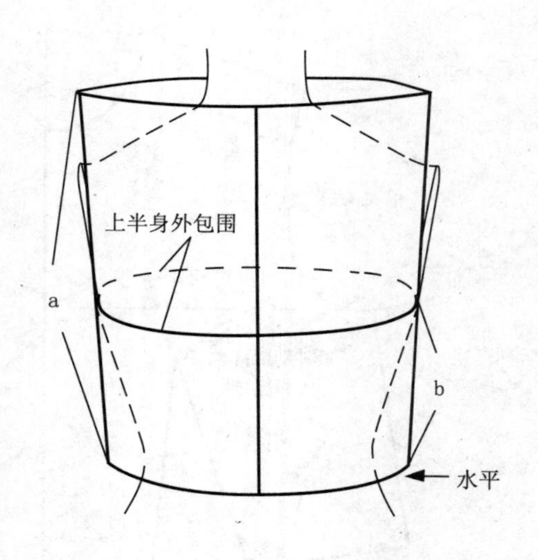

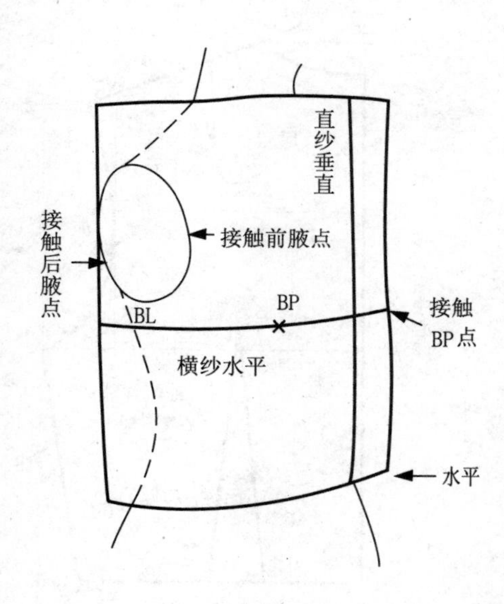

图 1-3 原型的立体构成示意图

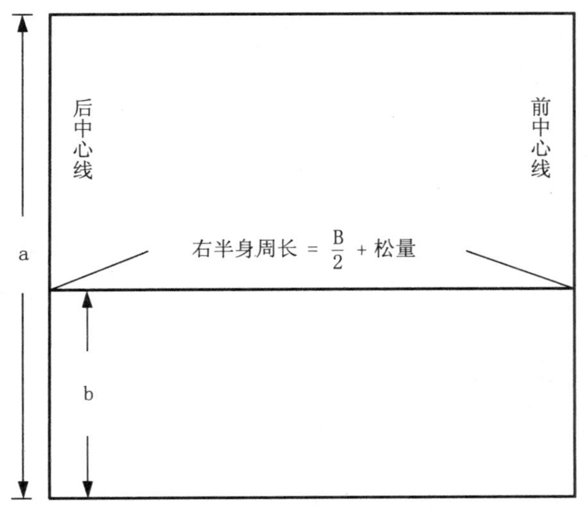

图 1-4 原型柱体的平面展开图

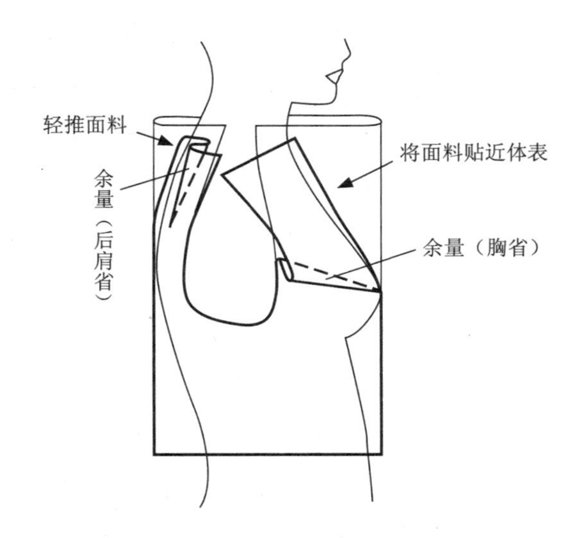

图 1-5 原型省形成示意图

2. 浮起余量消除的方式与部位不同，形成原型的不同形态

（1）箱式原型：前衣身 BL 以上浮起的余量推至袖窿处，以袖窿省的形式消除，后衣身在袖窿处浮起的余量推至肩线处，以后肩省的形式消除，形成箱式原型（见图 1-6）。

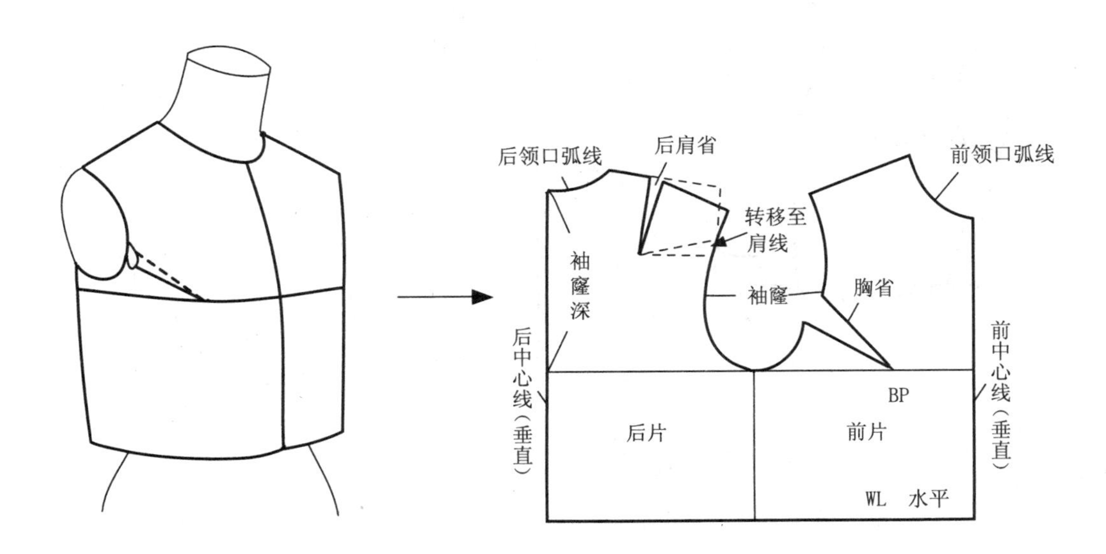

图 1-6 箱式原型的立体形态与平面展开图

（2）梯式原型：前衣身 BL 以上浮起的余量推至 BL 线以下，使之与 BL 以下的腰部浮起的余量合为一体。后衣身浮起余量以后肩省的形式消除，形成梯式原型。梯式原型的侧缝处有宽松与贴体两种状态（见图 1-7、图 1-8）。

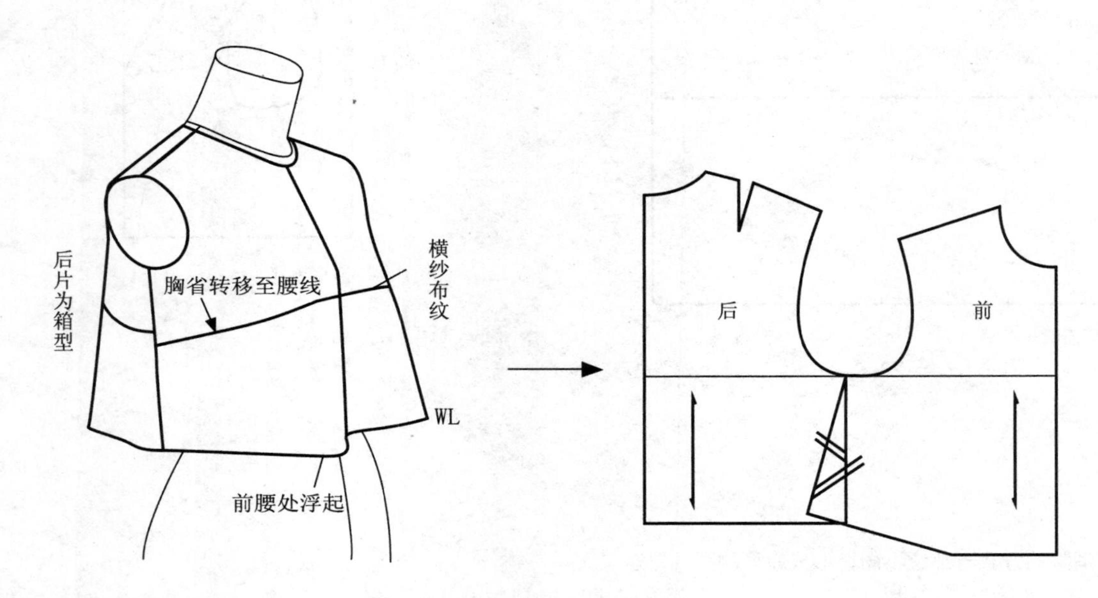

图 1-7 梯式原型的立体形态与平面展开图（侧缝宽松）

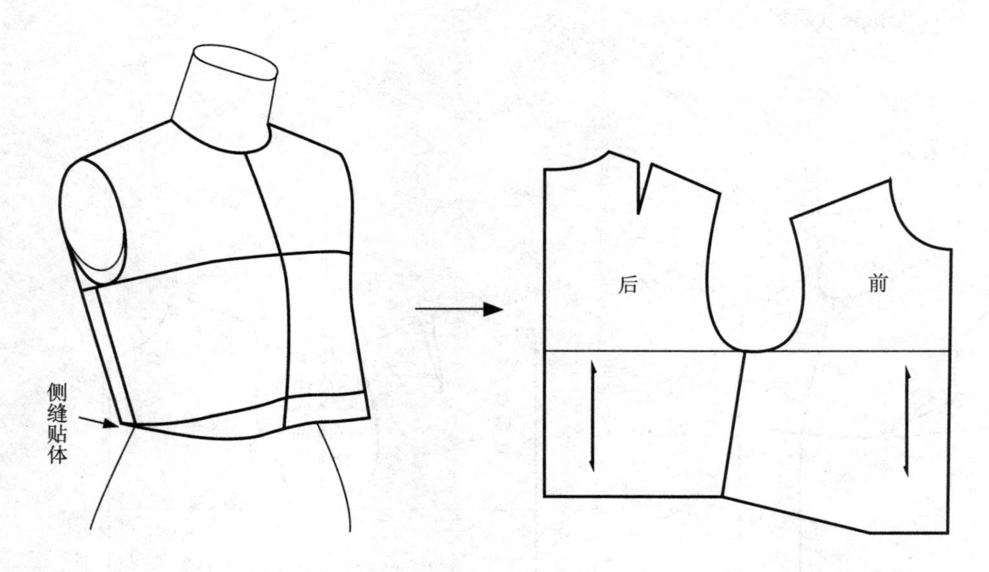

图 1-8 梯式原型的立体形态与平面展开图（侧缝贴体）

（3）腰部合体式原型：前衣身 BL 以上浮起的余量以袖窿省的形式消除，后衣身浮起余量以后肩省的形式消除，再将 BL 以下的浮起余量以腰省的方法消除使之合体（见图 1–9）。

箱式原型、梯式原型、腰部合体式原型的构成与应用原理相同，并且可以相互转化。

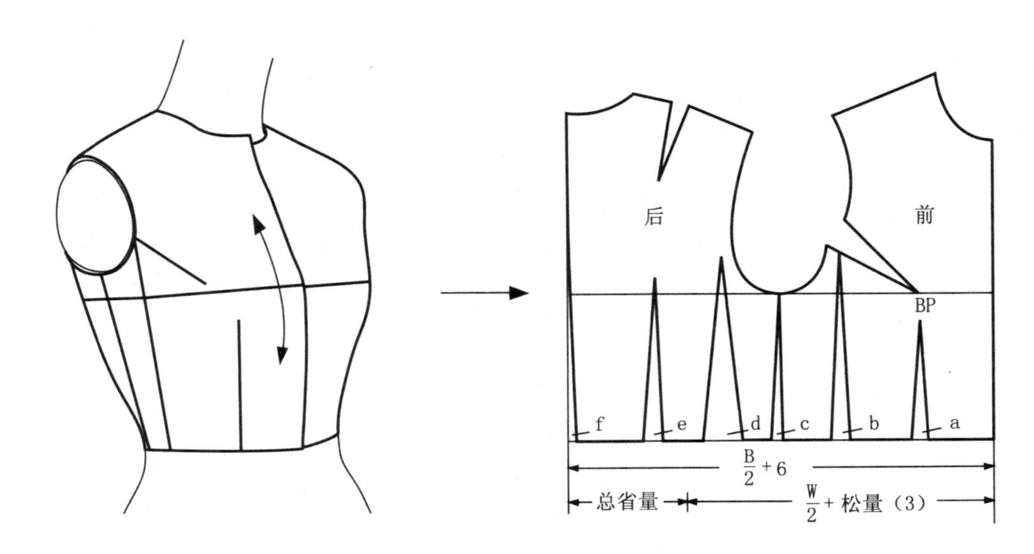

图 1–9 腰部合体式原型的立体形态与平面展开图

四、日本文化式第六代衣原型（梯式原型）的结构设计

文化式衣原型制图的特点是量体简单，只需测量净胸围、背长、袖长就可制出原型。通常使用硬纸板制作原型，以便反复使用。

规格设计：160/84A

净胸围：84cm

背长：38cm

衣原型制图步骤：

原型衣结构制图：

画衣身的基础线（见图 1-10-1）。

1. 纵向以背长为长度，横向以 B/2+5cm（松量）为宽度画矩形。

2. 从上水平线向下量 B/6+7cm 做一条水平线，确定袖窿深。将袖窿深线横向的 1/2 点向下做垂线与腰辅助线相交，完成侧缝辅助线。

3. 确定背宽线与胸宽线，取 B/6+4.5cm 为后片背宽量，取 B/6+3cm 为前片胸宽量。后背在运动中拉伸量要比前胸大，因而在 B/6 所加的定尺寸中，后背比前胸多出 1.5cm。

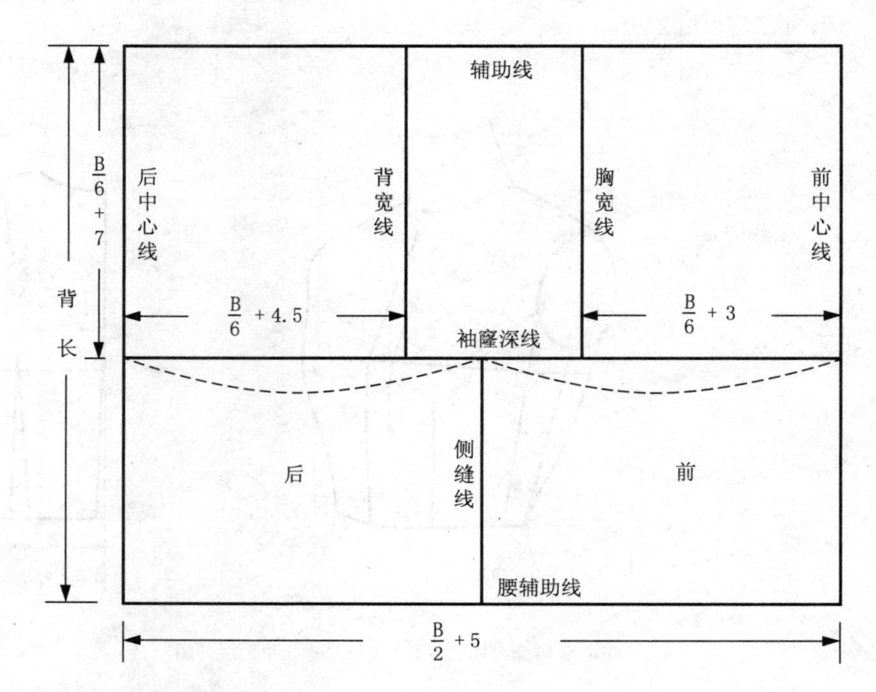

图 1-10-1 衣身原型制图

画前后领口弧线、肩线（见图 1-10-2）。

4. 后片领宽取 B/20+2.9cm= ◎确定，领深取领宽 1/3，画后片领口弧线。前片领宽为后片领宽◎ - 0.2cm 确定，领深为◎ + 1 cm 确定，领窝弧线凹势为前片领宽 1/2- 0.3cm。为适合颈部前倾，侧颈点比上水平线辅助线低 0.5cm，画前片领口弧线。

5. 肩斜度的确定，分别用后片领宽 1/3 为比例设计，后片背宽线上取 1 份、前片胸宽线上取 2 份。前片肩线比后片肩线倾斜度略大一些，因为人的肩部是稍微向前弯曲的，这样处理在视觉上会平衡些。测量后片的肩线其长度值为 △，前片肩线长度值为 △ -1.8cm。后片肩线比前片肩线长度大 1.8cm，其中包含后片肩省量 1.5cm 和 0.3cm 的归缩吃量。肩省量与归缩吃量是因为肩部向前弯曲及后背肩胛部位的隆起形成的结果。

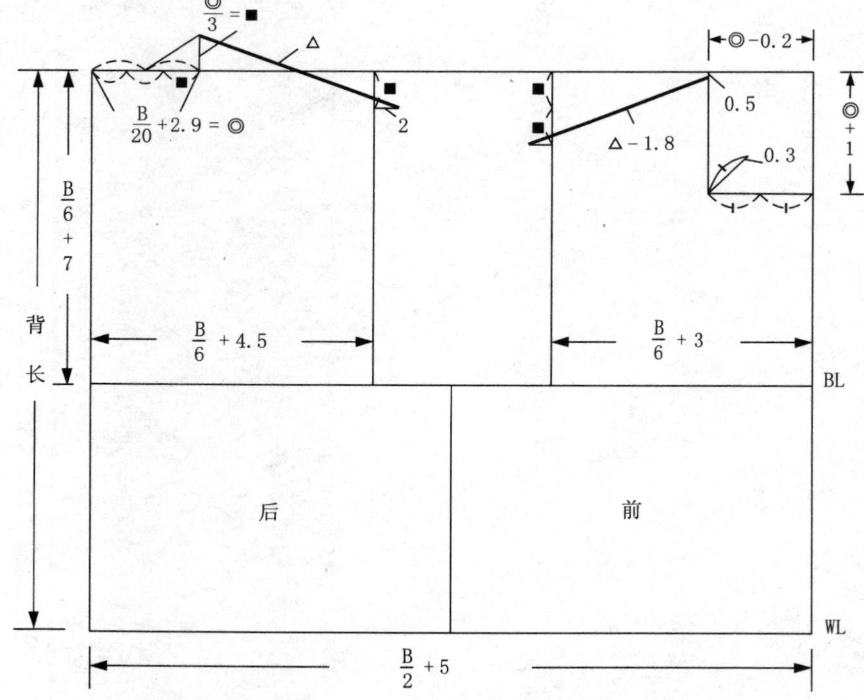

图 1-10-2 衣身原型制图

画袖窿弧线、侧缝线、腰节线、符合点（见图1-10-3）。

6. 袖窿弧线，做袖窿弧线时注意在肩点处接近垂直，前片袖窿凹势比后片大，前后袖窿弧线圆顺连接。

7. 侧缝线从侧缝辅助线向后片移 2cm 确定，是为适应胸部的突出，要加大胸省量的缘故。

8. 胸高点 BP 点以胸宽线中点向袖窿方向移 0.7cm，然后再向下取 4cm 定位。为适应胸部凸起，前中心线向下取前片领宽 1/2。连接前后片腰节线，完成衣身结构轮廓线。

9. 在前后袖窿线上画上与袖子的符合点。

画衣身的省道（见图1-10-4）。

10. 完成前后衣片的省道。

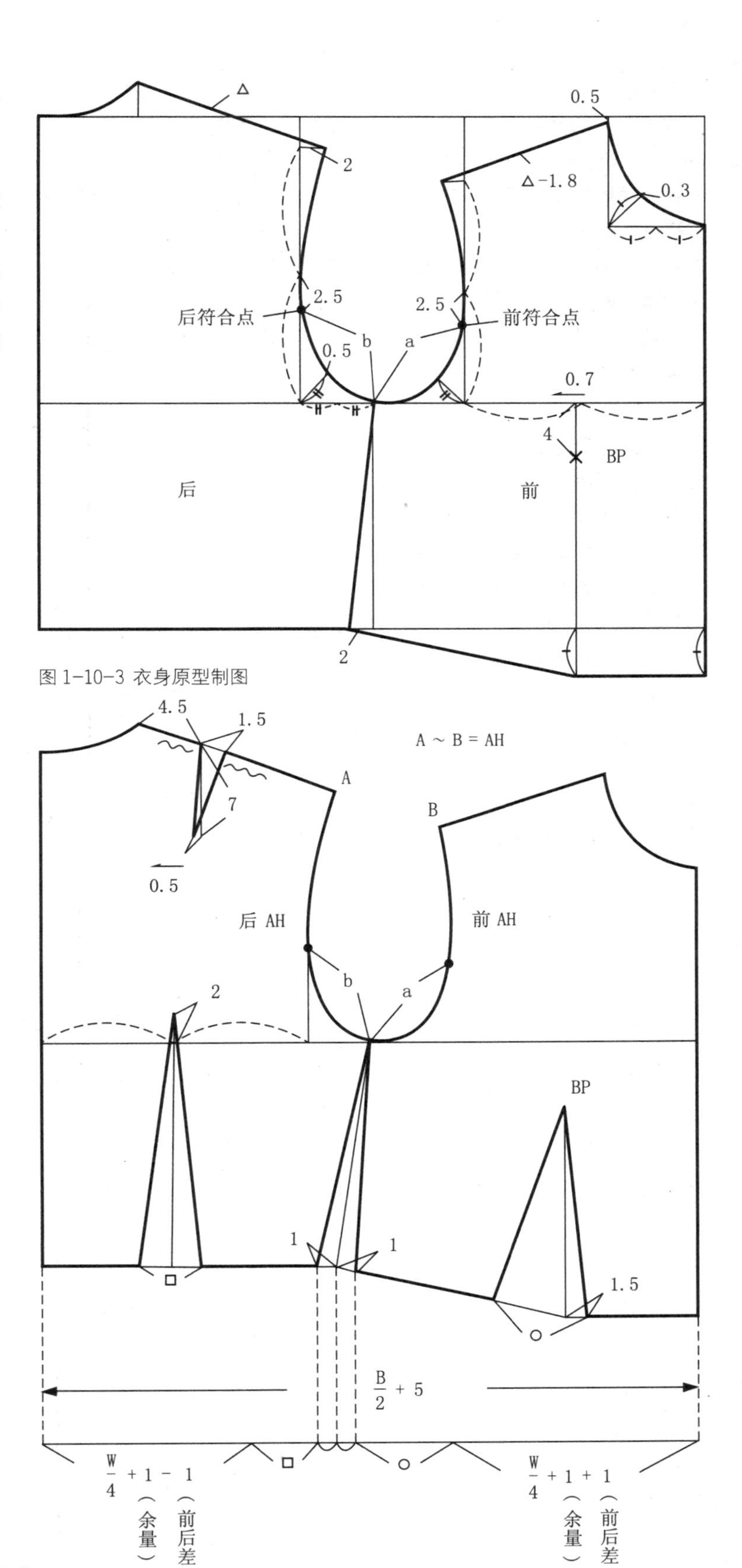

图 1-10-3 衣身原型制图

图 1-10-4 衣身原型省道制图

原型袖结构制图：

量取前片、后片袖窿弧线长，总袖窿弧线长，即前 AH、后 AH、AH 值。确定袖长。

画袖片的基础线（见图 1-11-1）。

1. 画袖长垂线。
2. 袖山高 AH/4+2.5cm，袖长 /2+2.5cm 确定袖肘线 EL 位置，画好袖子框架。
3. 量取后 AH+1cm 作斜线确定后片袖肥，量取前 AH 作斜线确定前片袖肥。

画袖片的轮廓线（见图 1-11-2）。

4. 作袖山弧线，把前袖山斜线分为四等份，上 1/4 等份点向外凸起 1.8cm，下 1/4 等份点向内凹进 1.3cm，在斜线中点下移 1cm 为前袖山弧线与斜线的交叉点。在后袖山斜线上，靠顶点处也取前袖山斜线 1/4 等份点凸起 1.5cm，靠近后袖缝线处取其同等长度作为切点，最后用圆顺的曲线把它们连接起来，完成前后袖山弧线。
5. 做袖口线，袖口两边分别向上移 1cm，前袖口 1/2 处向上 1.5cm 定点，后袖口 1/2 为切点平滑地连好袖口弧线。
6. 定袖山弧符合记号点，后袖符合记号点取后衣身符合点至腋下点间弧长 b+0.2cm，前袖符合记号点取前衣身符合点至腋下点间弧长 a+0.2cm。

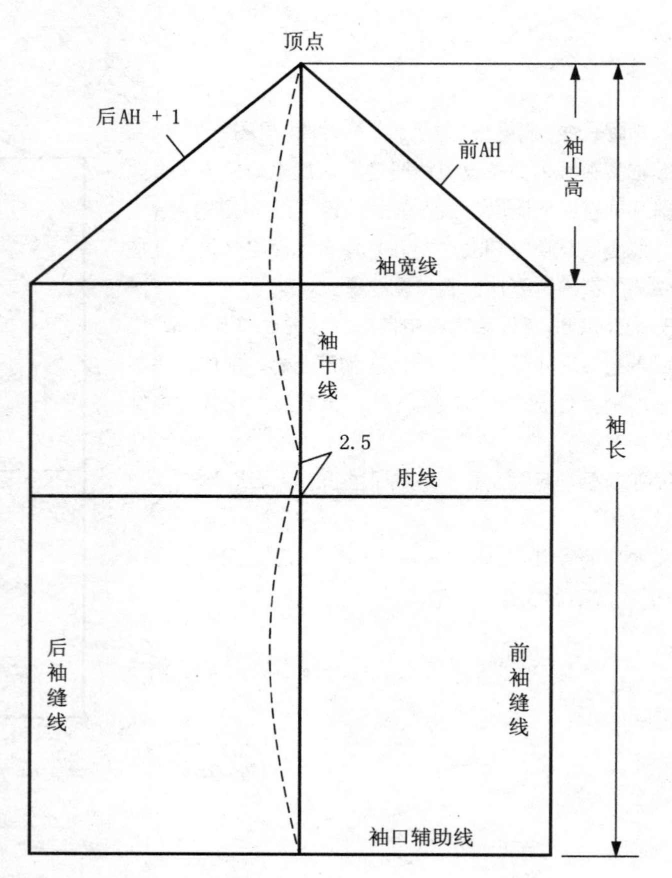

图 1-11-1 袖原型制图

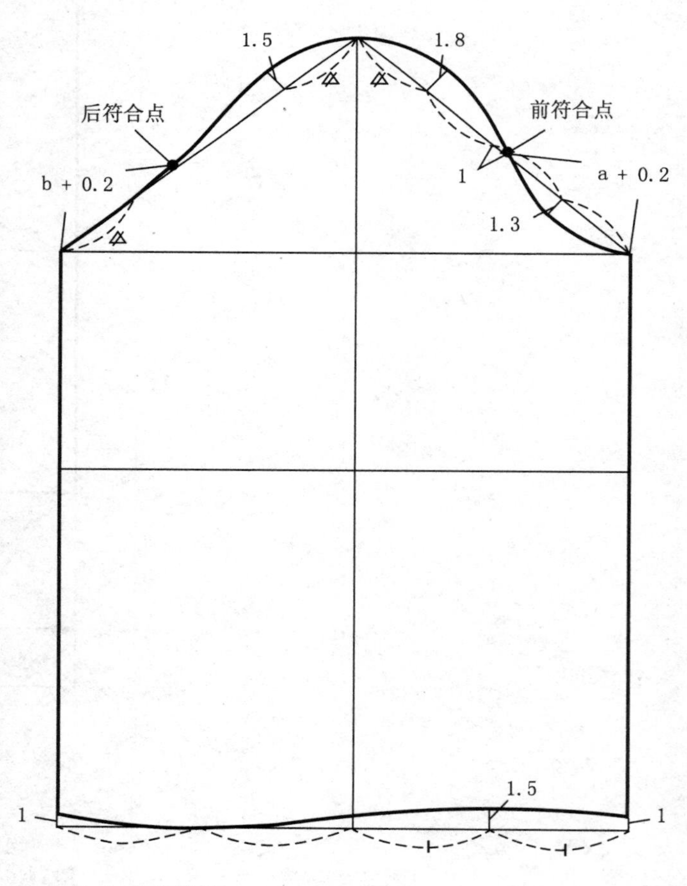

图 1-11-2 袖原型制图

五、日本文化式衣原型与人体部位对应关系

仅仅掌握原型的制图方法是远远不够的，理解原型结构与人体特征的关系，是学习原型的立足点和出发点，也是进一步进行原型应用变化的依据（见表 1-1）。

表 1-1 文化式衣原型与人体部位对应关系

结构部位	原型与人体的关系
胸围	原型在人体净胸围的基础上加放 10 cm 的松量。
颈围	原型领围与人体颈根围基本吻合。
袖窿深	原型袖窿深比人体腋深的位置稍低 2cm 左右。
袖山高	原型袖山高按手臂上举 20° 时设计，比静止状态袖山高低 1.4cm。
袖肥	原型袖宽为手臂最大围度加 4 ~ 5cm。

第二节
日本文化式新衣原型的结构设计

一、日本文化式新衣原型（腰部合体式原型）的结构设计
二、各部位尺寸数据表和腰省量分配表
三、新旧文化式衣原型的比较分析

一、日本文化式新衣原型（腰部合体式原型）的结构设计

原型衣的结构制图：

画衣片的基础线（见图 1-12-1）。

1. 从Ⓐ往下取背长作为后中心线。
2. 在 WL 上取 B/2+6cm（1/2 胸围）。
3. 在后中心线从Ⓐ点往下取 B/12+13.7cm 作为 BL 的位置。
4. 作出前中心线并在 BL 位置上画出水平线。
5. 从后中心线起在 BL 上取 B/8+7.4cm（背宽）作为Ⓒ点。
6. 从Ⓒ点起向上作垂线作为背宽线。
7. 从Ⓐ点起作水平线与背宽线成长方形。
8. 从Ⓐ点起往下 8cm 再画水平线和背宽线相交为Ⓓ点，并将后中心线到Ⓓ点之间分成二等份，从二等份处往侧缝方向 1cm 作为Ⓔ点。这是肩省的向导点。
9. 从前中心的 BL 线起往上取 B/5+8.3cm 作为Ⓑ点。
10. 从Ⓑ点起画水平线。
11. 前中心线沿着 BL 线取 B/8+6.2cm（胸宽），并在胸宽二等份点处往侧缝方向 0.7cm 作为 BP 点。
12. 加入胸宽线画长方形。
13. 在 BL 线的胸宽线处往侧缝方向取 B/32cm 作为Ⓕ点，从Ⓕ点垂直向上，并求Ⓒ和Ⓓ的二等份点往下 0.5cm 处设水平线，相交于Ⓖ点，将这个水平线作为Ⓖ线。
14. Ⓒ和Ⓕ点之间二等份作为侧缝线。

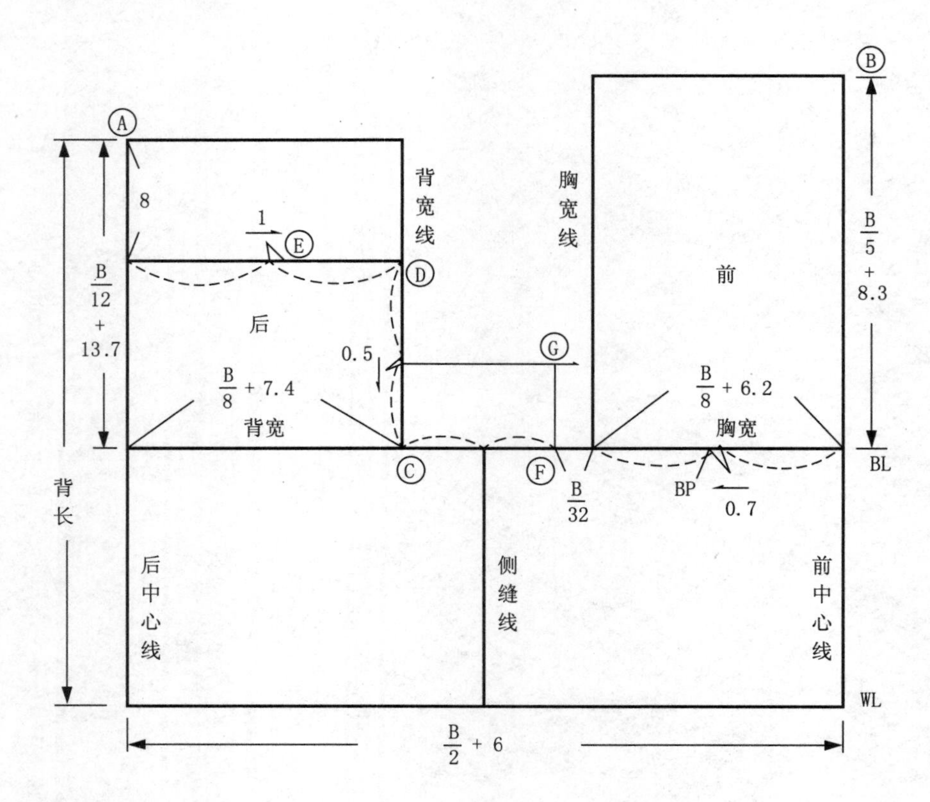

图 1-12-1 衣身原型制图

画领围线、肩线、袖窿的轮廓线、画省道（见图 1-12-2）。

1. 画前领围。

从Ⓑ点起取 B/24+3.4cm= ◎（前领围宽度），此点作为 SNP。然后从Ⓑ点起向下取◎ + 0.5cm（领围深度）画长方形，长方形中划一条对角线，分成三等份，在下 1/3 等份点往下 0.5 cm 作为向导点，画顺前领围线。

2. 画前肩线。

将 SNP 作为基点，以水平线取 22°（8 ： 3.2）作为前肩斜线，在与胸宽线的交点处往外延长 1.8cm，画成前肩线。

3. 画胸省和前袖窿上部线。

将Ⓖ点和 BP 连接，在这条线上用（B/4-2.5cm）的角度取胸省量。省的两侧长度相等，从前肩点连接胸宽线画成前袖窿。

4. 画前袖窿底。

将Ⓕ点和侧缝之间三等份，1/3 量为★，然后在角分线上取★ + 0.5cm，作为向导点连接Ⓖ点到侧缝线，画顺前袖窿底线。

5. 画后领围线。

从Ⓐ点起在水平线上取◎ + 0.2cm（后领围宽），分成三等份，取一等份高度垂直向上的位置作为 SNP，画顺后领围线。

6. 画后肩线。

从 SNP 起作一水平线，取 18°（8 ： 2.6）的后肩斜度作为后肩线。

7. 加入后肩省。

按前肩宽的尺寸加入肩省的量（B/32-0.8cm），得到后肩宽尺寸。在Ⓔ点往上垂直延伸和肩线交点处起往后肩点侧取 1.5cm 处为肩省的位置。

8. 画后袖窿。

从Ⓒ点起角分线上取★ + 0.8cm 作为向导点，在从后肩点起连接背宽线沿着向导点画顺后袖窿。

9. 画腰省。

省 a ——BP 向下垂线，画省。

省 b——从Ⓕ点起往前中心 1.5cm 向下垂线画省。

省 c——侧缝线处画省。

省 d——背宽线与Ⓖ线的交点处向后中心水平 1cm 向下垂线画省。

省 e——从Ⓔ点起向后中心 0.5cm 处向下垂线画省。

省 f——后中心处画省。

总省量为（B/2+6）-（W/2+3），各省的量由相对总省量的比例来计算的。

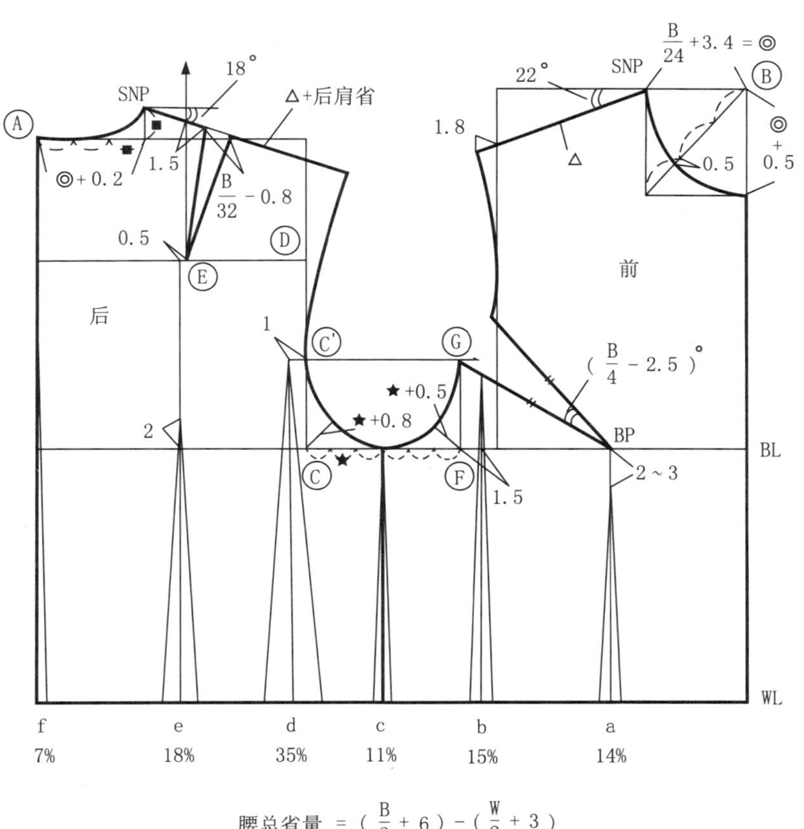

图 1-12-2 衣身原型制图

原型袖结构制图：

袖原型是按衣片的袖窿尺寸（AH）和袖窿形状来作图（见图1-13-1）。

1. 将衣身袖窿形状拷贝到另一张纸上。

画衣片的BL线、侧缝线，将后肩点到袖窿线、背宽线拷贝。然后将前片Ⓖ线到侧缝线的袖底线拷贝，按住BP关闭袖窿省，再拷贝从肩点开始的前袖窿线。

2. 确定袖山高度，画袖长。

将侧缝往上延长作为袖山线，并在此线上决定袖山高度，袖山的高度是前后肩高度差的1/2到BL的5/6。从袖山顶点取袖长尺寸画袖口线。

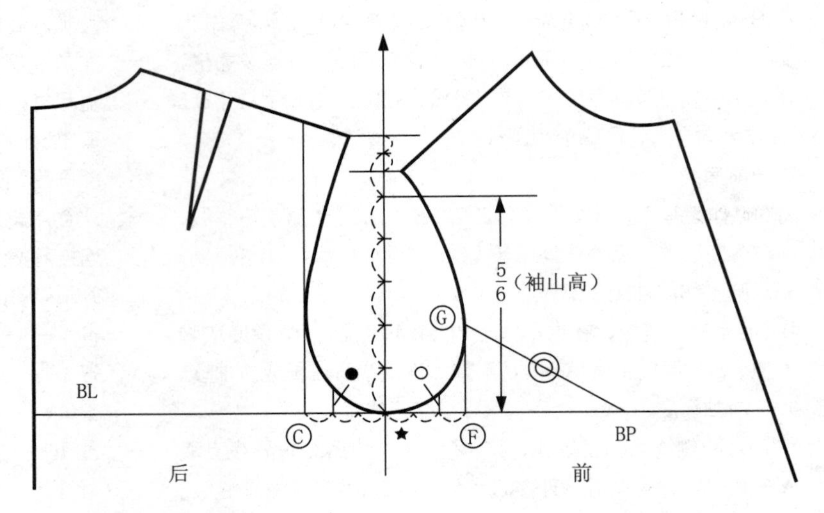

图1-13-1 袖原型制图

画袖片轮廓线（见图1-13-2）。

3. 取袖窿尺寸作袖山辅助线并确定袖宽。

取前AH尺寸连接袖山点到前BL上，取后AH+1cm+▲尺寸连接袖山点到后BL上，然后从前后的袖宽点向下画袖底线。

4. 画袖山弧线。

把衣身袖窿底的●与○之间的曲线分别拷贝到袖底前后。前袖山弧线：从袖山顶点起在斜线上取前AH/4，作垂直线段1.8cm～1.9cm，前AH斜线和Ⓖ线的交点向上1cm处为与袖山弧线的交点，画顺前袖山弧线。

5. 后袖山弧线。

在后AH斜线上取前AH/4，作垂直线段1.9cm～2cm，后AH斜线和Ⓖ线的交点向下1cm处为与袖山弧线的交点，画顺前后袖山弧线。

6. 画袖肘线。

取1/2袖长+2.5cm确定袖肘位置画袖肘线（EL）。

7. 加入袖窿线、袖山曲线的符合记号。

取前衣片袖窿线上Ⓖ到侧缝线的尺寸在前袖底线做符合记号，后侧的符合记号是取后衣片袖窿底、后袖底线的●的位置。两符合记号间的袖底线不加入缩缝量。

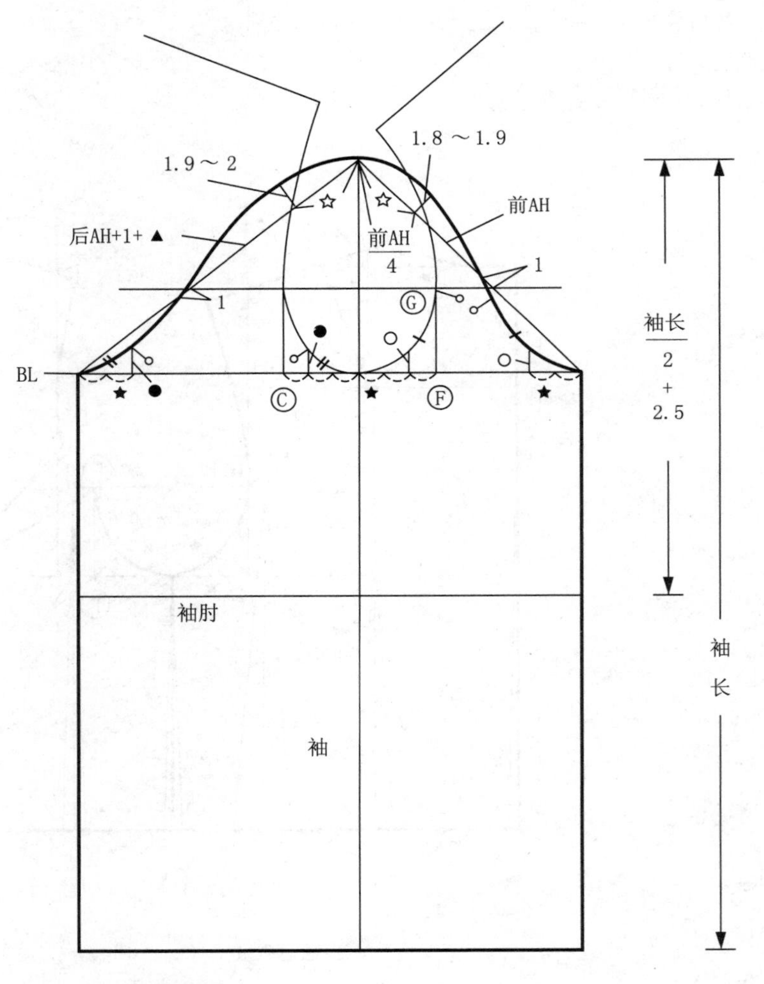

图1-13-2 袖原型制图

二、各部位尺寸数据表和腰省量分配表

为方便原型制图，可参考各部位尺寸数据表和腰省量参考表（见表1-2、表1-3）。

表1-2 据胸围计算生成的各部位数据一览表

部位	身宽	Ⓐ~BL	背宽	BL~Ⓑ	前胸宽	B/32	前领口宽	前领口深	胸省	后领口宽	后肩省	▲	JIS名称
公式 / B	B/2+6	B/12+13.7	B/8+7.4	B/5+8.3	B/8+6.2	B/32	B/24+3.4=◎	◎+0.5	度/（B/4−2.5°）	◎+0.2	B/32−0.8	▲	
77	44.5	20.1	17.0	23.7	15.8	2.4	6.6	7.1	16.8	6.8	1.6	0.0	5
78	45.0	20.2	17.2	23.9	16.0	2.4	6.7	7.2	17.0	6.9	1.6	0.0	
79	45.5	20.3	17.3	24.1	16.1	2.5	6.7	7.2	17.3	6.9	1.7	0.0	
80	46.0	20.4	17.4	24.3	16.2	2.5	6.7	7.2	17.5	6.9	1.7	0.0	7
81	46.5	20.5	17.5	24.5	16.3	2.5	6.8	7.3	17.8	7.0	1.7	0.0	
82	47.0	20.5	17.7	24.7	16.5	2.6	6.8	7.3	18.0	7.0	1.8	0.0	
83	47.5	20.6	17.8	24.9	16.6	2.6	6.9	7.4	18.3	7.1	1.8	0.0	9
84	48.0	20.7	17.9	25.1	16.7	2.6	6.9	7.4	18.5	7.1	1.9	0.0	
85	48.5	20.8	18.0	25.3	16.8	2.7	6.9	7.4	18.8	7.1	1.9	0.1	
86	49.0	20.9	18.2	25.5	17.0	2.7	7.0	7.5	19.0	7.2	1.9	0.1	11
87	49.5	21.0	18.3	25.7	17.1	2.7	7.0	7.5	19.3	7.2	2.0	0.1	
88	50.0	21.0	18.4	25.9	17.2	2.8	7.1	7.5	19.5	7.3	2.0	0.1	
89	50.5	21.1	18.5	26.1	17.3	2.8	7.1	7.6	19.8	7.3	2.0	0.1	13
90	51.0	21.2	18.6	26.3	17.5	2.8	7.2	7.6	20.0	7.4	2.0	0.2	
91	51.5	21.3	18.7	26.5	17.6	2.8	7.2	7.7	20.3	7.4	2.1	0.2	
92	52.0	21.4	18.8	26.7	17.7	2.9	7.2	7.7	20.5	7.4	2.1	0.2	15
93	52.5	21.5	18.9	26.9	17.8	2.9	7.3	7.7	20.8	7.5	2.1	0.2	
94	53.0	21.5	19.0	27.1	18.0	2.9	7.3	7.8	21.0	7.5	2.2	0.2	
95	53.5	21.6	19.2	27.3	18.1	3.0	7.4	7.8	21.3	7.6	2.2	0.3	
96	54.0	21.7	19.3	27.5	18.2	3.0	7.4	7.9	21.5	7.6	2.2	0.3	17
97	54.5	21.8	19.4	27.7	18.3	3.0	7.4	7.9	21.8	7.6	2.2	0.3	
98	55.0	21.9	19.5	27.9	18.5	3.1	7.5	8.0	22.0	7.7	2.3	0.3	
99	55.5	22.0	19.6	28.1	18.6	3.1	7.5	8.0	22.3	7.7	2.3	0.3	
100	56.0	22.0	19.7	28.3	18.7	3.1	7.6	8.1	22.5	7.8	2.3	0.4	19
101	56.5	22.1	19.8	28.5	18.8	3.2	7.6	8.1	22.8	7.8	2.4	0.4	
102	57.0	22.2	19.9	28.7	19.0	3.2	7.7	8.2	23.0	7.9	2.4	0.4	
103	57.5	22.3	20.0	28.9	19.1	3.2	7.7	8.2	23.3	7.9	2.4	0.4	
104	58.0	22.4	20.2	29.1	19.2	3.3	7.7	8.2	23.5	7.9	2.5	0.4	21

表1-3 上半身原型的腰省分配表

总省量	f	e	d	c	b	a
100%	7%	18%	35%	11%	15%	14%
9	0.630	1.620	3.150	0.990	1.350	1.260
10	0.700	1.800	3.500	1.100	1.500	1.400
11	0.770	1.980	3.850	1.210	1.650	1.540
12	0.840	2.160	4.200	1.320	1.800	1.680
12.5	0.875	2.250	4.375	1.375	1.875	1.750
13	0.910	2.340	4.550	1.430	1.950	1.820
14	0.980	2.520	4.900	1.540	2.100	1.960
15	1.050	2.700	5.250	1.650	2.250	2.100

三、新旧文化式衣原型的比较分析

1. 新旧文化式原型衣的比较分析（见表 1-4）

表 1-4 文化式新旧原型衣的比较分析　　单位：cm

部位	部位公式名称	新原型	旧原型	比较分析
胸围	胸围加放量	B/2+6	B/2+5	新原型胸围加放量取 12 更接近实际常用的胸围设计规格。
袖窿深度	袖窿深计算公式	B/12+13.7	B/6+7	新原型加大公式的分母，使之与净胸围的联系减少，在标准体和肥胖体中的适用性都很好。
	净胸围为 84cm	20.7	21	
	净胸围为 100cm	22	23.7	
	胸围大于 100cm 时袖窿深线的上抬量	0	1 ~ 1.5	
前胸宽	胸宽计算公式	B/8+6.2	B/6+3	
	净胸围为 84cm	16.7	17	
	净胸围为 100cm	18.7	19.7	
后背宽	背宽计算公式	B/8+7.4	B/6+4.5	
	净胸围为 84cm	17.9	18.5	
	净胸围为 100cm	19.9	21.2	
前后领口线	前横开领计算公式	B/24+3.4	后横开领 -0.2	新原型除加大公式的分母，以适用多种体型外，改变了制图顺序。
	前直开领计算公式	前横开领 +0.5	后横开领 +1	
	后横开领计算公式	前横开领 +0.2	B/20+2.9	
	后直开领计算公式	1/3 后横开领	1/3 后横开领	
前后肩线	前肩斜度	22°	20°	旧原型肩斜度随胸围改变，新原型肩斜度为定数，新原型肩部比旧原型更合体，肩线更靠前。
	后肩斜度	18°	19°	
	前后肩斜差	4°	1°	
	总的肩斜度（净胸围为 82cm）	40°	39°	
前胸省	净胸围为 82cm	18°	13°（从腰省转移出来后）	旧原型胸省与腰省合为一体，新原型胸省与腰省分离，且腰省依体型特征分为 6 个，直观又便于应用，新原型后肩省量按胸围计算较合理。
腰省	半身量	6 个	2 个	
后肩省	后肩省量	（B/32-0.8）°	定值 1.5	
前长	前长计算公式（净胸围为 82cm）	[背长 -（B/12+13.7）]+（B/5+8.3）=42.2	（背长 -0.5）+（B/20+2.9-0.2）/2=40.9	新旧原型后长没变，新原型前长有所增加，符合女性体型变化。
后长	后长计算公式（净胸围为 82cm）	背长 +（B/24+3.4+0.2）/3=40.3	背长 +（B/20+2.9）/3=40.3	

2. 新旧文化式原型袖的比较分析（见表 1–5）

表 1–5 文化式新旧原型袖的比较分析　　单位：cm

部位	新原型	旧原型	比较分析
袖山高	依据衣身袖窿深确定	依据衣身袖窿长度确定	新原型的袖山比旧原型袖山高，袖肥减少，相应绱袖角度也减小，袖子造型较旧原型贴体、美观。
袖山弧线	直接在衣身袖窿制图	脱离衣身袖窿独立制图	新原型袖山底部弧线与衣身袖窿底部弧线易于取到相似形，保证绱袖后匹配完美。旧原型制图快、方便，但不能保证绱袖后匹配完美。
袖口线	水平线	前短后长的曲线	新原型水平线便于更多袖口变化。

第三节
其他种类衣原型的结构设计

一、常见原型的分类
二、其他种类衣原型结构设计的案例分析

一、常见原型的分类（见表 1–6）

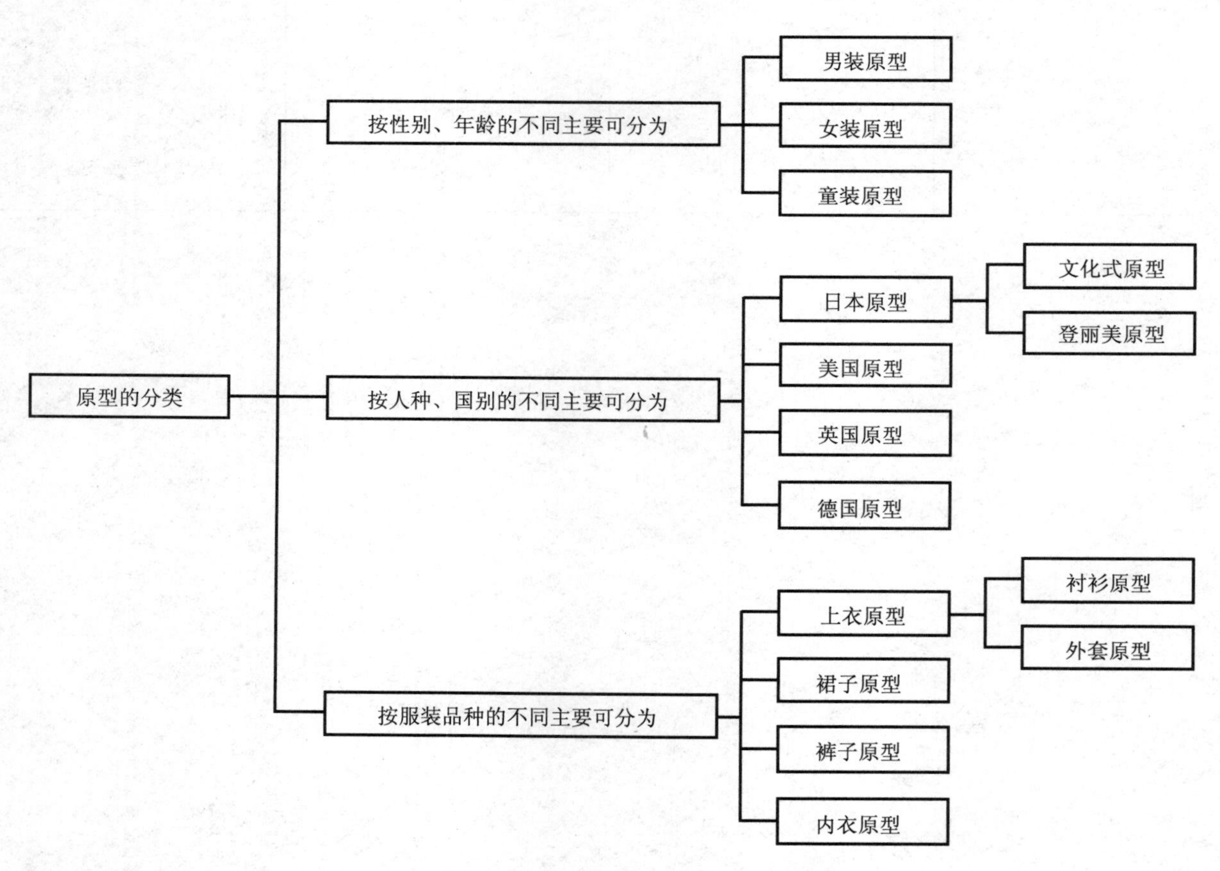

表 1–6

二、其他种类衣原型结构设计的案例分析

目前，我国有许多种类的女装原型并存，如除日本的文化式原型、登丽美原型外，美国、英国原型近几年也逐渐被服装从业人员接受并应用。除此以外，还有国内服装专业人士自创的各种原型，如东华原型、法华式原型等。原型虽然有很多种，但其功能和应用规律基本相同。只是因其应用的对象有差别或是风格的差异，形成原型的局部特点不同，可根据需要选择适用的原型。

1. 日本的登丽美衣原型

与文化式原型的特点相反，登丽美原型制图需要较多的测体尺寸。在衣原型中需要测量背长、胸围、颈根围、背宽、肩宽、胸宽、胸间距、胸高位等，由于测体部位多，在制图中大多直接采用侧体所得数据，这样作出的原型与人体非常贴合，准确度较高。相对来说，比一个部位的尺寸推算出若干部位尺寸的方法更为准确合体，因而它比文化式原型复杂得多（见图 1-14）。

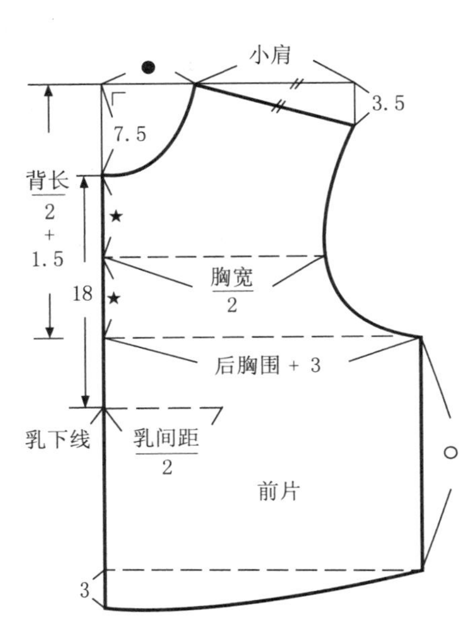

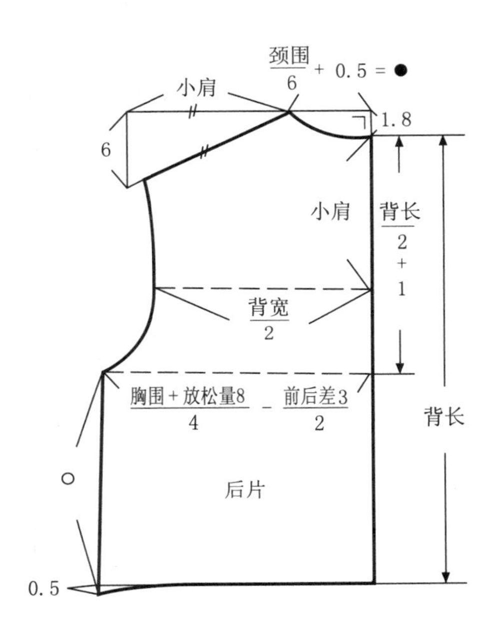

图 1-14 登丽美原型

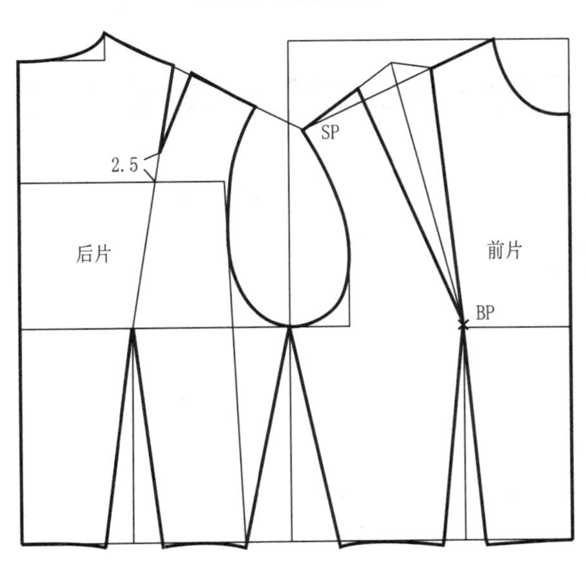

图 1-15 美国原型

2. 美国衣原型

美国有各种不同类型的原型，如无省的上衣原型、有省的合体上衣原型、无腰缝合身连衣裙原型、公主线连衣裙原型、直身裤原型、连身裤原型等，这里介绍的是有省的合体上衣原型，一种最基本的原型，是绘制其他各种服装衣原型的基础。其设计方法和思路与文化式衣原型有很大区别，它需要量取部位较多，制图复杂，其中还包含了立体的三角形定位的思路（见图 1-15）。

3. 英国衣原型

英国女装原型按服装种类分为合体上衣原型、松身上衣原型、西装式夹克原型、经典衬衣原型、大衣原型、内衣原型、合体裙原型、基本裤原型等。这里介绍的是适合套装设计的合体式衣原型（见图 1–16）。

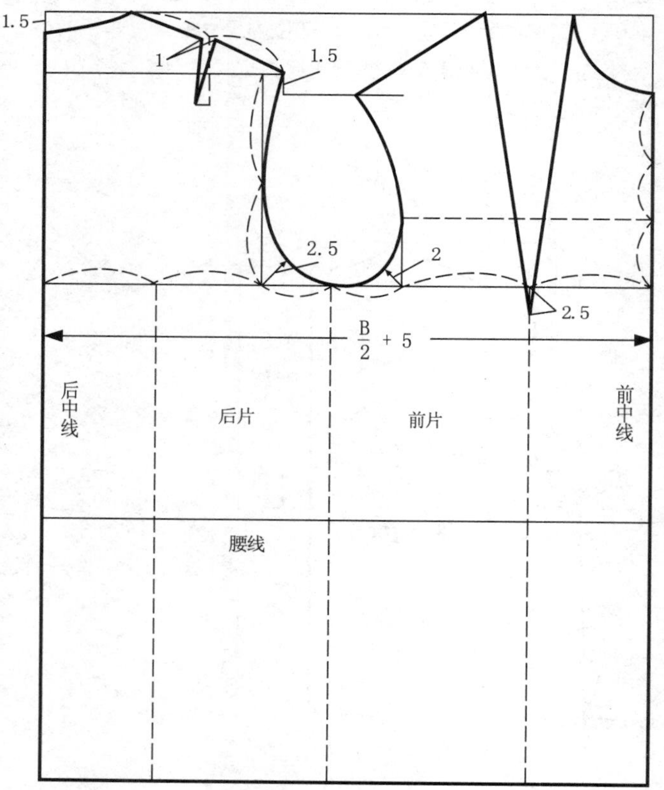

图 1–16 英国原型

4. 东华衣原型

东华原型——中国箱形原型，东华原型是东华大学服装学院在对大量女体计测的基础上，得到各计测部位数据的均值及人体细部与身高、净胸围的回归关系，并在此基础上建立标准人台，通过在标准人台上按箱形原型的制图方法作出原型布样，将人体细部与身高、净胸围的回归关系进行简化作为平面制图公式制定而成的中国箱形原型（见图 1–17）。

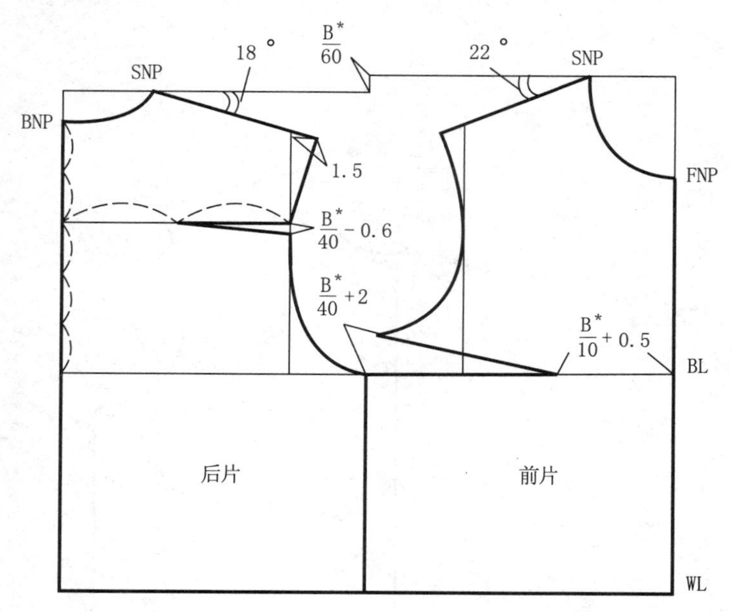

图 1–17 东华原型

课后实训

一、独立完成新旧日本文化式衣原型的结构制图。

制图要求：

制图比例：1:1。

线条规范，分清轮廓线与基础线。

尺寸准确，符号与字母书写规范。

样板结构准确，相关部位结构线吻合。

标注必要尺寸公式。

标注纱向线。

二、掌握衣原型各部位与人体相应部位的关系。

三、比较分析新旧衣原型的异同。

四、了解相关的其他种类衣原型。

2

专项模块——原型衣的结构变化

第二章

原型衣的结构变化，是指在原型纸样基础上进行的省道转移、分割、褶裥等结构设计变化，是完成女上装结构设计的一个有效的方法。

课题说明

新旧原型的衣身结构变化原理基本相同，本章以日本文化服装学院的旧原型为例进行讲解。

实践意义

原型衣身的纸样变化灵活多样，适合女装款式变化丰富的特点。

实践目标

掌握衣身省道转移的原理与方法。

掌握衣身省道设计的原则。

掌握衣身结构变化的多种形式。

实践方法

以 1:5 缩小比例衣身纸样的结构变化训练为主的实践操作。

第一节 衣身省道转移

一、衣身部位省道名称
二、衣身省道种类
三、省道转移原则
四、衣身省道转移方法

一、衣身部位省道名称

省道按所在衣身的不同部位命名，可分为肩省、袖窿省、侧缝省、领省、中心省、腰省。以肩省为例，在肩线上任意一点指向 BP 点的省，都可称为肩省，其他省同理。在实际应用中，根据省位的不同，省尖距 BP 的位置不同（见图 2-1）。

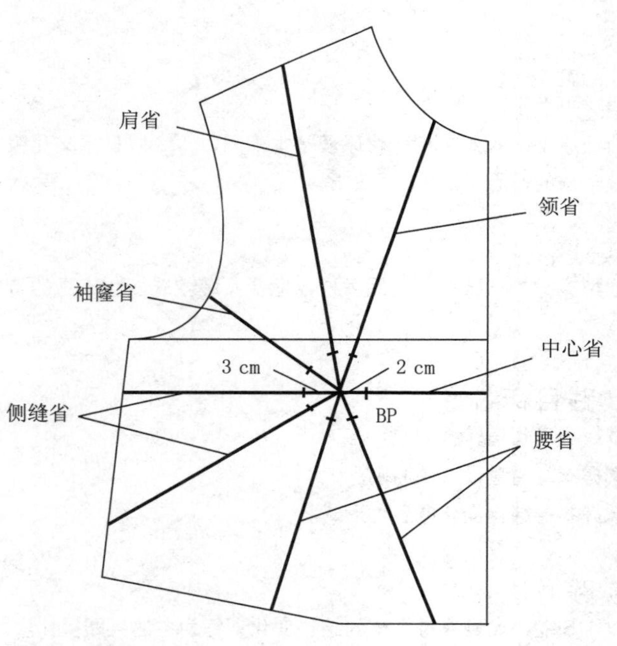

图 2-1 衣身部位省道名称

二、衣身省道种类

按省道的具体形态可分为钉子省、锥子省、橄榄省、弧形省（见图 2-2）。

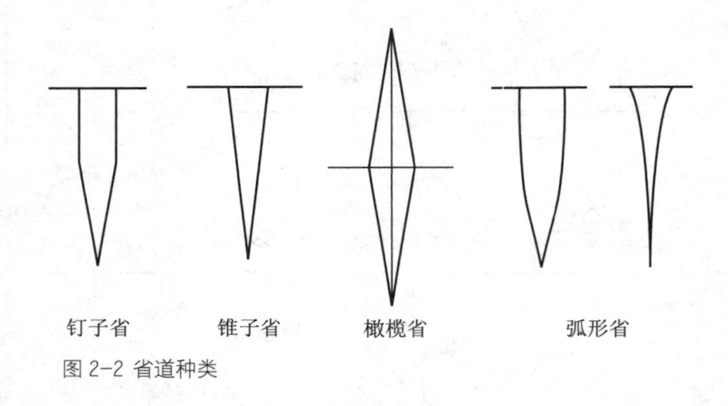

图 2-2 省道种类

三、省道转移原则

1. 省道转移后，新省道与原省道长度可以不相同，但张开角度必须相同。
2. 应尽量使新省道与原省道通过 BP 点相连，以便省道的转移。
3. 省道转移要确保衣身的整体平衡，一定要使前、后衣身的原型在腰节线处保持在同一水平线上，否则会影响制成样板的整体平衡和尺寸的准确性。

四、衣身省道转移方法

省道转移是指在服装纸样上，一个省道可以围绕某一中心点转移到同一衣片的任何其他部位，而不影响服装的尺寸及合体性。省道转移的方法有三种：量取法、旋转法、剪切法。

1. 量取法

量取法适用于开口在侧缝上的省道，省量为前后侧缝差，省道可设计在侧缝的任意位置，省尖指向 BP 点，省道两侧长度相同（见图 2-3）。

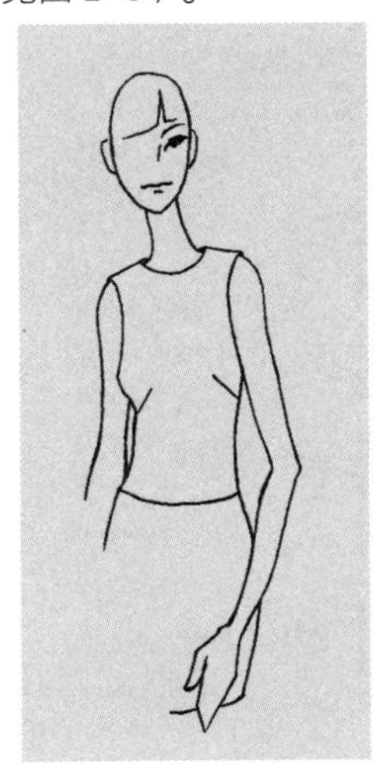

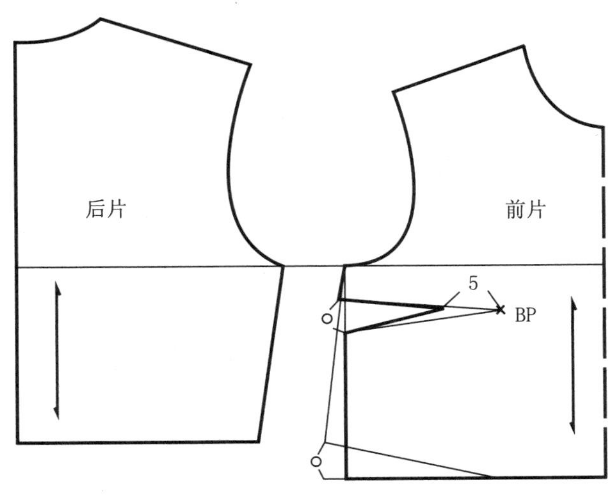

图 2-3 量取法作侧缝省

2. 旋转法

旋转法是以省尖为旋转中心（前衣身为 BP 点），旋转衣身一定的量，将全部或部分的省量转移到其他部位的方法。

旋转法的案例分析

案例一：部分腰省转移为肩省（见图 2-4）

步骤分析：
1. 依题意设计出肩省的位置，通常在肩线的 1/2 处，为 A 点。
2. 将 A 点与 BP 点连线。
3. 按住 BP 点将原型旋转，至腰围线水平。
4.A 点旋转到 A′ 点，A 点到 BP 点到 A′ 点即为新的肩省。
5. 修正省尖。
6. 剩余腰省作为腰围处松量。

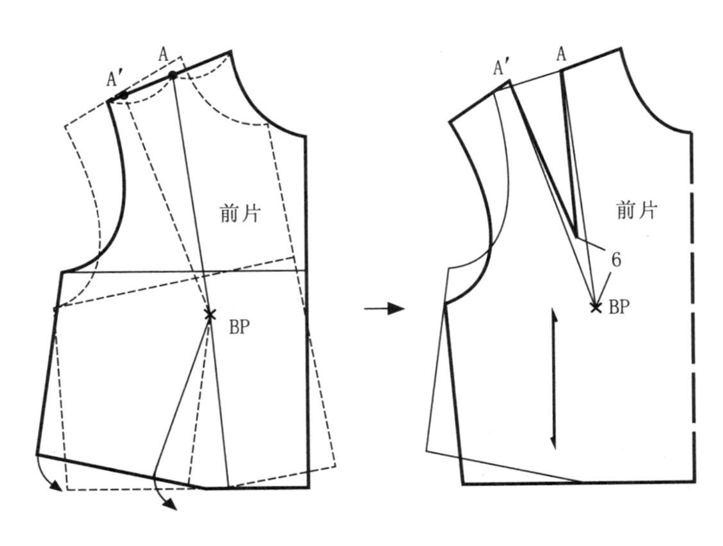

图 2-4 部分腰省转移为肩省

案例二：全部腰省转移为侧缝省（见图 2-5）

步骤分析：

1. 依题意设计出侧缝省的位置，为 A 点。
2. 将 A 点与 BP 点连线。

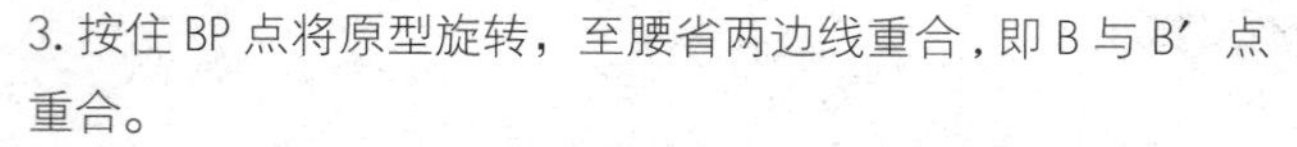

3. 按住 BP 点将原型旋转，至腰省两边线重合，即 B 与 B′ 点重合。
4. A 点旋转到 A′ 点，A 点到 BP 点到 A′ 点即为新的侧缝省。
5. 修正省尖与轮廓。

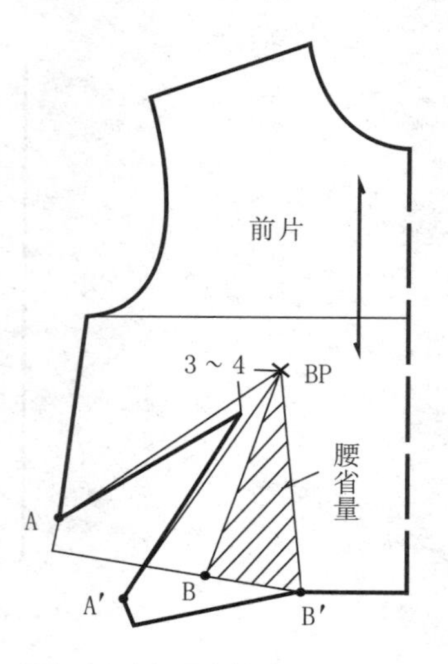

图 2-5 全部腰省转移为侧缝省

3. 剪开法

剪开法是在原型上确定新的省道的位置，并沿省位剪开，将原省合并，使剪开的部位拉开，拉开量的多少即是新省道的量。

剪开法的案例分析

案例一：部分腰省转移为袖窿省（见图 2-6）

步骤分析：

1. 依款式图设计出袖窿省的位置，为 A 点。
2. 将 A 点与 BP 点连线，并剪开。
3. 剪开折叠部分腰省，至腰围线水平。
4. A 点被拉开到 A′ 点，A 点到 BP 点到 A′ 点即为新的袖窿省。
5. 修正省尖与轮廓线。

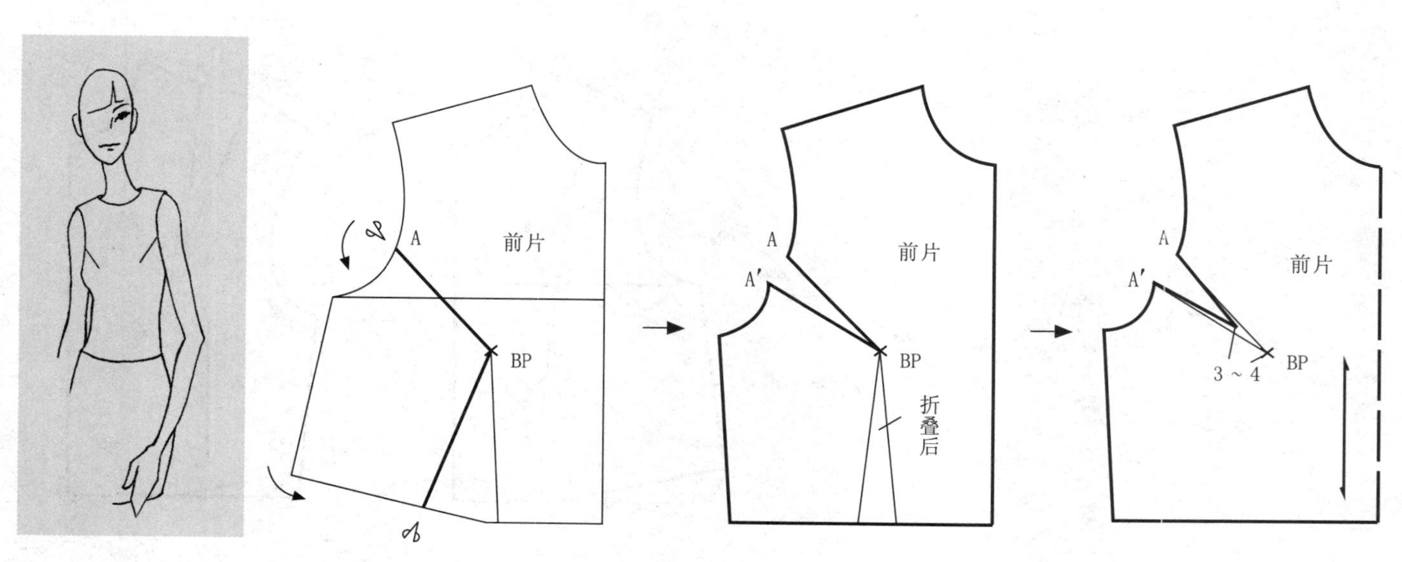

图 2-6 部分腰省转移为袖窿省

案例二：全部腰省转移为三个侧缝省（见图 2-7）。

步骤分析：

1. 依照款式图设计出三个侧缝省的位置，分别为省道 A A′、B B′、C C′。

2. 分别将 A′、B′、C′点与 BP 点连线，并剪开。

3. 剪开或折叠全部腰省。

4. 等量拉开 A A′、B B′、C C′即为新的侧缝省。

5. 修正省尖与外轮廓。

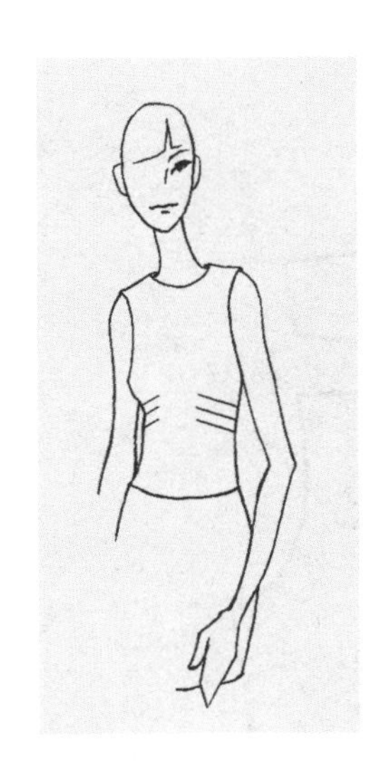

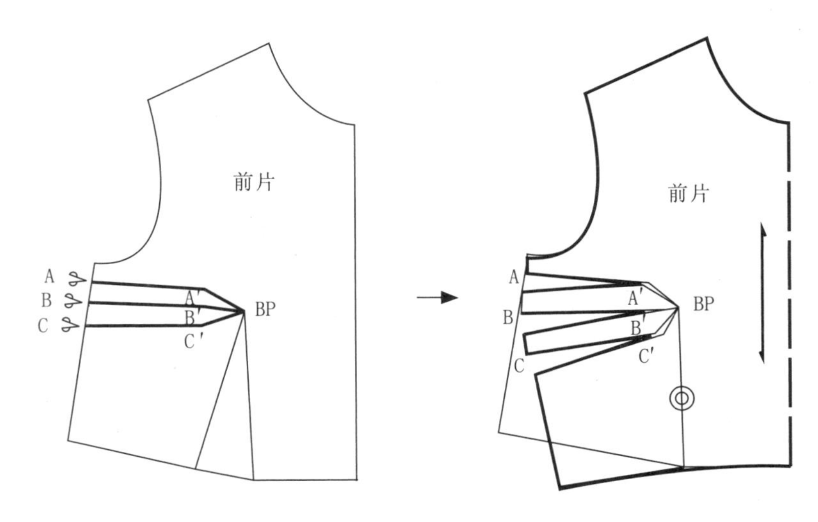

图 2-7 全部腰省转移为三个侧缝省

案例三：后肩省的转移

后肩省可以转移至图 2-8 所示的位置，以后肩省转移为领口省为例（见图 2-9）：

步骤分析：1. 依款式图设计出领口省的位置，为 A 点，与肩省省尖连线。

2. 合并肩省，A 点被拉开到 A′点，形成领口省。

3. 修顺外轮廓。

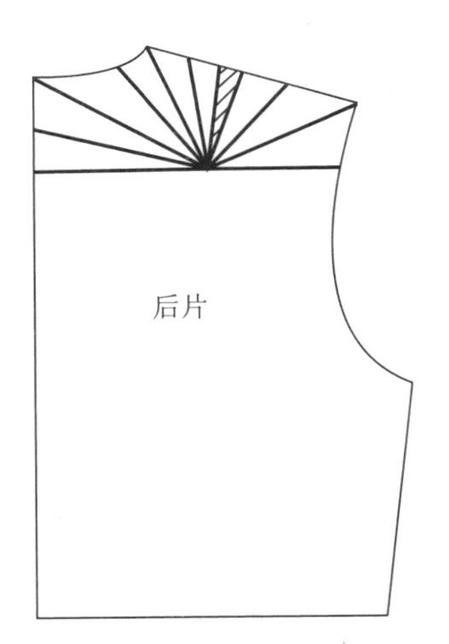

图 2-8 后肩省转移部位图

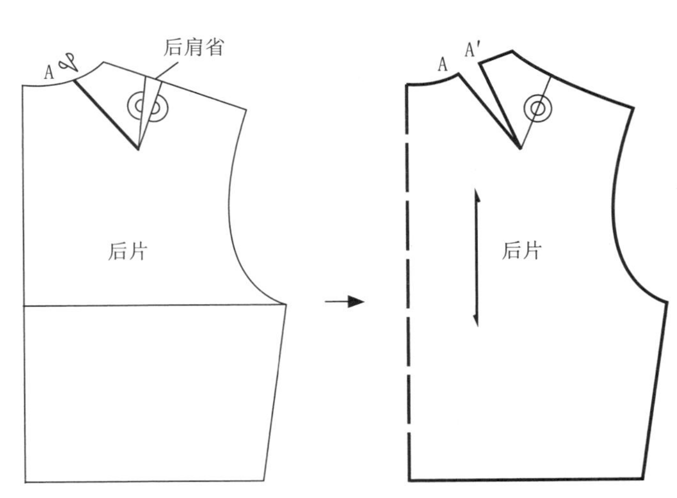

图 2-9 后肩省转移为领口省

案例四：后片肩部育克线的设计（见图 2-10）

步骤分析：

1. 在后肩省省尖 1cm 下作水平分割线，并延长省尖至水平线上。

2. 合并后肩省，沿水平分割线剪开，将省量转移至分割线中。

3. 修顺外轮廓。

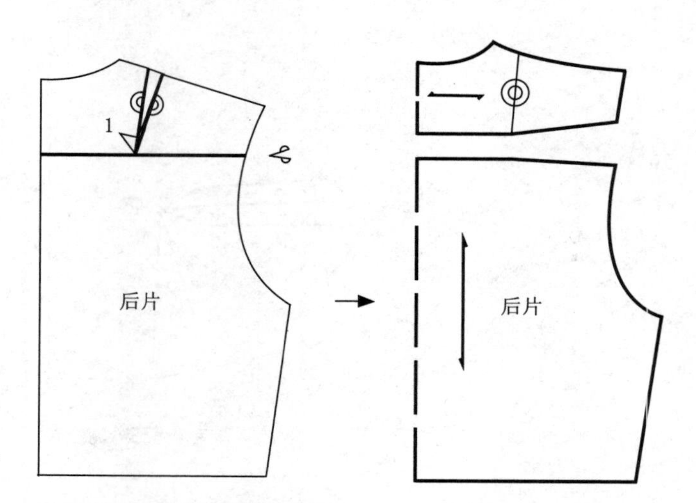

图 2-10 后片肩部育克线的设计

第二节
衣身结构的变化应用

一、衣身连省成缝
二、衣身褶裥、塔克、抽褶的变化

一、衣身连省成缝

衣片上的省道过多，既影响服装的缝制效率和外观效果又影响服装的穿着牢度，在不影响服装款式造型的基础上，将相关联的省道用衣缝代替，即称连省成缝。

1. 连省成缝原则

（1）省道连接时应尽量使连接线通过或接近人体的凸凹点（前胸为 BP 点），以充分发挥省道的合体作用。
（2）当经向和纬向的省道连接时，从工艺角度考虑：应以最短路径连接，并使其具有良好的可加工性，贴体性。从造型艺术的角度考虑：省道连接的路径要与整体造型协调统一，考虑其美观性。
（3）连省成缝时，应对连接线进行细部修正，使其光滑美观，不必拘泥于原省道形状。
（4）连省成缝前，可进行省道转移，以达到理想的连接状态。

2. 连省成缝的案例分析

案例一：公主线式分割的连省成缝

步骤分析：
1. 设计肩省位置在前肩线的 1/2 处，转移部分腰省为肩省。
2. 用光滑圆顺的曲线连接腰省与肩省，连线尽量通过或接近 BP 点，完成前片的公主线（见图 2-11-1）。
3. 同理，顺接后片的肩省与腰省，完成后片的公主线（见图 2-11-2）。

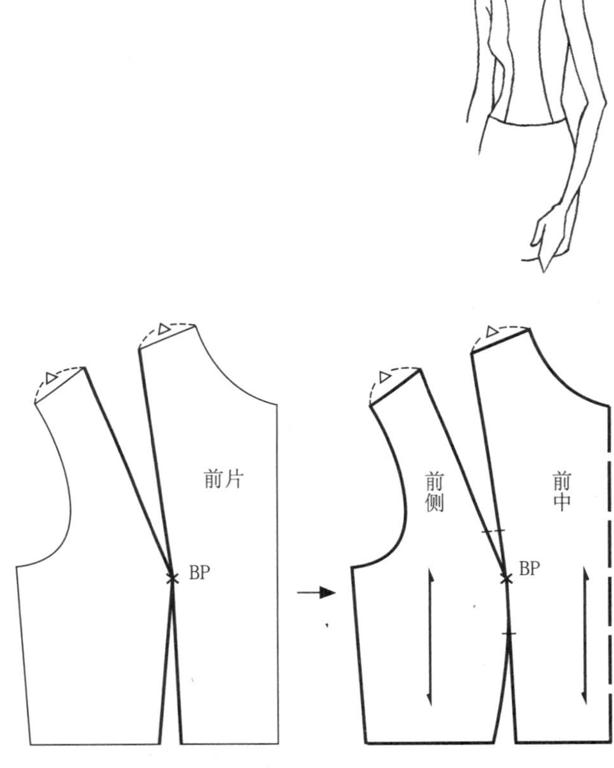

图 2-11-1 前衣片的公主线分割

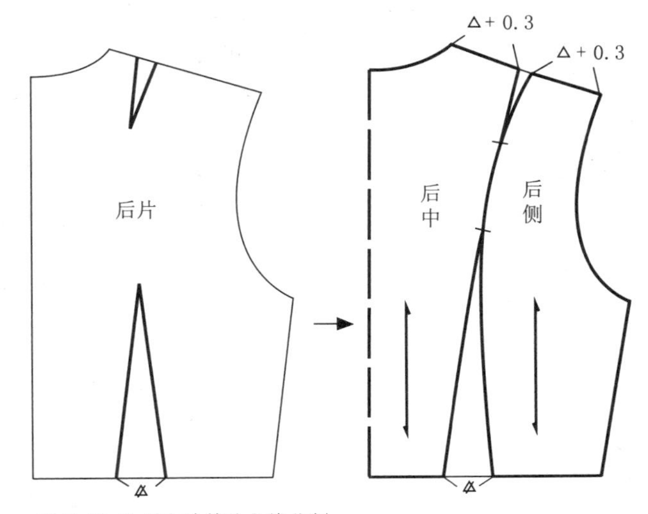

图 2-11-2 后衣片的公主线分割

案例二：折线式分割的连省成缝（见图 2-12）

步骤分析：

1. 依款式图设计领口省和袖窿省的位置。

2. 转移部分腰省为领口省和袖窿省，完成前片的折线式分割。

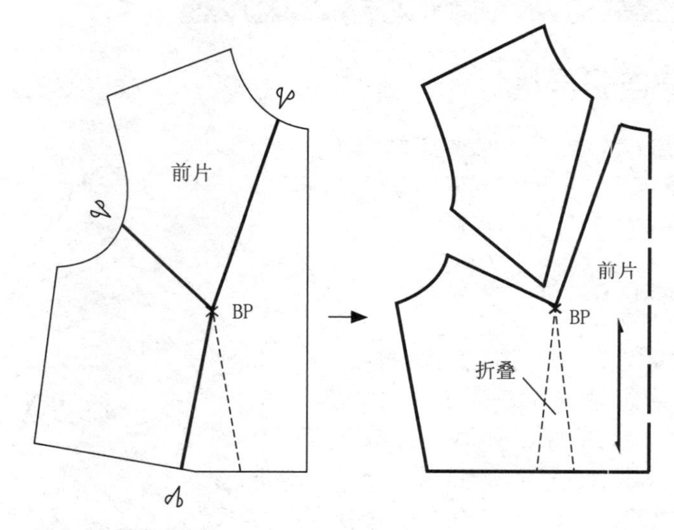

图 2-12 折线式分割

二、衣身褶裥、塔克、抽褶的变化

服装结构设计中除了省道的变化应用，还有褶裥、塔克、抽褶的变化应用。各种结构形式的组合应用，既丰富了服装款式造型的变化，又增添了服装的装饰效果与艺术性。

1. 褶裥的构成

一个褶裥由三层面料组成：外层、中层、里层。外层是衣片上的一部分，三层面料同样大小，为深褶裥（见图 2-13-1）；三层面料不同量为浅褶裥（见图 2-13-2）。

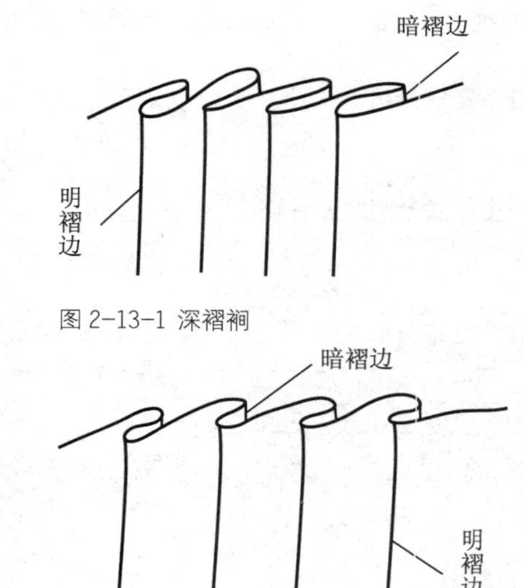

图 2-13-1 深褶裥

图 2-13-2 浅褶裥

2. 褶裥的分类

（1）按形成褶裥的线条类型分（见图 2–14）

①直线褶裥　褶裥两端折叠量相同，外观形成一条条平行的直线，常用于衣身、裙片的结构设计中。

②曲线褶裥　同一褶裥所折叠的量不断变化，外观形成一条条连续变化的弧线，常用于裙片的结构设计中，利用褶裥上大下小的尺寸差，吻合人体腰臀差量。

③斜线褶裥　褶裥两端折叠量不同，但其变化均匀，外观形成一条条互不平行的直线，常用于裙片的结构设计中。

图 2–14

（2）按形成褶裥的形态分（见图 2–15）

①顺褶裥　指向同一方向折叠的褶裥，即可向左折倒，也可向右折倒。

②箱形褶裥　指同时向两个方向折叠的褶裥，又可分为明褶裥和暗褶裥。

③风琴褶裥　面料之间没有折叠，只是通过熨烫定形，形成褶裥效应。

图 2–15

3. 塔克的分类

塔克是一个外来语，是英语 tuck 的中文发音，塔克与褶裥有相同之处，是将折倒的褶裥部分或全部用线迹固定。按缝迹固定的方式不同，塔克可分为两种：

（1）普通塔克　将折倒的褶裥，沿明折边用缝线固定（见图 2–16–1）。

（2）立式塔克　是指沿褶裥的暗折边用缝线固定。因明折边没有用缝迹固定，所以更具浮雕效果，更具立体感（见图 2–16–2）。

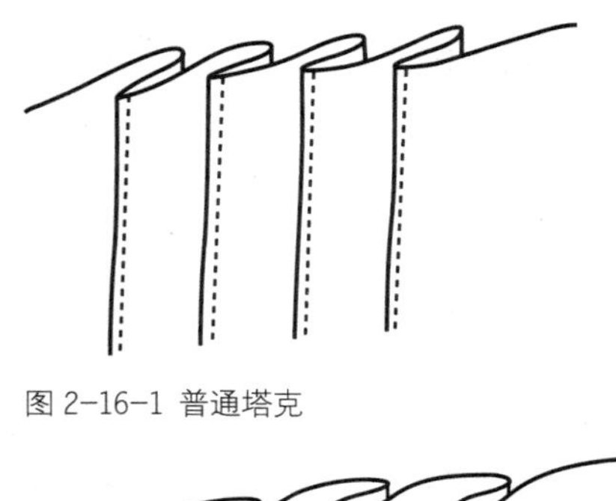

图 2–16–1 普通塔克

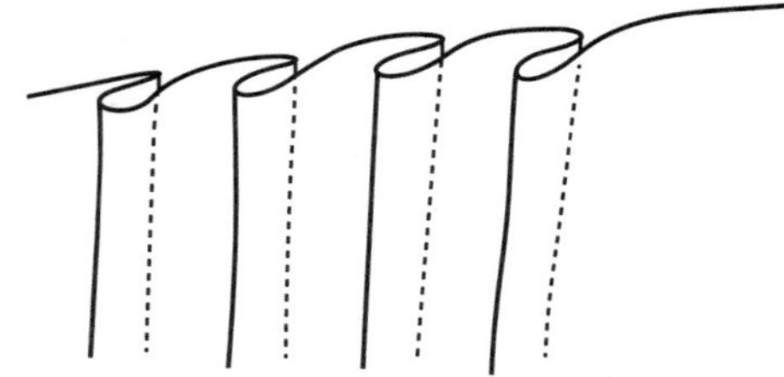

图 2–16–2　立式塔克

4. 抽褶

抽褶可以看做是多个细小的褶裥的组合，抽褶量可以由省道转变而来，这种抽褶有合体作用。抽褶量还可以用拉展的形式附加，这种形式的抽褶通常只具有装饰功能。抽褶多用于女装与童装中，形式活泼（见图 2–17）。抽褶部位可以是水平或垂直的，也可以是上下两端同时抽褶，抽褶部位及抽褶量依款式造型和面料特征而定。

图 2–17 领口抽褶的款式

第三节
衣身结构综合设计

一、省道设计原则
二、分割线的分类及设计
三、衣身结构设计综合案例分析

一、省道设计原则

1. 省道形式的设计

设计省道时，形式可以是单个集中的，也可以是多方位分散的；可以是直线形，也可以是弧线形、曲线形。单个集中的省道由于省道缝去量大，容易形成尖点，与人体实际体态不符，外观造型又显生硬。多方位的省道设计由于各方位的缝去量小，可使省尖处造型较为平缓，但由于缝制多个省道而影响了缝制效率。在实际应用中，应综合考虑各种因素：外观造型、面料性能、缝制效率等。

2. 单个省道形状的设计

省道形状的设计，主要视衣身与人体贴近程度的需要而定，不能简单地将所有省道的两边都设计成直线形，特别是合体性强的服装，应根据人体体态将省道两边设计成略带弧形、有宽窄变化的省道。不同的曲面形态，不同的贴体程度应选择相应的省道形状。

3. 省道部位的设计

从理论上讲，不同部位的省道能起到同样的合体作用，而实际上不同部位的省道除了会产生不同的服装视觉效果外，也会对服装外观造型产生细微的影响。省道部位的选择取决于不同的体型和不同的服装面料，如肩省更适合用胸围较大的体型，而侧缝省更适合用胸部较扁平的体型。从结构功能上讲，肩省兼有肩部造型和胸部造型两种功能，侧缝省只具有胸部造型一种功能。

4. 省道量的设计

省道量的设计通常以人体各截面围度的差数为依据。差数越大，人体曲面形成角度越大，面料覆盖于人体的余褶就越多，相应的省道量越大；反之，省道量越小。此外，还应考虑服装的款式造型风格。宽松风格的服装，省道量设计得小些，甚至可以不设计省道；合体风格的服装，省道量设计得相对大一些。

5. 省尖位置的设计

一般来说，省尖的位置与人体隆起的凸点部位相吻合，但由于人体曲面变化是平缓而不是突变的，所以省尖的位置只能对准某一曲率变化最大的部位（即凸点），而不能完全经过该点。如前衣身的各部位省道，省尖都指向胸高点，在进行省道转移时，也都以胸高点为中心进行转移，但实际缝制时，各省尖距胸高点都有一定的距离。（见图 2-1）衣身部位省道名称。

6. 省道风格的设计

省道风格的设计是决定服装造型的重要因素之一，女装省道风格在一定的程度上是以乳房形态决定的。
（1）高胸细腰造型。
这类体型胸腰差大，乳房丰满，胸点位置低，腰部较细。设计省道时，省道量要大，形状为符合乳房形态的弧形，可加腰省，强调收腰效果。
（2）少女造型。
这类体型胸点的间距长，位置高，是青春发育期的胸部造型。设计省道时，省道量要小，省尖位置应偏高，形状呈锥形。
（3）优雅造型。
这类体型胸部造型较扁平，胸高位置是一个近似圆形的区域，不强调体现腰部的凹进和臀部的隆起形态。设计省道时，省道量要小且分散。
（4）平面造型。
不表现女性胸部隆起形态，腰部和臀部造型较平直，不收省或省道量很小。

二、分割线的分类及设计

服装上的分割线有各种形态：纵向分割线、横向分割线、斜向分割线、自由分割线等。此外，还常用具有节奏旋律的线条，如螺旋线、放射线等。分割线的方向性和运动性使服装的款式造型更丰富、更具表现性。

服装上的分割线既有造型作用又有功能作用，对服装的造型和合体性起着主导作用。通常将分割线分为两大类：造型分割线和功能分割线。

1. 造型分割线

为了款式的需要，附加在服装上起装饰作用的分割线，对服装的合体程度不起作用，但分割线所处的部位、形态、数量的设计变化会引起服装造型艺术效果的改变。

2. 功能分割线

功能分割线具有适体特征及加工方便的工艺特征。如连省成缝形成的分割线，常以简单的分割形式，最大限度地显示出人体凹凸的曲面特征。既有收省道的作用，又简化了工艺流程。

服装分割线的设计不仅要考虑款式造型的美感，同时还要兼顾分割线的功能性，即符合造型艺术的审美要求，又达到显示人体曲线的美感，同时最大限度地减少成衣加工的复杂程度。

三、衣身结构设计综合案例分析

案例一：不对称式造型的结构设计

此款造型结构的特点是将省量转移至弧形分割线中隐藏。为了不妨碍弧形分割线的设计，先将腰省量转移至不与分割线相交的临时省位。因是不对称设计，所以须作出左右衣片。

步骤分析：

1. 设计临时省位：袖窿省（也可侧缝省）。
2. 将全部或部分腰省量转移至临时省位（见图 2-18-1）。
3. 因款式图为不对称结构，以前中心线为对称线作出左右衣片。
4. 依款式图作出弧分割线，并设法与临时省端点相连（见图 2-18-2）。
5. 沿弧线分割线剪开，合并临时省，将临时省量转移至弧形分割线中（见图 2-18-3）。
6. 修正省尖位置，修顺省的两条边线。

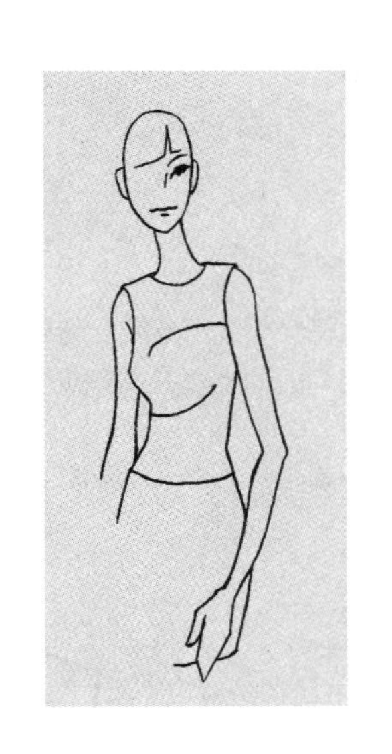

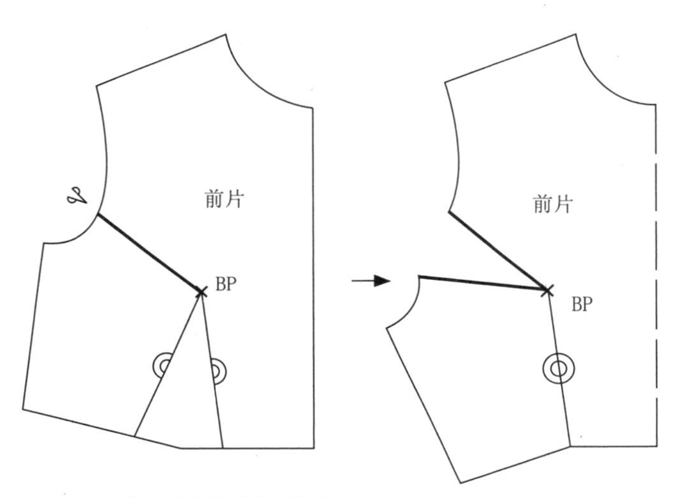

图 2-18-1 全部腰省量转移至袖窿省

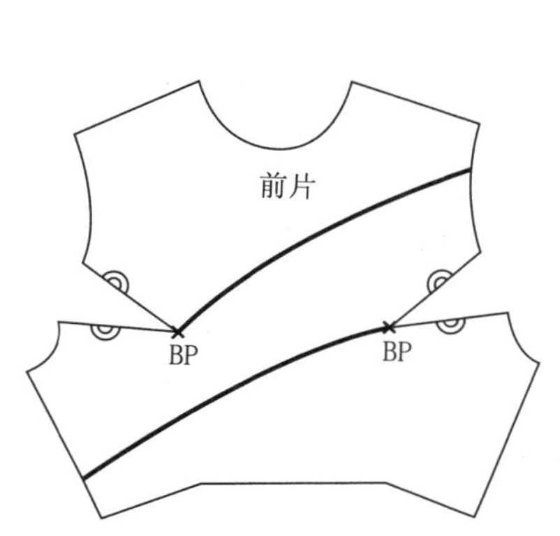

图 2-18-2 画弧形分割线

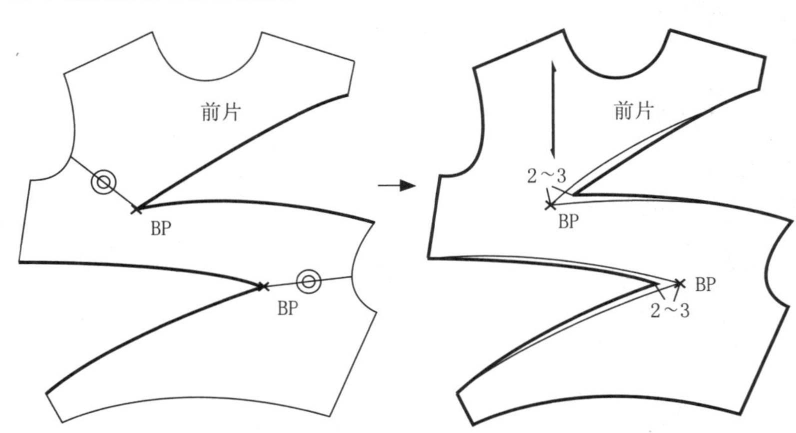

图 2-18-3 袖窿省量转移至弧形分割线中

案例二：腰省上抽褶的结构设计

此款是腰省与抽褶结合的设计，因抽褶量就设计在腰省上，所以不需要进行省量转移，只需放出抽褶量（见图 2-19）。

步骤分析：

1. 在原型前片上作出全腰省，并在其边线上向侧缝线做几条均匀分布的辅助线。
2. 沿辅助线剪开并均匀拉开所需抽褶量。
3. 修正衣片外轮廓线。

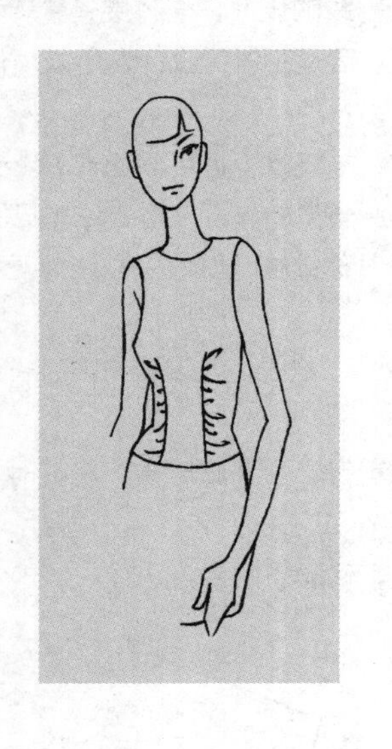

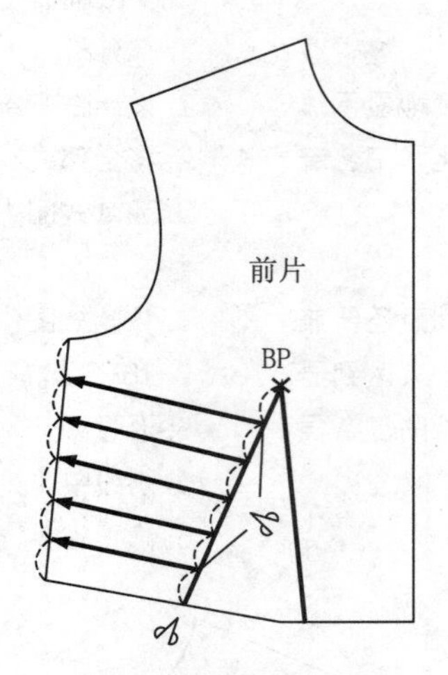

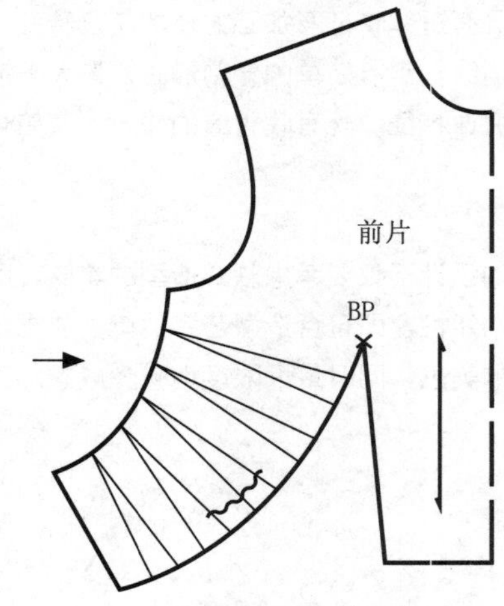

图 2-19 腰省上抽褶的纸样变化

案例三：侧缝省抽褶的结构设计

此款是侧缝省与抽褶结合的设计，因抽褶量设计在侧缝省上，所以要先进行省量转移，再剪切样板放出抽褶量（见图 2-20）。

步骤分析：

1. 依款式图作出侧缝省造型线。
2. 剪开侧缝省造型线，将全部或部分腰省量转移至侧缝省。
3. 在侧缝省省位线上均匀的向上作几条辅助线并剪开，拉开所需褶量。
4. 修正弧线和衣片外轮廓线。

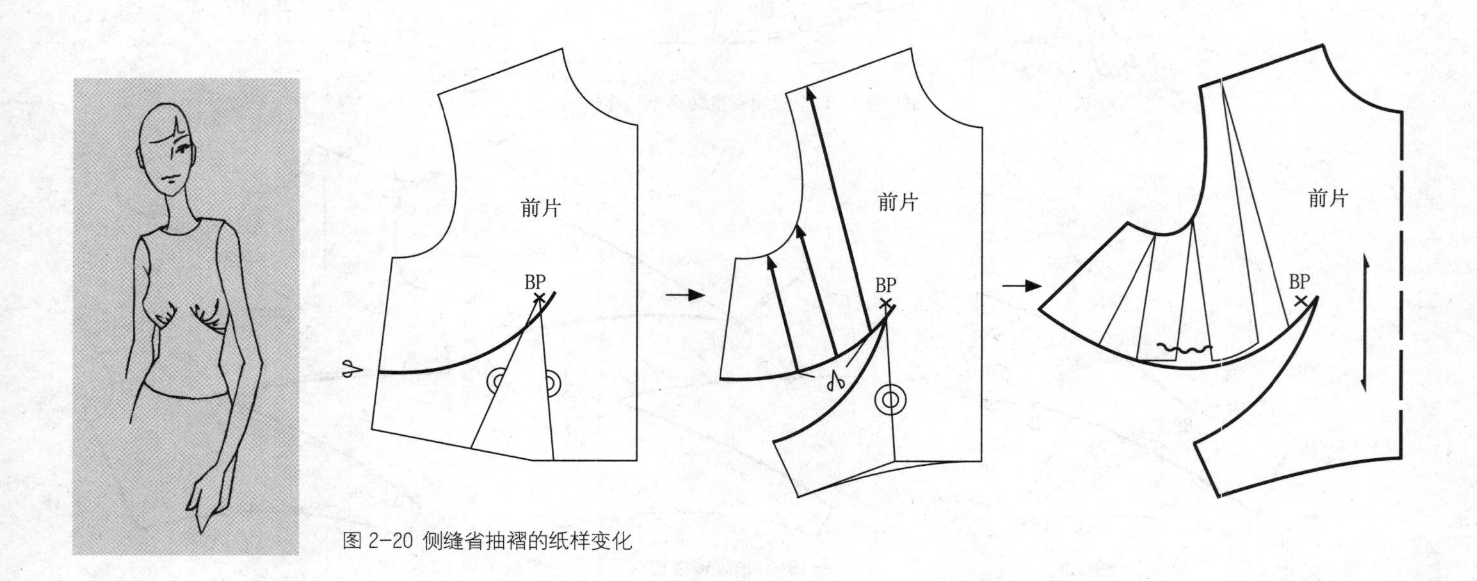

图 2-20 侧缝省抽褶的纸样变化

案例四：前中心抽褶的结构设计

此款式是将抽褶量设计在前中心处，如要求褶量不大，可将全腰省量转化抽褶量即可，如所需量大，可依款式与面料情况追加（见图 2-21）。

步骤分析：

1. 将全部或部分腰省量转移至前中省，把前中省量转化为抽褶量。
2. 如褶量不够可追加，沿胸围线剪开并拉开所需量。
3. 修正衣片外轮廓线。

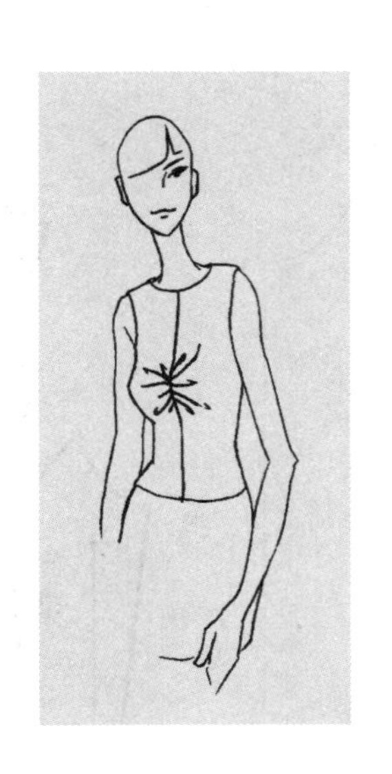

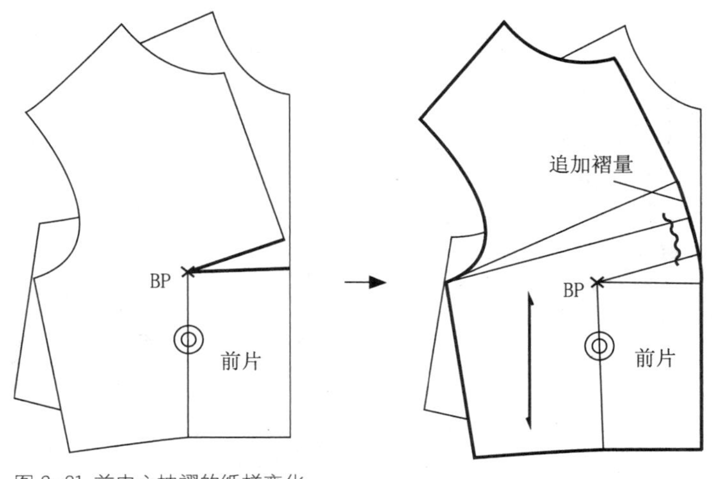

图 2-21 前中心抽褶的纸样变化

案例五：育克与塔克造型的结构设计

此款式在肩部有育克设计，前胸有三个纵向均匀分布的塔克造型，塔克的结构变化和褶裥相同，只是在打裥的部位用缝线固定即可。将腰省量通过临时省位转移至三个塔克中。

步骤分析：

1. 设计临时省位：侧缝省。
2. 将全部或部分腰省量转移至临时省位。
3. 依款式图作出育克分割线和三条平行的塔克线。
4. 沿中间分割线剪开至 BP 点，合并临时省，将临时省量转移至分割线中，省量大小为“△”（见图 2-22-1）。
5. 将省量“△”均等的分摊在三条分割线中，每个省量为“△/3”。
6. 依款式图塔克线长至腰节，所以剪开 BP 点下三条分割线并平行拉开所需量，BP 点上褶量大于 BP 点下褶量。
7. 修顺衣片外轮廓线（见图 2-22-2）。

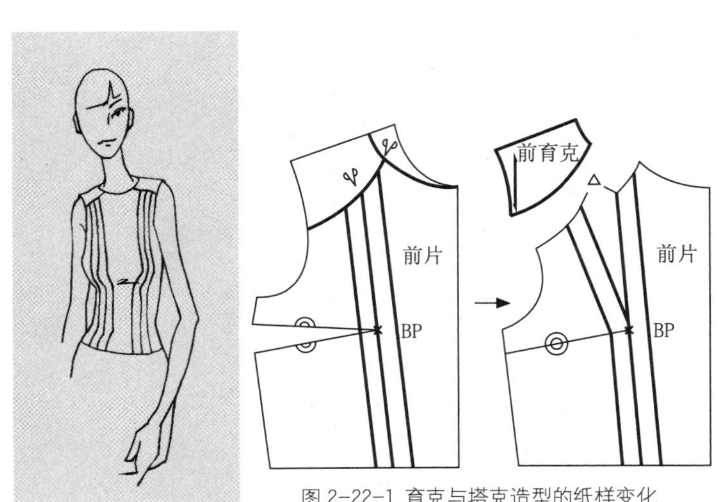

图 2-22-1 育克与塔克造型的纸样变化

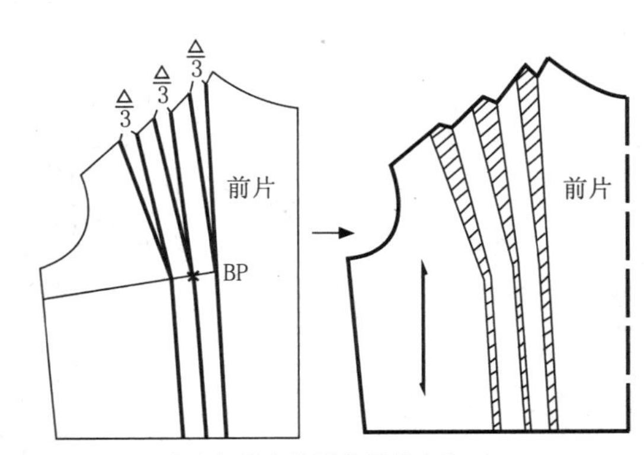

图 2-22-2 育克与塔克造型的纸样变化

案例六：不通过 BP 点的分割线结构设计

在服装款式设计中，经常会遇到不通过 BP 点的分割线，可采用平移的方法将原省量移至分割线处。为方便结构变化，先将部分腰省量转移至肩部（见图 2-23）。

步骤分析：

1. 将部分腰省量转移至肩省。
2. 依款式图作出分割线和省道，将剩余腰省量平移至分割线中。
3. 合并肩省，拉开省道量。
4. 修正省尖，修顺衣片外轮廓线。

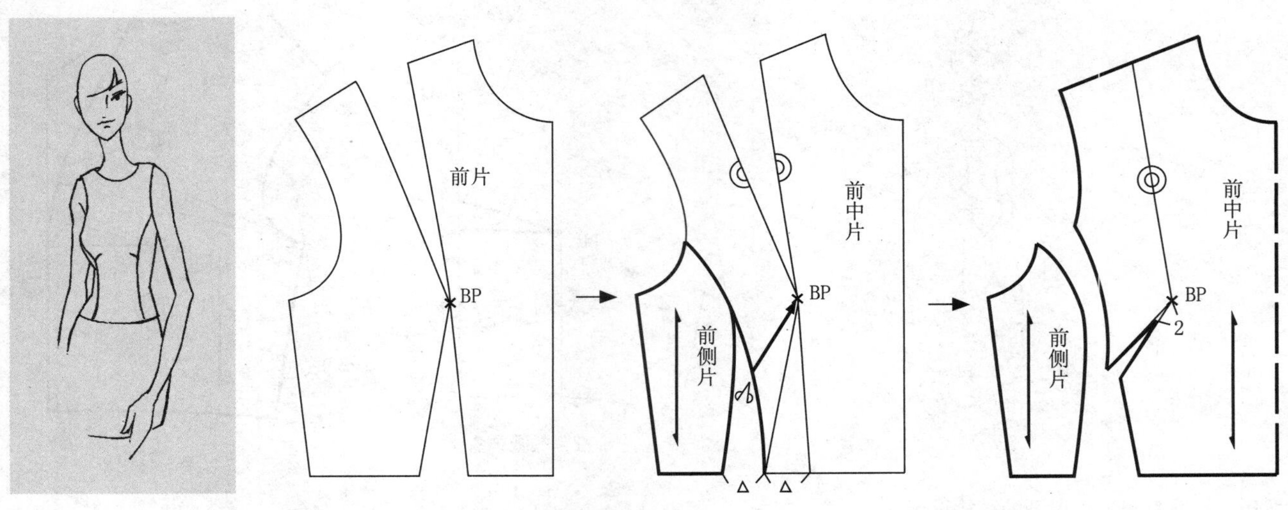

图 2-23 不通过 BP 点的分割线的纸样变化

案例七：前中心波浪造型的结构设计

波浪造型主要用于悬垂性好的面料。可将腰省量转移至前中心处，作为波浪量的一部分，再扩展样板，增加波浪量（见图 2-24）。

步骤分析：

1. 将全部或部分腰省量转移至前中省。
2. 依款式图增加波浪量。
3. 修顺衣片外轮廓线。

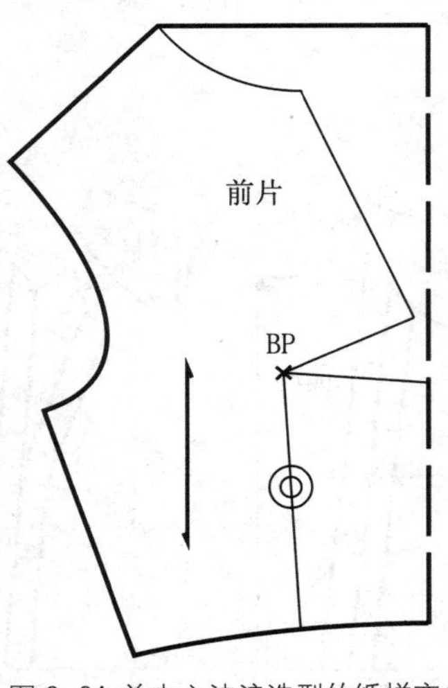

图 2-24 前中心波浪造型的纸样变化

第四节
衣身门襟、衣袋、纽位的设计变化

女装中衣身门襟、口袋、纽位的设计变化也是服装结构设计的重要元素，这些部位的设计变化往往起到画龙点睛的作用，充分体现了服装的整体设计构思。

一、门襟的设计变化

服装的门襟是为了穿脱方便而设计在衣服的某个部位的结构形式，具有较多的变化形式。

1. 前衣片正中的门襟

这是最常见的门襟位置，具有方便、明快、平衡的特点，可分为对合门襟、对称门襟。左右两襟搭合在一起的重叠部分叫叠门。

（1）对合门襟。是没有叠门的开襟形式，常见于短外套和传统的中式服装，止口处常配装饰边、扣袢或明拉链，有的对合门襟有里襟设计（见图 2-25）。

（2）对称门襟。是有叠门的开襟形式，分左右两襟，是服装中应用最广的门襟形式。锁扣眼的一边叫大襟或门襟，钉扣子的一边叫里襟。一般男装的扣眼锁在左襟上，女装的扣眼锁在右襟上。对称门襟因叠门的宽度不同，可分为单叠门和双叠门。

① 单叠门。单叠门的宽度因面料厚度及纽扣大小的不同而变化。一般叠门宽 = 纽扣直径 +0.6cm，通常夏装叠门宽 ≤ 2cm；春秋装叠门宽 =2.5cm 左右；冬装叠门宽 ≥ 3 cm。单叠门又有明门襟和暗门襟之分，正面能够看到纽扣的为明门襟（见图 2-26-1）；正面看不到纽扣，纽扣缝在衣片的夹层里的为暗门襟（见图 2-26-2）；暗门襟叠门宽一般在 3.5cm ~ 5cm。

② 双叠门。双叠门通常为双排纽扣（见图 2-27）。叠门量可依款式及个人喜好而定，一般在 5cm ~ 12cm 左右，常取 7cm ~ 8cm。纽扣一般对称地钉在左右两侧，但有时为了表现特定的造型效果，也可钉在一侧。

图 2-25 对合门襟的款式

图 2-26-1 明门襟的款式

图 2-26-2 暗门襟的款式

图 2-27 双叠门的款式

2. 其他部位的开襟形式

衣襟开襟的部位除前中心外，通常还可以在腋下、肩部、后中心等处（见图 2-28-1 ~图 2-28-3）。

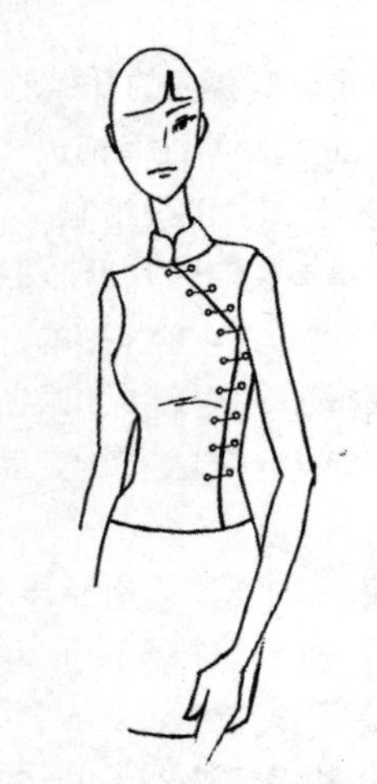

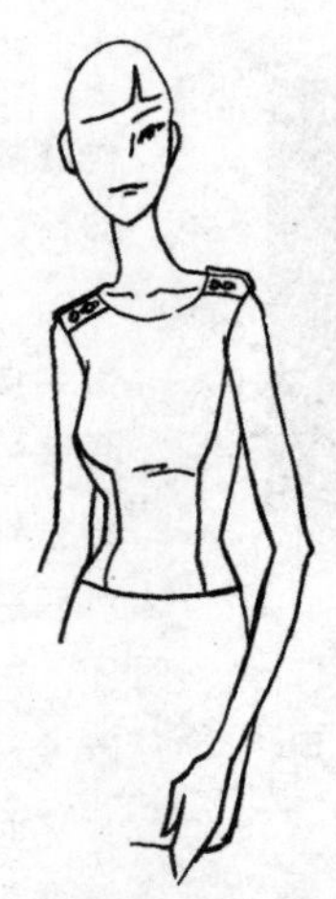

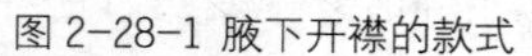

图 2-28-1 腋下开襟的款式　图 2-28-2 肩部开襟的款式　图 2-28-3 后中心开襟的款式

3. 门襟的造型变化

门襟的造型变化有多种，除常规的对称门襟外，还有不对称门襟。门襟按门襟止口形态还可分为直线襟、斜线襟、曲线襟等。按门襟长短可分为半开襟、全开襟等形式（见图 2-29-1 ~图 2-29-3）。

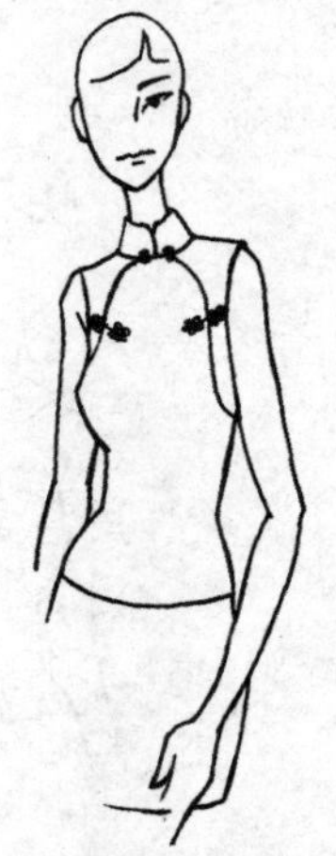

图 2-29-1 不对称门襟的款式　图 2-29-2 曲线襟的款式　图 2-29-3 半开襟的款式

二、衣袋的设计变化

衣袋是服装的主要附件之一，其既有放手和装物的实用功能，又有点缀美化的装饰功能。

1. 衣袋的分类

衣袋是一个总称，形式多样，有大袋、胸袋、里袋、装饰袋等。从结构与工艺的角度，可归纳为三类：
（1）挖袋　挖袋是在衣片上剪出袋口尺寸，内缝袋布的结构形式。因缝制工艺方法不同，可分为单嵌线、双嵌线、箱形挖袋等。从袋口外观形状上分，有直列式、横列式、斜列式、弧形式等。常见于礼服、西服及各类便装。
（2）插袋　插袋通常指在服装分割线缝中留出的口袋，如女装公主线上的插袋、裤装上的侧袋等。这类口袋隐蔽性好，也可缉明线、加袋盖或镶边等。
（3）贴袋　贴袋是用面料缝贴在服装表面的一种口袋。在结构上可分为有盖、无盖、子母贴袋（在贴袋上再做一个挖贴袋）等；在工艺上可分为缉装饰缝和不缉装饰缝两种；造型上变化丰富，可做成圆形、方形、尖角形及其他各种不规则的动物或花卉形状。此外，还包括明裥袋、暗裥袋。常见于童装和休闲装中。

2. 衣袋的设计

衣袋同时具有功能性和装饰性，设计时应考虑以下几点：
（1）袋口尺寸的设计。
衣袋的袋口大小应依据手的尺寸来设计。一般成年女性的手宽在 9cm ~ 11cm；成年男性的手宽在 10cm ~ 12cm。男女上装大袋袋口的净尺寸一般可按手宽加 3cm 左右来确定。如果有明线设计，应加明线的宽度。大衣类服装和裤子的侧插袋，袋口的加放量还可增大些。上装的胸袋只需用手指取物，袋口尺寸应小些，女装为 8cm ~ 10cm，男装为 9cm ~ 11cm。
（2）袋位的设计。
袋位的设计应与服装的整体造型相协调。一般上装大袋袋口的高低以底边线为基准，向上量取衣长的三分之一减去 1.3cm ~ 1.5cm 的位置。也可按短衣服：腰节下 5cm ~ 8cm，长衣服：腰节下 9cm ~ 10cm 的位置。

袋口的前后位置以前胸宽线向前 0 ~ 2.5cm 为中心，视袖身形状而定，一般直身袖为 0，弯身袖为 1cm ~ 2.5cm。

胸袋的袋口高低通常为：西服胸袋口前端参考胸围线向上 1cm ~ 2cm 左右，中山装胸袋口前端对准第二粒纽位。胸袋口后端距胸宽线 2cm ~ 4cm。
（3）衣袋造型的设计。
设计衣袋时，特别是贴袋设计，原则上要与服装的整体风格相一致，也可随款式的特定要求而变化。在常规设计中，贴袋的袋底稍大于袋口，袋深又稍大于袋底。此外，贴袋的材质、颜色、图案也应与服装的整体风格相协调，这样才能达到理想的效果。

三、纽位的设计变化

门襟的变化决定了纽位的设计变化。通常确定第一粒和最后一粒纽扣的位置是关键，第一粒纽位依服装的具体款式确定，最后一粒纽位常按此标准：衬衫类以底边线为基准，向上量取衣长的三分之一减 4.5cm 左右确定；外套类常与袋口平齐。

纽扣按其功能可分为扣纽和看扣两种。扣纽是指扣住服装开襟、衣袋等处的纽扣，兼有实用与装饰功能；看扣是指在前胸、口袋、领角、袖口等部位缝钉的只起装饰作用的纽扣。纽扣通常为一粒单个排列，也可设计为 2 ~ 3 粒一组排列。纽扣的圆心点在服装的前中心线上。

扣眼的位置不完全与纽扣相同，分横向与纵向两种。外套类服装多为横向扣眼，扣眼前端偏出前中心线 0.3cm ~ 0.4cm（依面料薄厚和纽扣的大小厚度而定）。衬衫类扣眼有所不同，以门襟是外翻边的女衬衫为例：第一粒纽扣为横向，其余的都是纵向，横向扣眼前端偏出前中心线 0.2cm ~ 0.3cm，纵向扣眼在前中心线上（见图 2-30）。

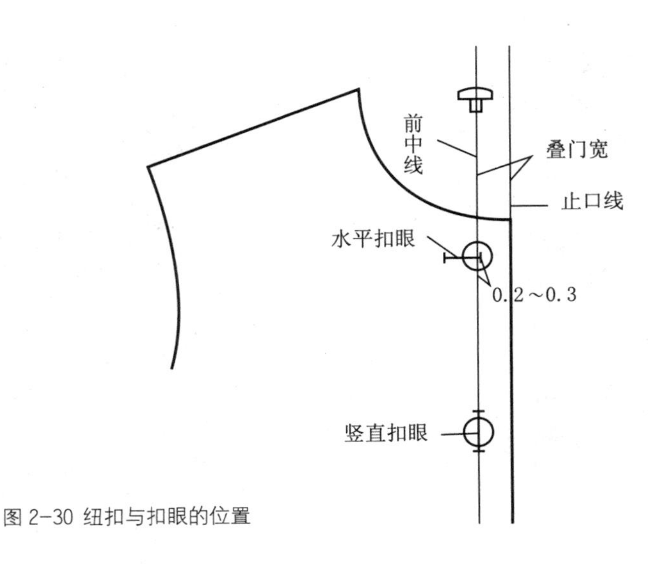

图 2-30 纽扣与扣眼的位置

课后实训

一、衣身结构变化训练

1. 部分腰省量的转移变化训练

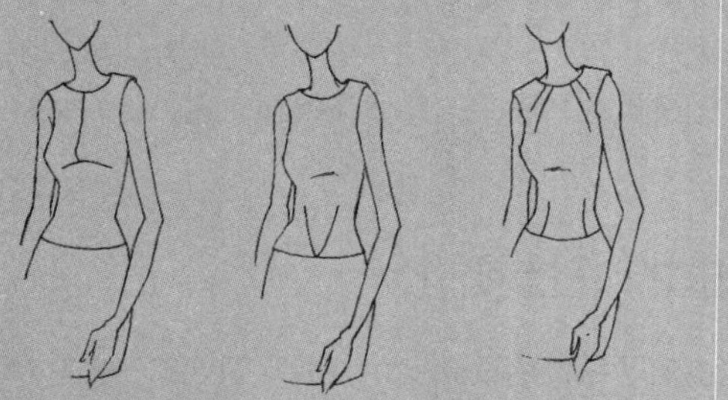

2. 全部腰省量的转移变化训练

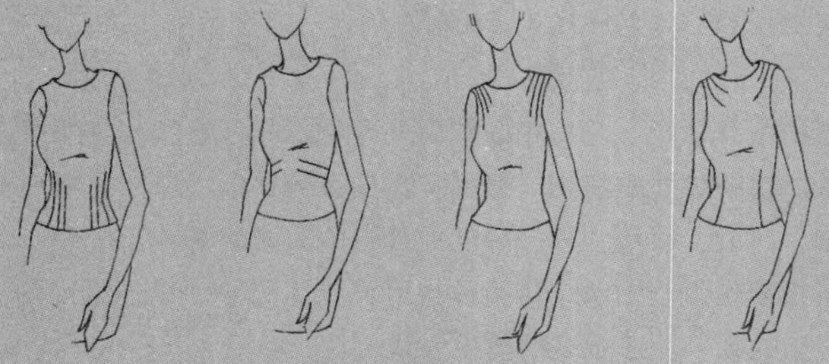

3. 连省成缝的变化训练

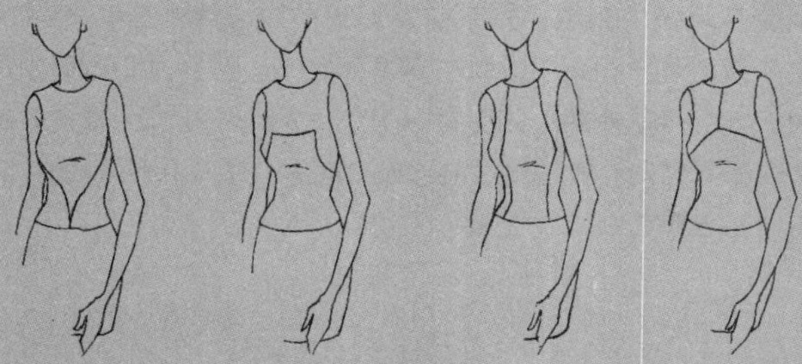

4. 不对称结构的变化训练

5. 褶裥的变化训练

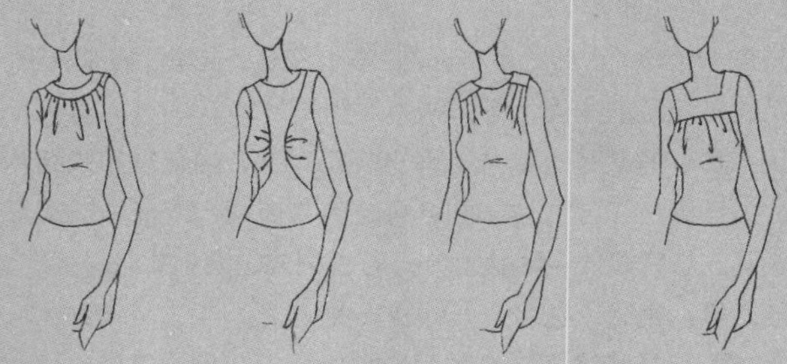

二、用所学知识独立设计完成三款女上装衣身结构的设计

制图要求：

制图比例：1:1。

线条规范，分清轮廓线与基础线。

尺寸准确，符号与字母书写规范。

样板结构准确，相关部位结构线吻合。

标注必要尺寸。

标注纱向线。

第三章

第一节　基本袖型的结构分析

第二节　一片合体袖的结构设计

第三节　原型袖的纸样变化

衣袖的结构设计，是构成整体服装的重要因素之一，以原型袖为基础，进行纸样的变化得到新的袖型结构是一种简单明了、容易理解的学习方法。

课题说明

本章对基本袖型结构设计原理进行分析，并以日本文化式原型袖为基样，以省道转移、切割、拉展的方式进行袖结构设计变化。

实践意义

对基本袖型结构设计原理的深入理解，及原型袖纸样变化应用的掌握，是完成各种袖型结构设计的基础。

实践目标

掌握基本袖型结构设计原理。

掌握一片合体袖型的结构设计方法。

掌握袖原型纸样变化的基本方法。

实践方法

以 1:5 缩小比例纸样变化和 1:1 等比例制图训练为主的实践操作。

第一节
基本袖型的结构分析

一、基本袖结构与人体部位的关系
二、袖山高与衣身袖窿深的关系
三、袖山高与绱袖位置的关系
四、袖山高与绱袖角度的关系
五、袖山高与袖肥的关系
六、袖身结构与上肢形态的关系

日本文化式原型袖属直身形装袖，结构形式较为简单。以其为基础进行袖结构的分析，符合所有其他袖型的结构原理。

一、基本袖结构与人体部位的关系

袖子结构的构成要素主要包括袖长、袖山高、袖肥、袖下长（见图 3-1）。此外，衣身的袖窿深度、袖窿弧线的长度、衣身及袖子设计要求的变化等，都会影响袖子结构的构成。

二、袖山高与衣身袖窿深的关系

袖长以腋窝水平线分为袖山高和袖下长两部分，通常将袖窿最低位置设定在腋窝稍微向下的位置。袖子的样板也随之将袖肥线定在此处。因此，袖子的袖山高度要比人体相应部位长些。文化式原型袖的袖窿深大约设定在人体腋下 2cm 处（见图 3-2）。

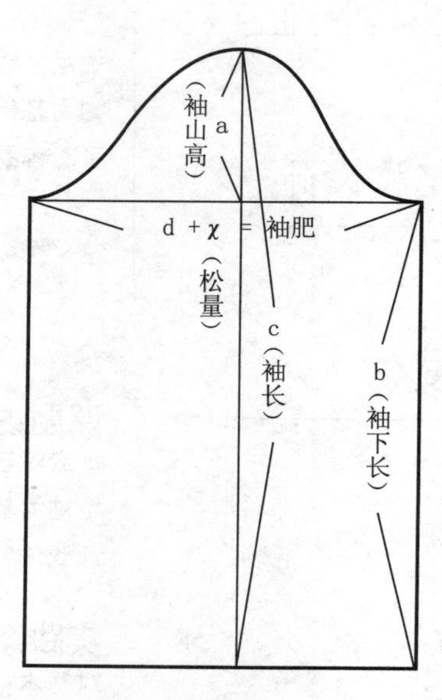

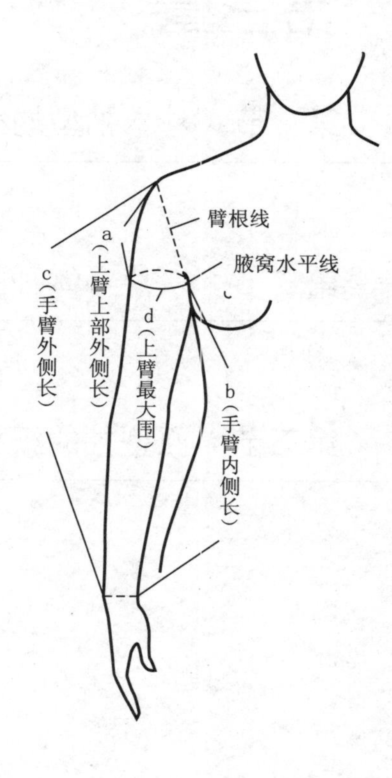

图 3-1 基本袖结构与人体部位

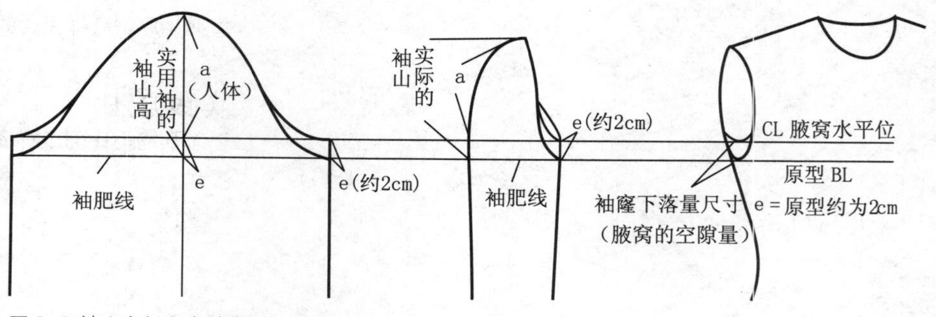

图 3-2 袖山高与衣身袖窿深

三、袖山高与绱袖位置的关系

常见的装袖绱袖位置在肩峰外侧端点稍微向内一些的地方。流行变化和个人喜好都会影响绱袖位置的变化。不同的绱袖位置，袖山高相应有所变化（见图 3-3）。

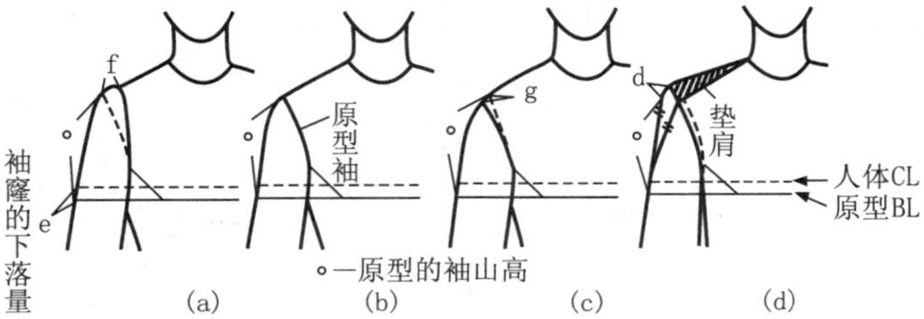

图 3-3 袖山高与绱袖位置

四、袖山高与绱袖角度的关系

绱袖角度是指上臂抬起到一定程度使袖子呈现完美的状态：袖子上没有折皱，腰线和袖口没有牵扯量时的角度。绱袖角度不同，袖山高及相应的缝缩量也不同（见图 3-4）。

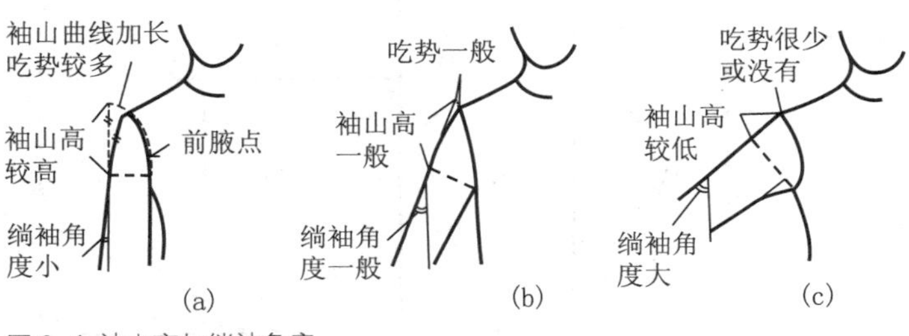

图 3-4 袖山高与绱袖角度

五、袖山高与袖肥的关系

在衣身袖窿不变的情况下袖山高与袖肥成反比的关系：袖山增高，袖肥减小；反之，袖山降低，袖肥增大（见图 3-5）。

胸围 B 在 90cm ~ 110cm 范围内，可得到袖山高与袖肥的近似公式：

宽松风格：袖山高 =0cm ~ 9cm，
　　袖肥 =AH/2 ~ 0.2B+3cm；

较宽松风格：袖山高 =9cm ~ 13cm，
　　袖肥 =0.2B+3cm ~ 0.2B+1cm；

较贴体风格：袖山高 =13cm ~ 17cm，
　　袖肥 =0.2B+1cm ~ 0.2B−1cm；

贴体风格：袖山高 =17cm ~，
　　袖肥 =0.2B−1cm ~ 0.2B−3cm；

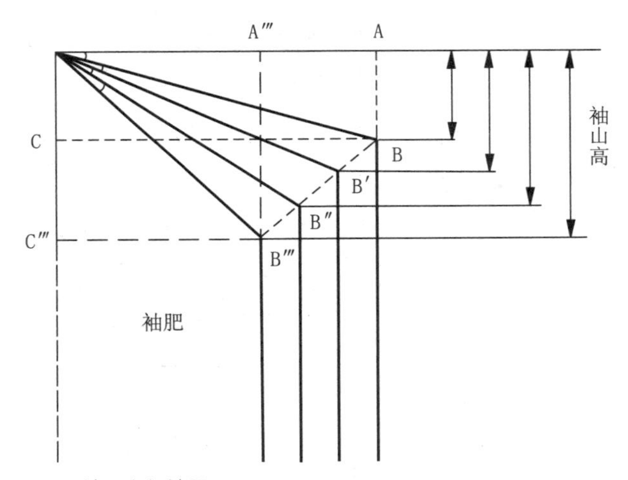

图 3-5 袖山高与袖肥

六、袖身结构与上肢形态的关系

从侧面观察手臂，肘关节向上基本垂直，肘关节向下呈前摆趋势(见图3-6-1)。由于手臂前倾的状态，在设计合体袖时，必须考虑与之相匹配的摆动趋势和袖口形态。前袖口上抬1cm ~ 1.5cm，使袖口线与手腕相符(见图3-6-2)。与手臂前倾状态相对应的是袖结构设计中的前偏量(见图3-6-3、表3-1)。

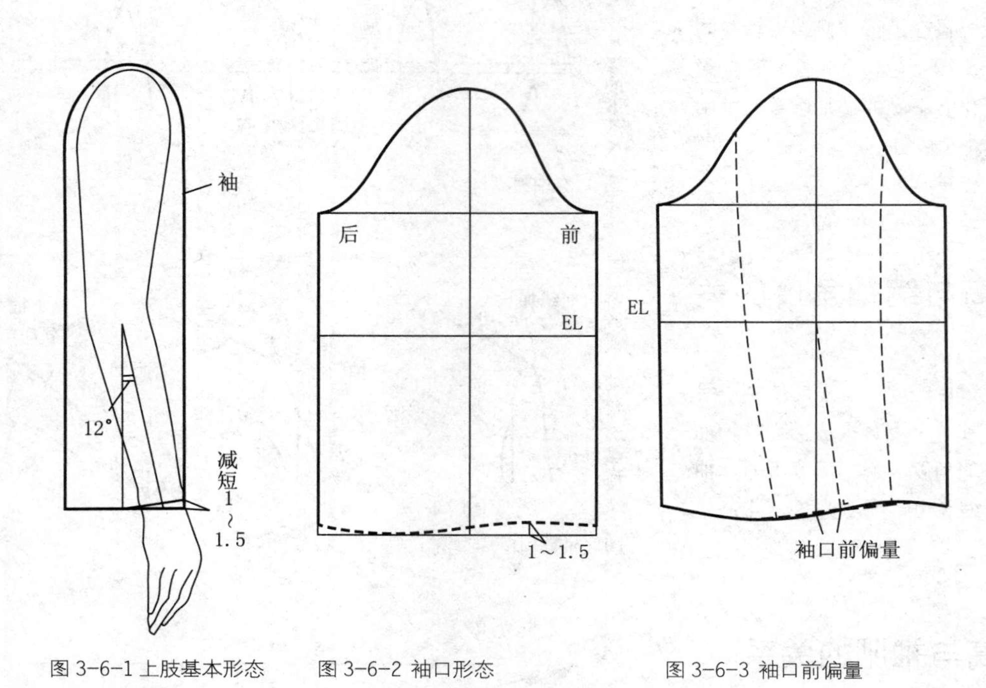

图3-6-1 上肢基本形态　图3-6-2 袖口形态　图3-6-3 袖口前偏量

表3-1 袖子造型与袖口前偏量数值表　单位：cm

袖子造型	直身袖	较直身袖	女装弯身袖
袖口前片量	0 ~ 1	1 ~ 2	2 ~ 3

第二节
一片合体袖的结构设计

一、一片合体袖的结构制图
二、一片合体袖的省道转移

一、一片合体袖的结构制图

一片合体袖的制图是在原型袖的基础上完成的（见图 3-7）。

1. 确定前袖偏量 2cm。

2. 袖口尺寸：袖肥 /2×3/4，前袖口为袖口 /2 － 1cm，后袖口为袖口 /2 ＋ 1cm。

3. 袖缝弧线，前袖缝在袖肘处凹 1cm，后袖缝在袖肘处凸 1cm。画顺弧线并将前后袖缝弧线长度的差量定为袖肘省量。

4. 袖肘省，省尖在袖肘上取后袖肥的 1/2 处，在后袖肘线向下 1.5cm 处量取袖肘省量，使省两边线等长，画顺后袖肘弧线。

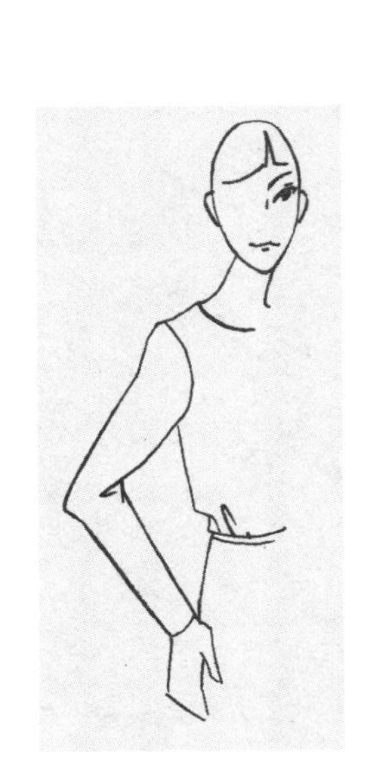

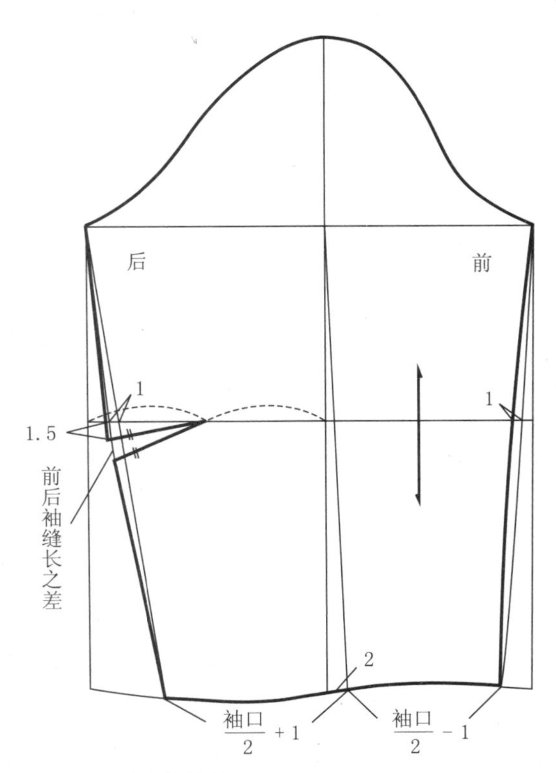

图 3-7 一片合体袖制图

二、一片合体袖的省道转移

以肘凸为中心，可以把袖肘省转移到图 3–8 所示的样板轮廓线的任何一处。

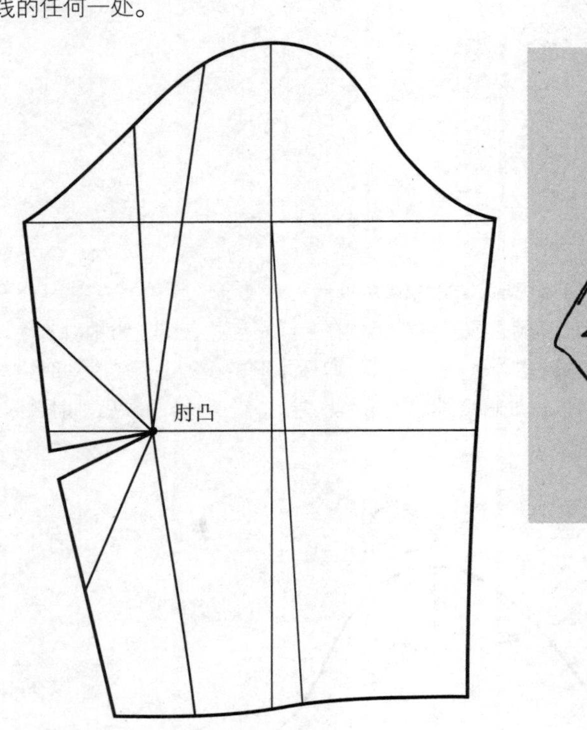

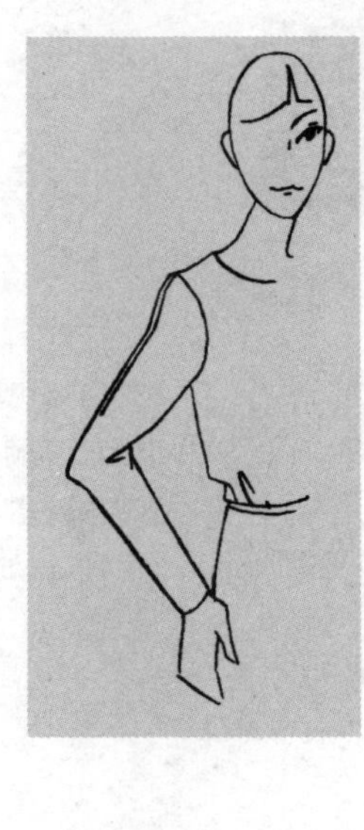

图 3–8 袖肘省省道转移部位

1. 将袖肘省合并，转化成袖口省（见图 3–9）。

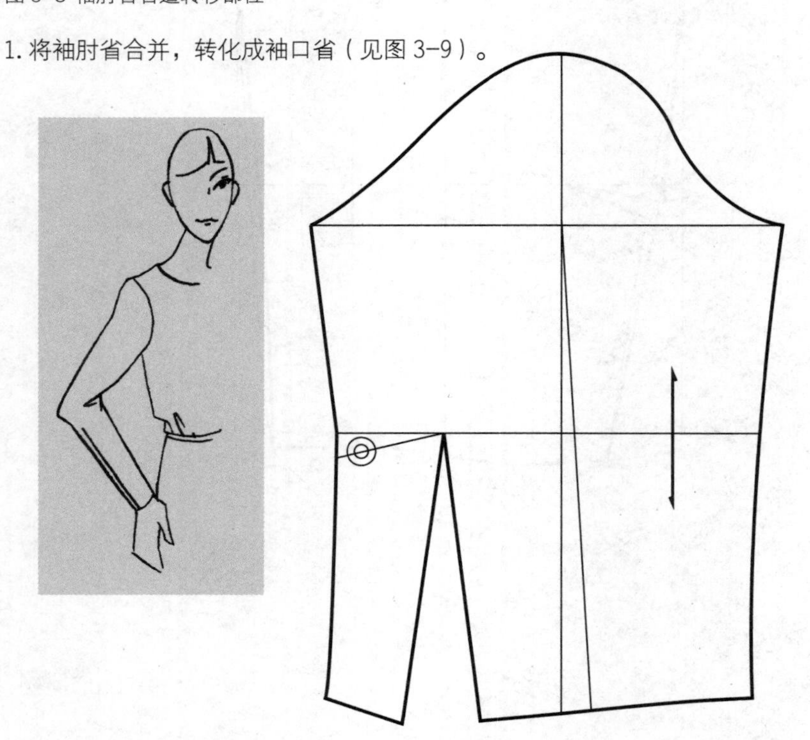

图 3–9 袖肘省转移到袖口

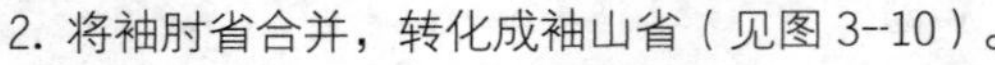
2. 将袖肘省合并，转化成袖山省（见图 3–10）。

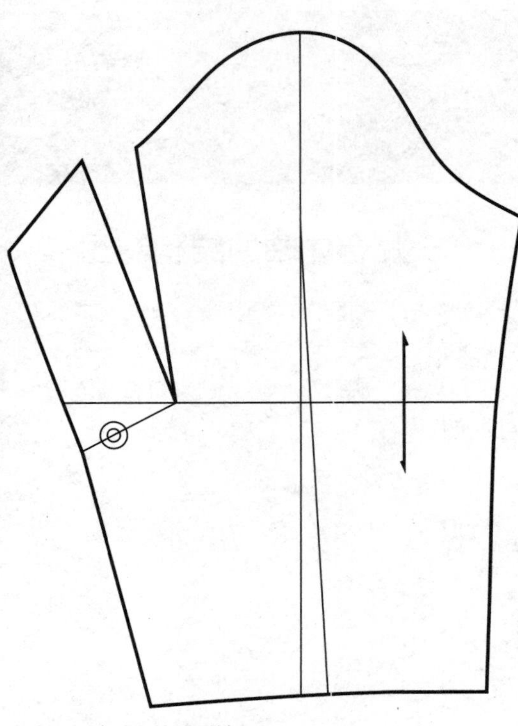

图 3–10 袖肘省转移到袖山

第三节
原型袖的纸样变化

一、袖长的变化设计
二、原型袖纸样变化的案例分析

一、袖长的变化设计

袖子长度的设计常受流行趋势和个人喜好的影响而变化（见图 3-11）。

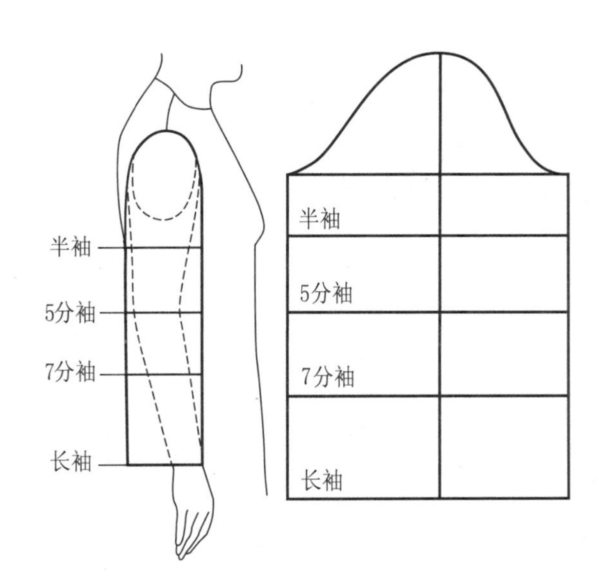

图 3-11 袖长的变化

二、原型袖纸样变化的案例分析

案例一：袖山抽褶的结构设计

袖山抽褶的造型是一种常见的袖型设计。在袖山部位剪开，并拉展抽褶量。可依款式需要选择不同的纸样变化。

A 袖山加入抽褶量，袖肥不变的结构设计（见图 3-12）。

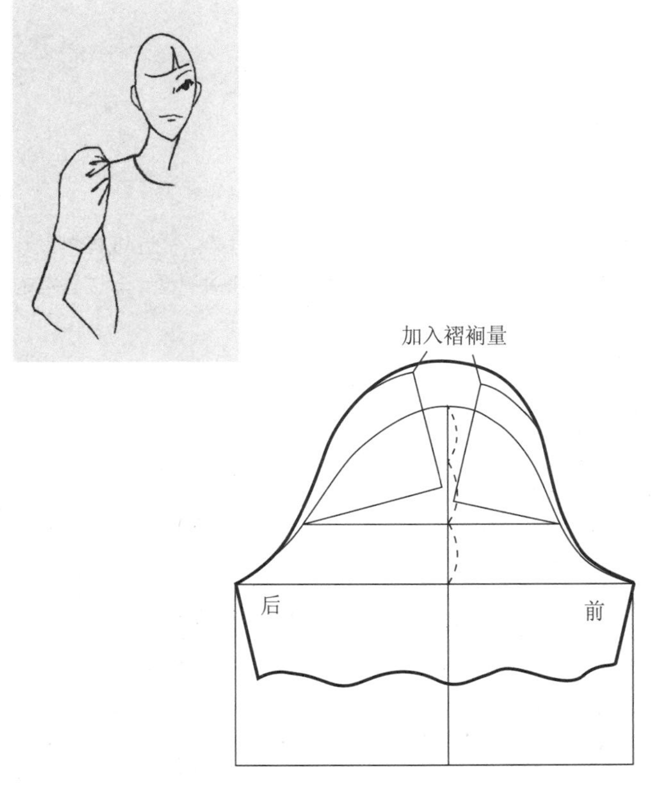

图 3-12 袖山抽褶袖肥不变的纸样变化

B 袖山、袖肥同时加入褶量的结构设计（见图 3-13）。

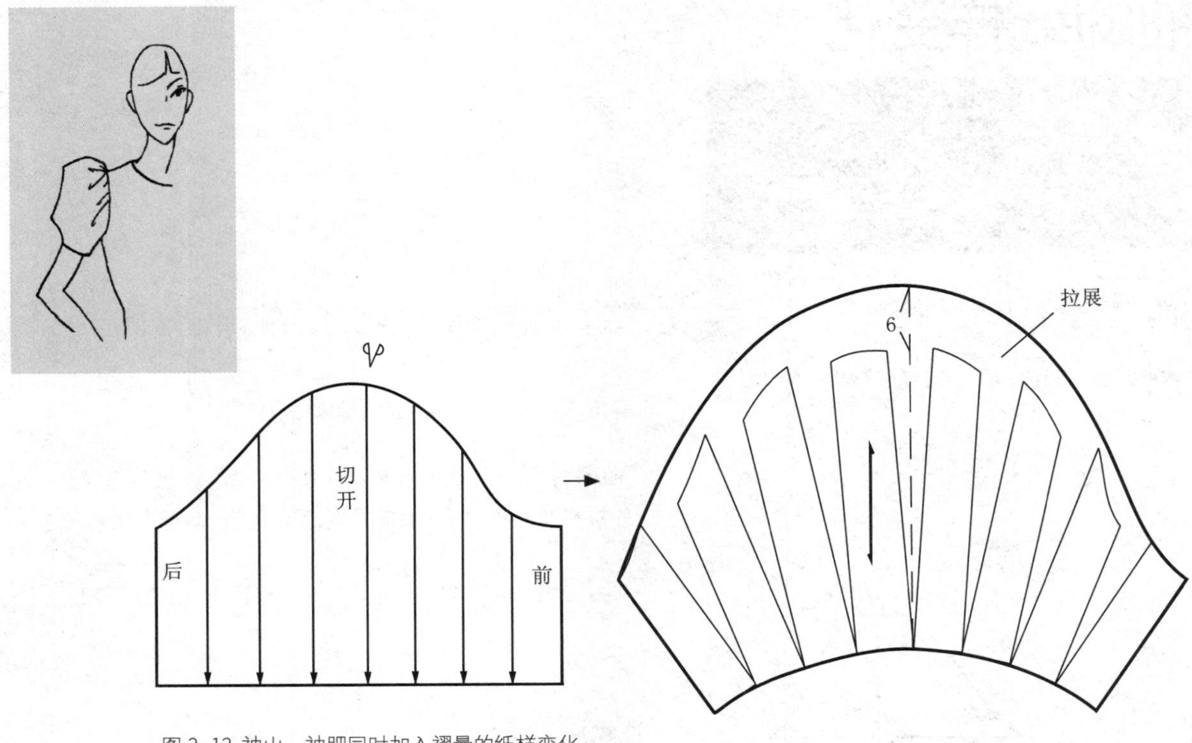

图 3-13 袖山、袖肥同时加入褶量的纸样变化

案例二：袖山垂褶的结构设计

此款袖型的设计要求面料具有一定的垂感。先在纸样上设计出垂褶的个数和位置，剪开并平行拉开褶裥量，形成垂褶的结构（见图 3-14-1 ~图 3-14-3）。

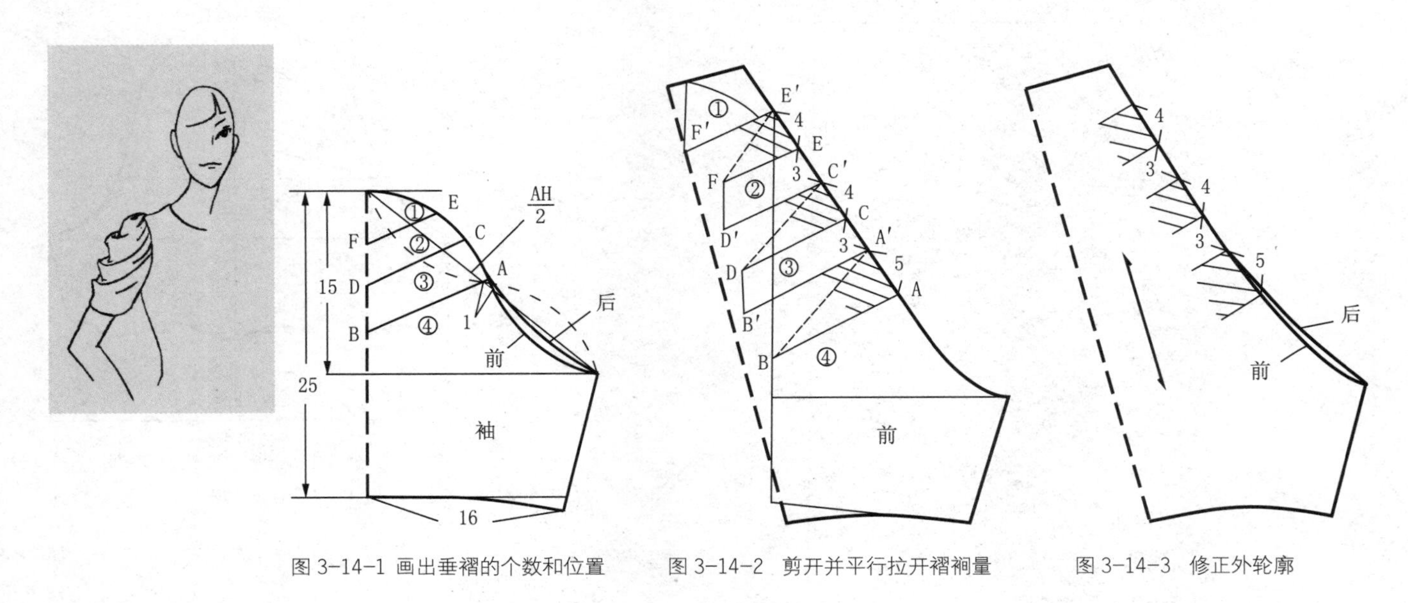

图 3-14-1 画出垂褶的个数和位置　图 3-14-2 剪开并平行拉开褶裥量　图 3-14-3 修正外轮廓

案例三：喇叭袖的结构设计

喇叭袖是袖口处有大量松量的袖型，如在喇叭袖纸样基础上加上袖口设计，把袖口处松量转变为褶量固定，可得到新的袖型（图 3-15-1、图 3-15-2）。

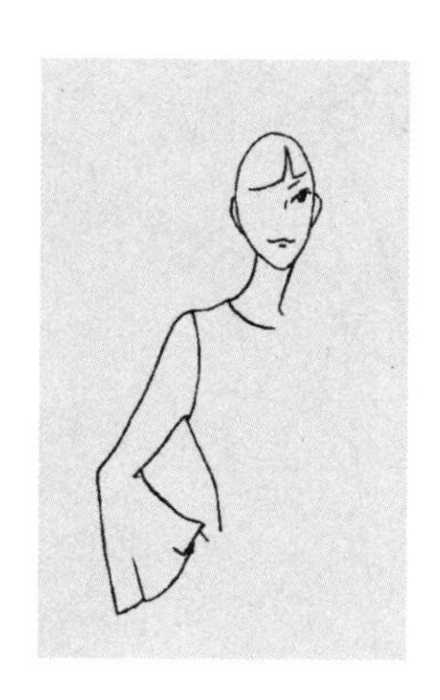

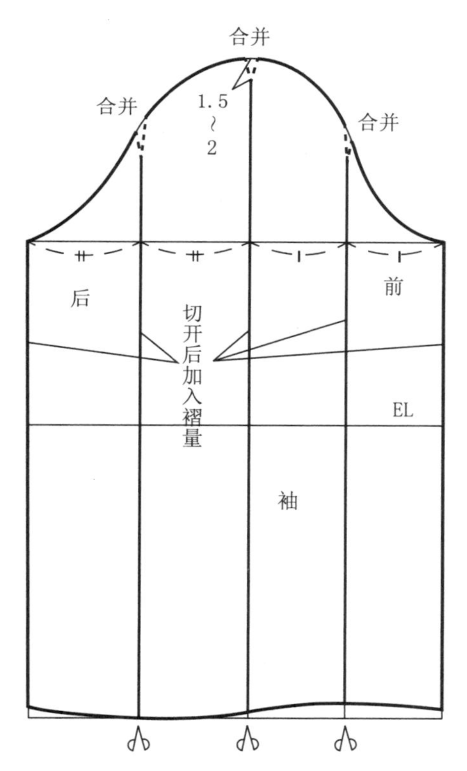

图 3-15-1 画出纸样剪切位置

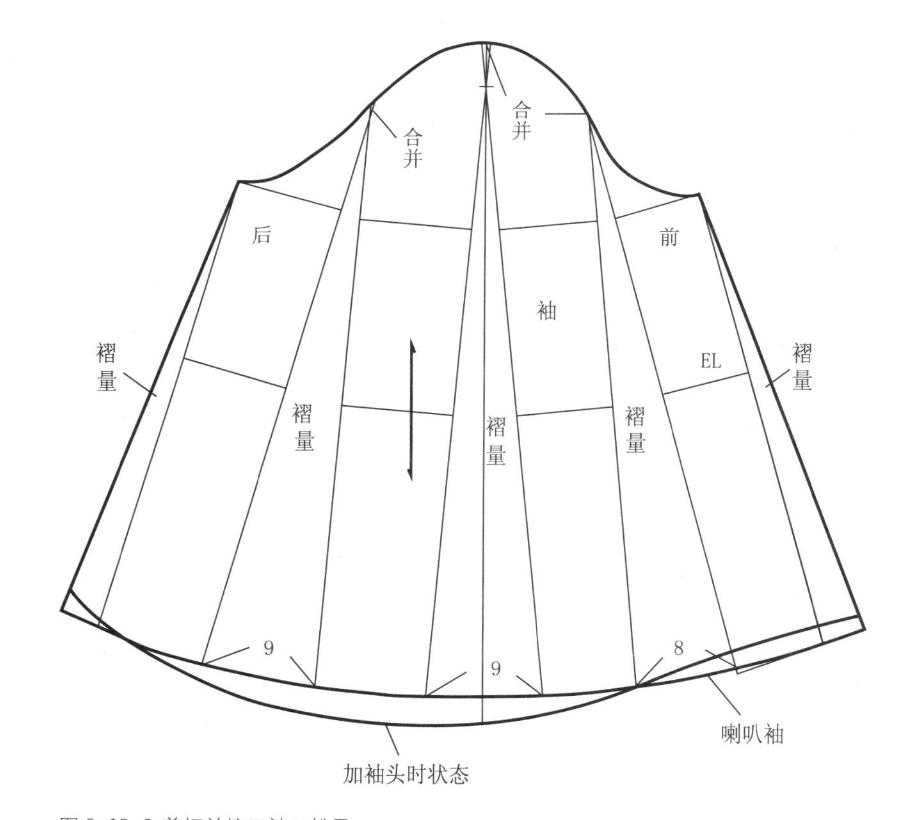

图 3-15-2 剪切并拉开袖口松量

案例四：羊腿袖的结构设计

羊腿袖的造型特点为袖山部分宽松饱满，袖身部分瘦窄合体，可依造型需要调整袖山部分的饱满量（见图 3-16）。

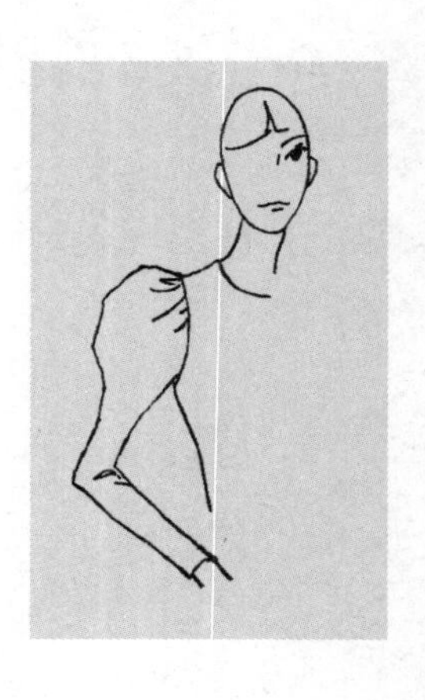

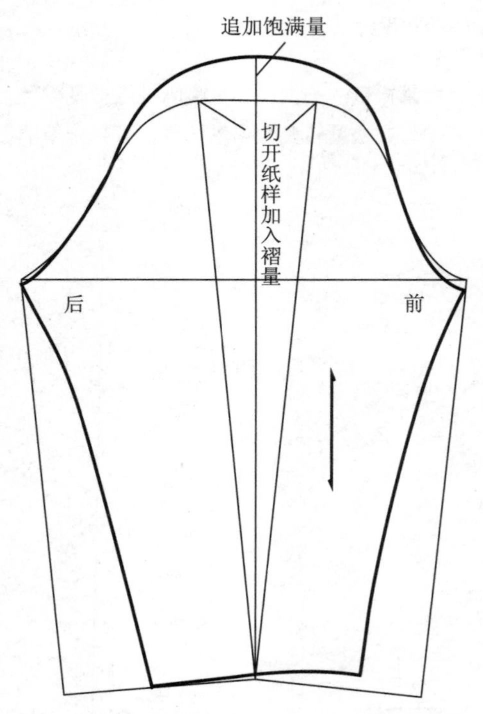

图 3-16 羊腿袖的纸样变化

案例五：袖身分割线加抽褶的结构设计

以一片合体袖为基础纸样，依款式设计出分割线位置，拉展所需抽褶量，修顺外轮廓（见图 3-17）。

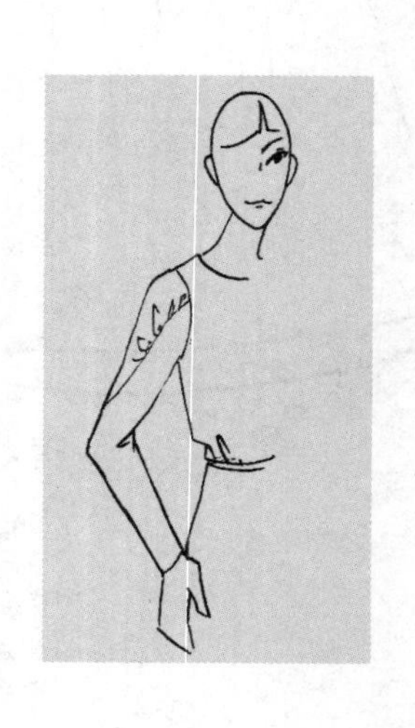

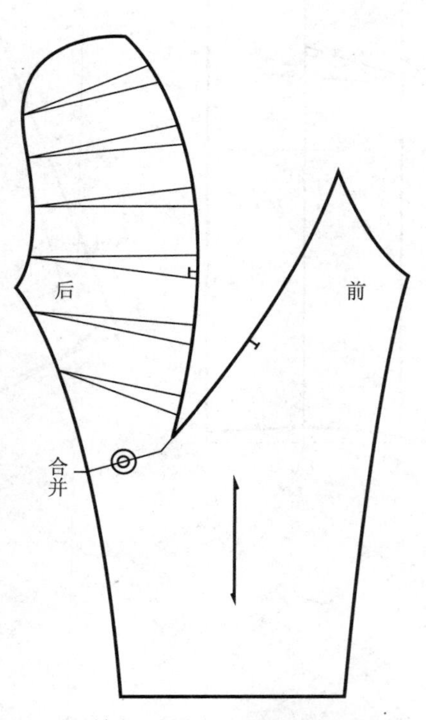

图 3-17 袖身分割线加抽褶的纸样变化

案例六：袖口变化的结构设计

以一片合体袖为基础纸样，合并袖肘省，将省量转移至袖口处，再沿纵向分割线剪开并拉开所需量，形成袖口造型（见图 3-18）。

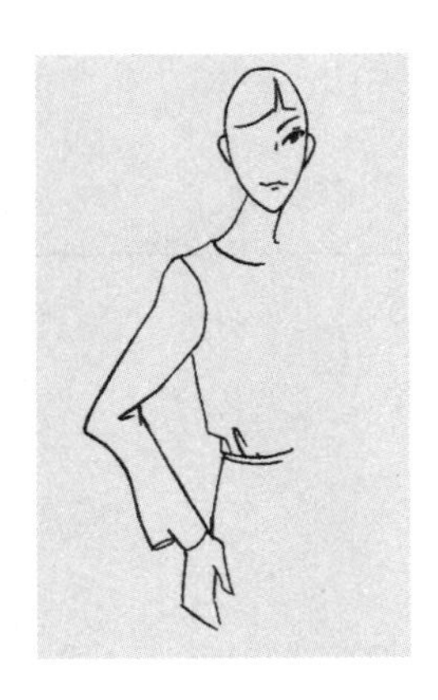

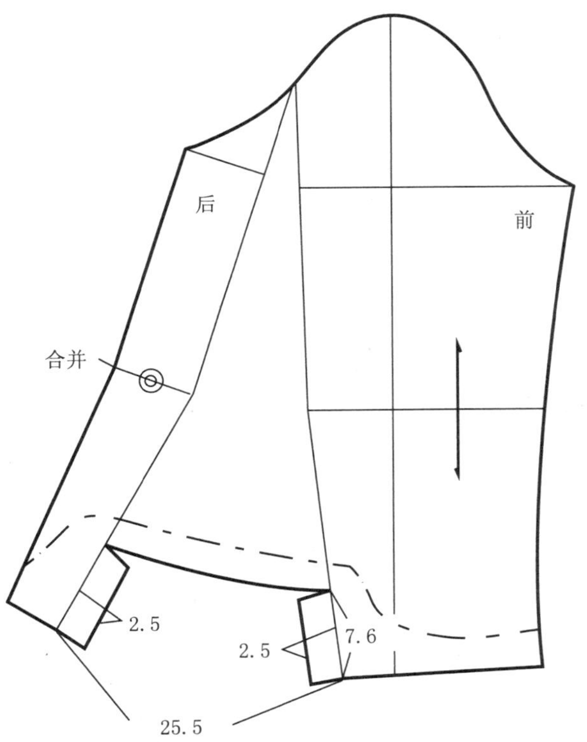

图 3-18 袖口造型设计的纸样变化

课后实训

一、以 1:1 等比例完成一片合体袖的结构制图。

二、用纸样变化的方法，完成下列袖子的结构设计。

三、以所学知识，独立设计完成三款袖型的结构设计。

制图要求：

制图比例：1:1。

线条规范，分清轮廓线与基础线。

尺寸准确，符号与字母书写规范。

样板结构准确，相关部位结构线吻合。

标注必要尺寸。

标注纱向线。

第四章

衣领位于头部的下方，装饰颈部，是服装衣身结构构成元素中重要的部位。其造型变化多样，其结构设计应考虑颈部、肩部、胸部等部位的形态。

课题说明

本章通过对几种常见基本领型制图的案例与分析，讲解领型的制图方法与基本规律。

实践意义

对几种基础领型结构设计原理的深入理解与掌握，是进一步深化领型结构设计的基础。

实践目标

理解与掌握几种基础领型结构设计的原理与方法。
掌握在基础领型上进一步进行结构设计变化的方法。

实践方法

以 1:1 等比例制图训练为主的实践操作训练。

第一节
衣领的构成及各部位名称

一、衣领构成的四大部分
二、衣领构成的其他要素

一、衣领构成的四大部分

1. 领窝部分　衣领结构的最基本部位，是安装领身或独自成为衣领造型的部分。
2. 领座部分　可单独成为领子，也可与翻领缝合或连裁在一起形成领子的部分。
3. 翻领部分　必须与领座缝合或连裁在一起的领身部分。
4. 驳头部分　与衣身相连，并且向外翻折的领身部分。

二、衣领构成的其他要素

1. 装领线　也称领下口线，领子上需与领窝缝合在一起的部位。
2. 领上口线　立领最上沿的部位。
3. 翻折线　将领座与翻领分开的折线。
4. 驳折线　驳头向外翻折形成的折线。
5. 领外轮廓线　构成翻领外部轮廓的结构线。
6. 串口线　将领身与驳头部分缝合在一起的缝道。
7. 翻折止点　驳头翻折的最低位置。

衣领的款式造型变化丰富，基本领型包括无领类结构、立领类结构、衬衫领类结构、平翻领类结构、翻驳领类结构等。其主要领型的构成及各部位名称（见图 4-1）。

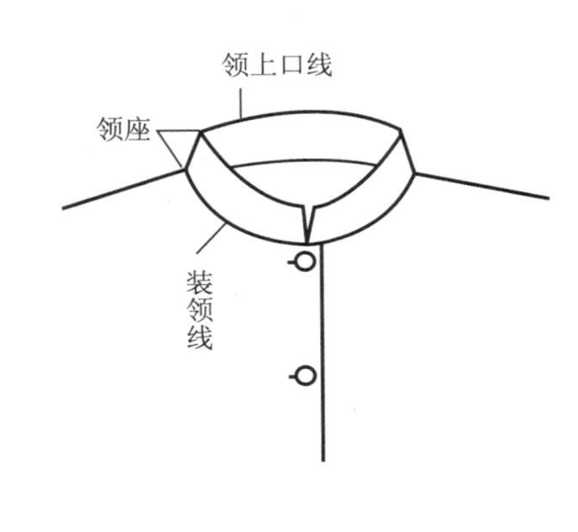

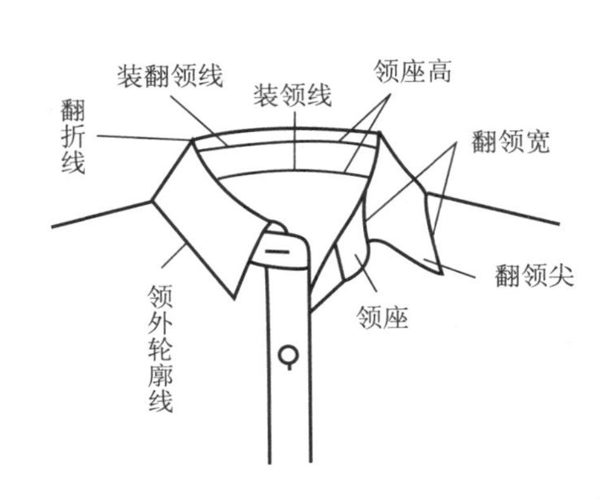

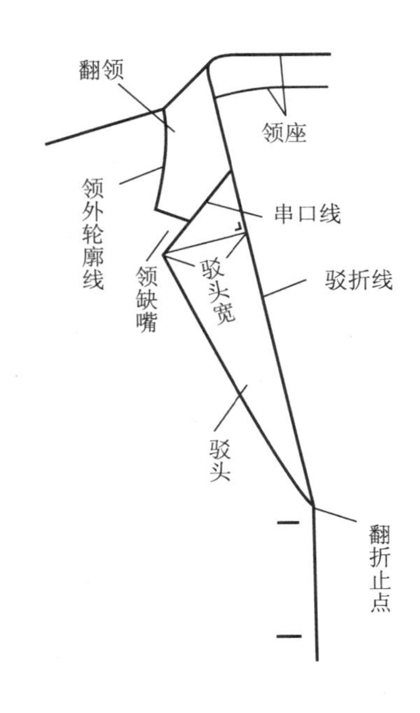

图 4-1 主要领型构成及各部位名称

第二节 无领类结构设计

领围线结构设计的案例分析

无领类结构无领身部分，只有领窝部位，并且以领窝部位的形状为衣领造型线。形式多样，但大体可分为前开口型和贯头型两种（见图 4-2、图 4-3）。无领类结构的设计主要体现在领围线的设计上。

图 4-2 前开口型

图 4-3 贯头型

领围线结构设计的案例分析

案例一：圆领的结构设计

圆领为常见的一种领型设计。在后中心下落的尺寸，通常为在肩线处开大尺寸的 1/2 ~ 1/3，这样穿起来较为服帖，但也可依设计变化而定。前领口开深度较大时，前领线处会有余量浮起，应缩小前横开领宽，以消除余量。处理方法与一字领相同（见图 4-4）。

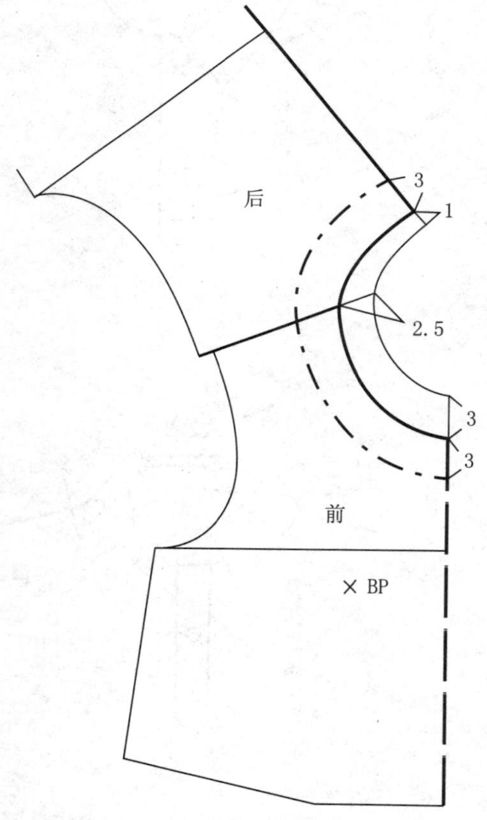

图 4-4 圆领结构图

案例二：一字领的结构设计

一字领由于横开领较大，前领线处会有余量浮起，以缩小前横开领宽的形式消除，缩小量依领口开大的尺寸和锁骨突出的情况而定。后肩比前肩多开大 0.5 cm，是为了分散后肩省量（见图 4-5）。

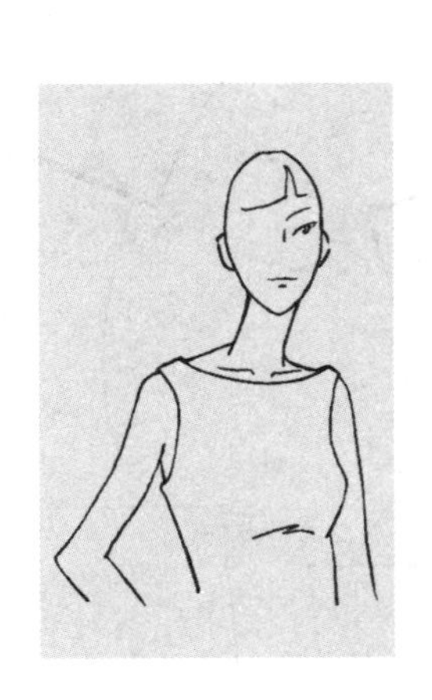

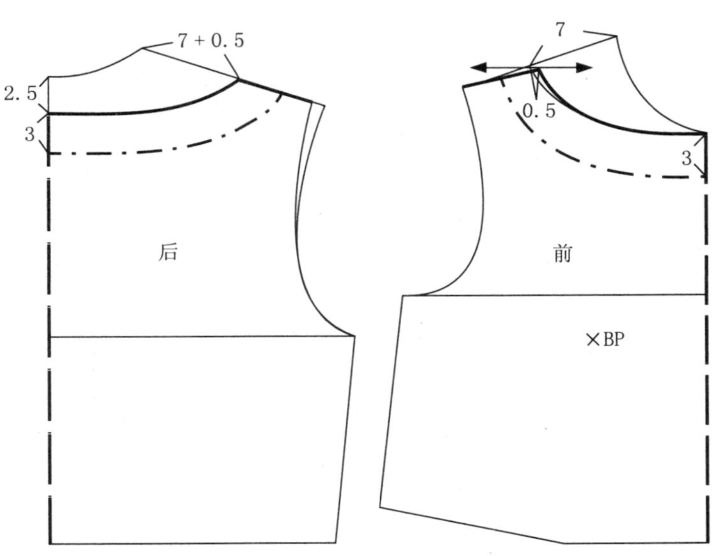

图 4-5 一字领结构图

案例三：方领的结构设计

方领的前领口直线内收和前领口横线下落，都是为了着装后给人以直线的感觉。后领口的角度要以前领口线的延长线来决定（见图 4-6）。

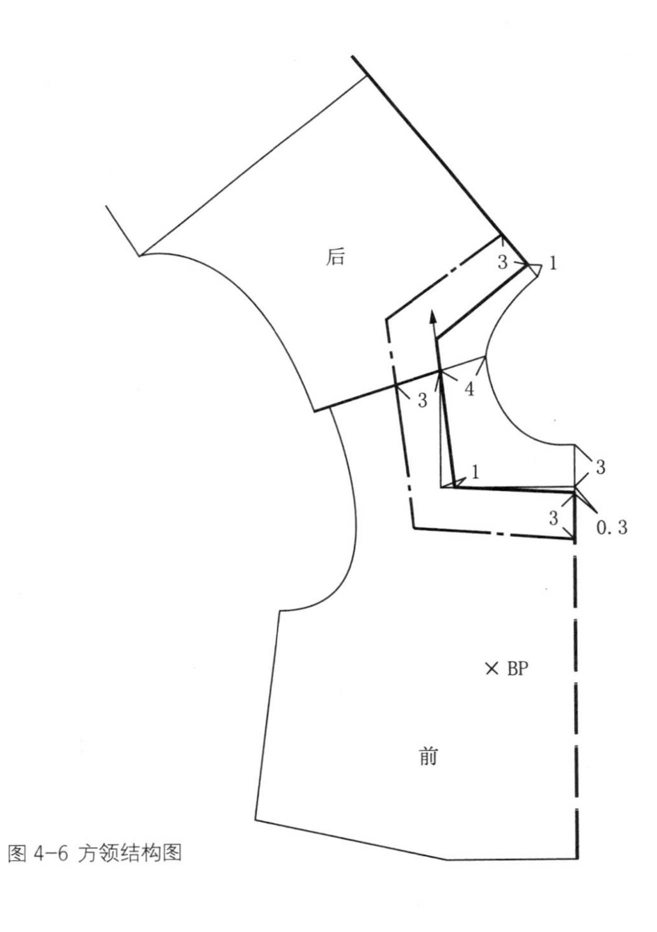

图 4-6 方领结构图

案例四：V 字领的结构设计

V 字领的前领深如开到胸围线以下，需要加挡胸。后领口线在原型基础上稍向上提，会使 V 字领的造型更加美观（见图 4-7）。

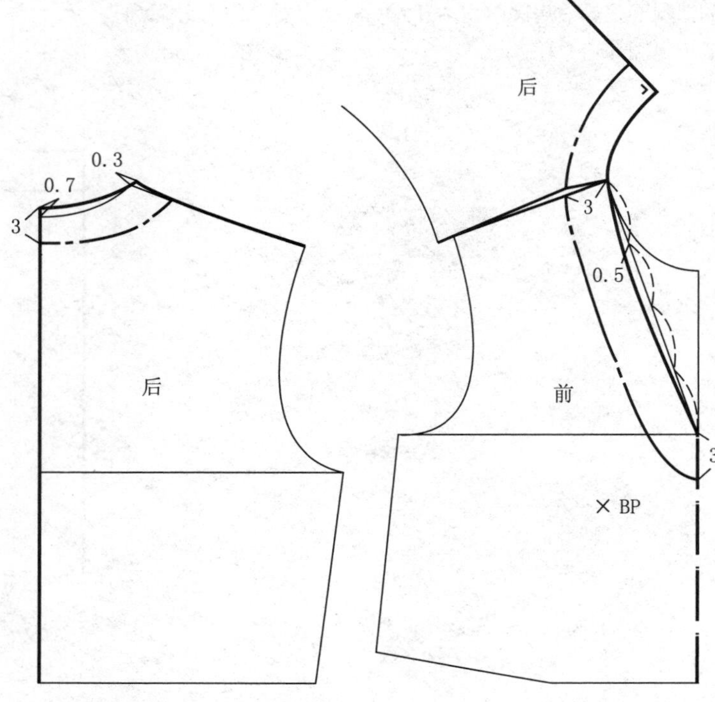

图 4-7 V 字领结构图

第三节
立领类结构设计

立领类结构的案例分析

立领造型简单，是没有翻领部分的领型。立领类造型常见直式立领、合体式立领、前领口下落式立领、连衣立领等。立领的宽度、装领线的形态、领上口线的长度以及与颈部的贴合程度都会影响领子的设计，装领线和领上口线的长度差是决定其设计和纸样的重要因素。

立领类结构的案例分析

案例一：直式立领的结构设计

直式立领是装领线和领上口线长度相同的长方形，如把其缝合到原型的领围线上，整体领子的上端和颈部之间会有明显的空隙。由于装领线为直线，着装后领子呈稍向后倾斜的状态，因此需要将衣身后领口的领深稍上提（见图 4-8）。

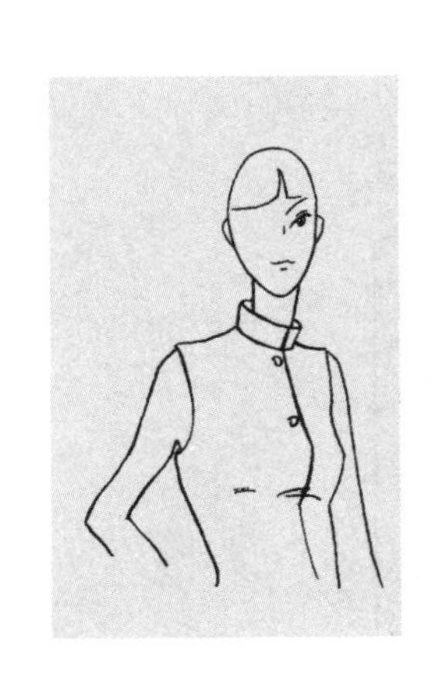

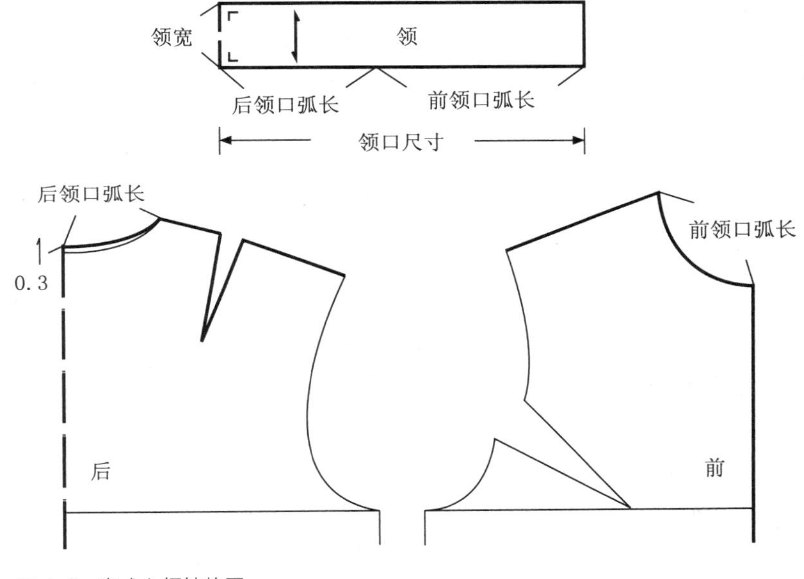

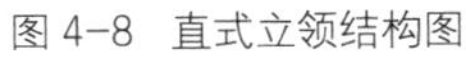
图 4-8　直式立领结构图

案例二：合体式立领的结构设计

合体式立领是常见的立领状态，将直式立领和颈部之间存在空隙叠合后，形成了吻合颈部倾斜形态的合体式立领。被叠合后的领子上口线的长度明显比装领线的长度短，装领线前端形成起翘量，变成向上弯的曲线。通常起翘量为1cm ~ 2cm（见图 4-9）。

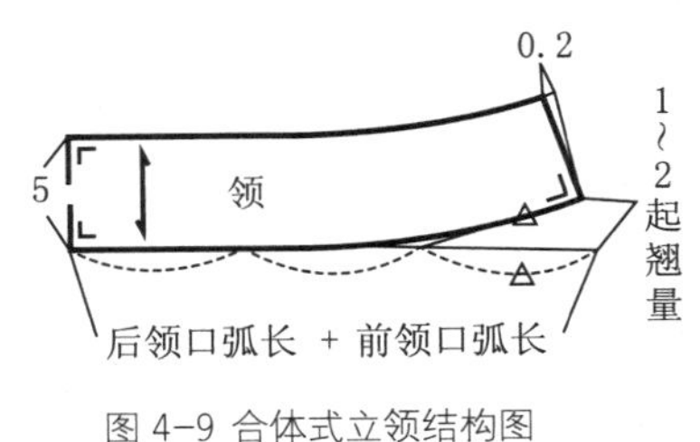

图 4-9 合体式立领结构图

案例三：前领口下落式立领的结构设计

前领口下落式立领造型特征为：前中心线处的领子与衣身呈现在同一平面内。以两款前领口下落量不同的领型为例：A款中领子的起翘量随下落量而加大（见图4-10-1）。B款中前领口大幅度下落时，前中心线处的领子与衣身领子缝合的曲线吻合性很重要，所以制图时在衣身纸样上直接画领子（见图4-10-2）。

A款与B款前后衣身装领线变化（见图4-10-3）。

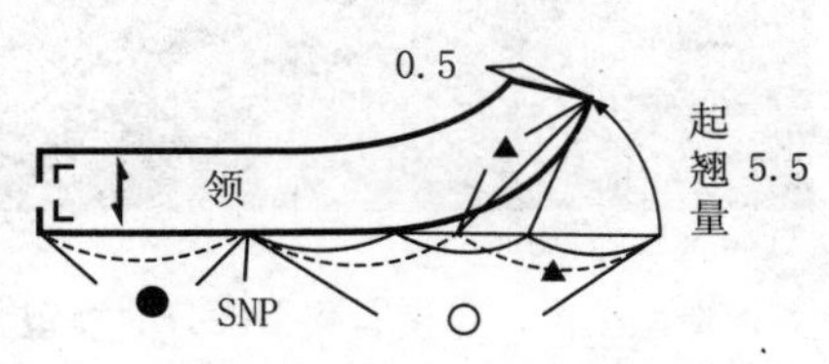

图 4-10-1 前领口下落式立领结构图 A

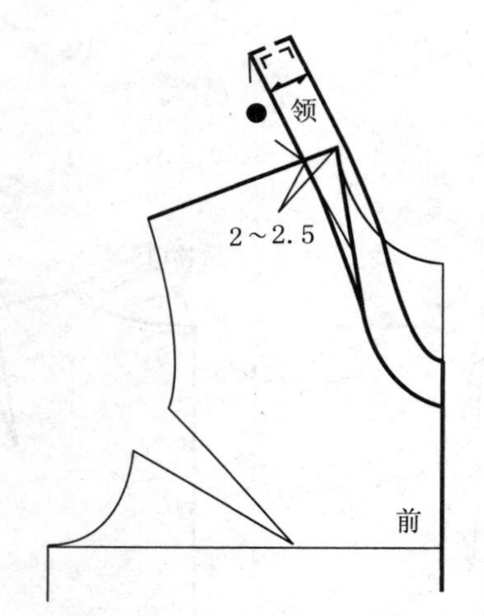

图 4-10-2 前领口下落式立领结构图 B

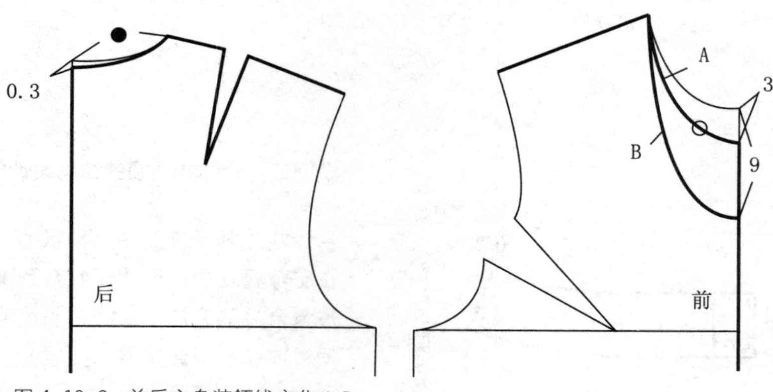

图 4-10-3 前后衣身装领线变化 A B

案例四：连衣立领的结构设计

连衣立领是立领领身与衣身整体或部分相连的领型，既有立领的造型特征，又有与衣身相连后形成的独特风格。常采用收省的形式达到领身与脖颈的贴合。A 款：因连衣立领结构的局限，领围弧线不能完全贴合人体的颈根围线，所以需要将领围适当放大。后片合并后肩省，转移至领口省，领口省的长度、位置可依款式调整（见图 4-11-1）。前片合并全部或部分胸省，转移至领口省，修正省尖长度（见图 4-11-2）。

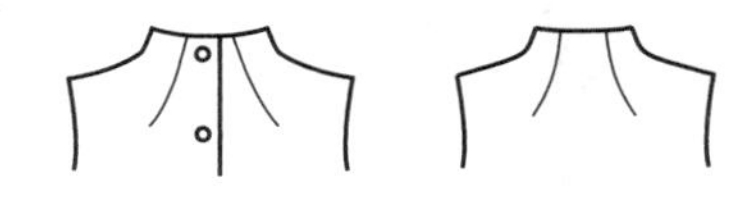

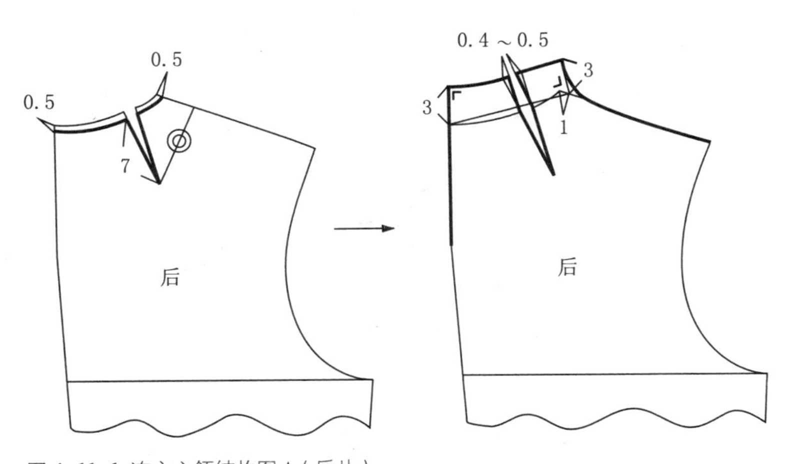

图 4-11-1 连衣立领结构图 A（后片）

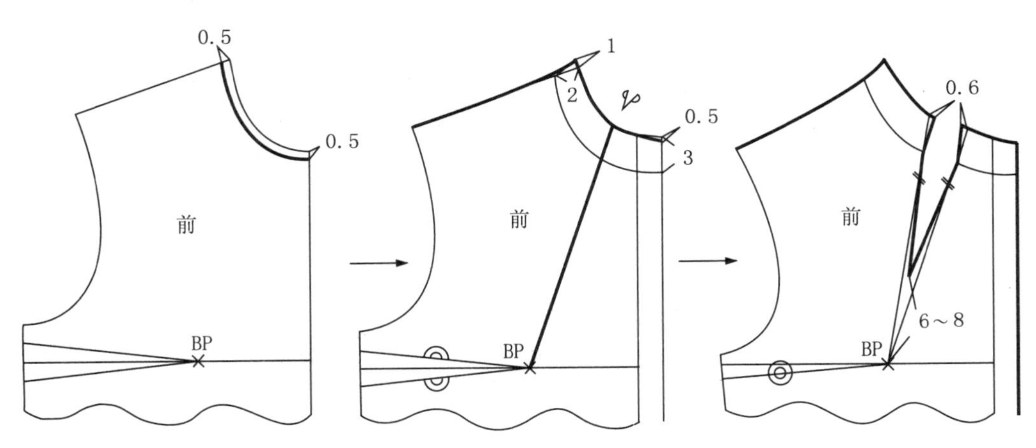

图 4-11-2 连衣立领结构图 A（前片）

B 款：领围适当放大，依款式设定前领口省位置，交于领围弧线。前胸省转移至领口省后，衣身侧颈点与领片之间的空隙○要满足两个缝份的量（见图 4-12）。

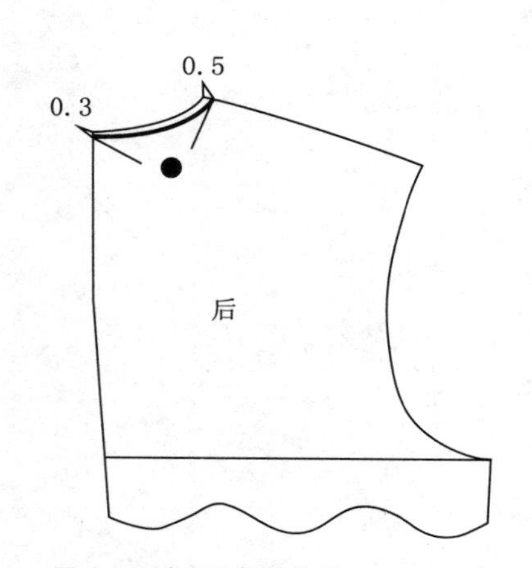

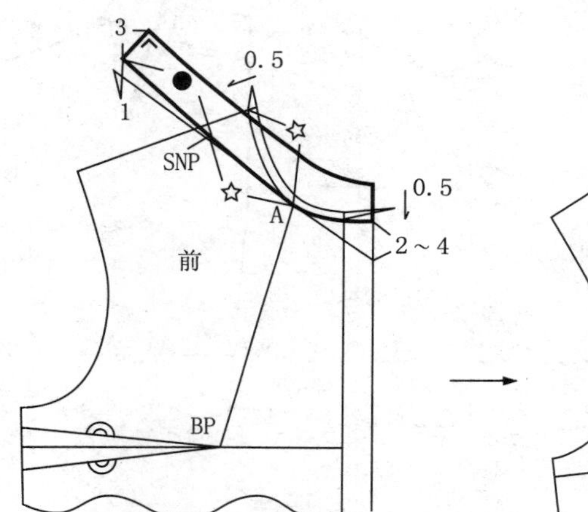

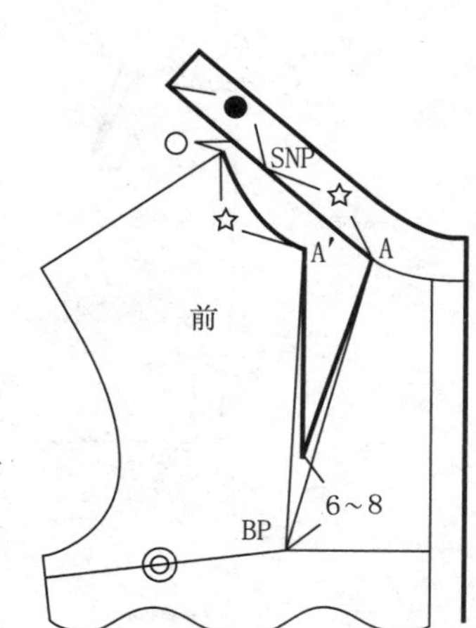

图 4-12 连衣立领结构图 B

第四节
衬衫领类结构设计

一、衬衫领类结构的案例分析
二、翻领外轮廓松量的纸样构成

在立领的基础上加上翻领部分，就变成有领座的衬衫领。衬衫领可分为两大类：领座与翻领为一体的衬衫领与领座与翻领分离为两部分的衬衫领。

一、衬衫领类结构的案例分析

案例一：领座与翻领为一体的衬衫领的结构设计

此款衬衫领的结构特征为装领线前端呈下弧的曲线。着装时领部翻折线与颈部会有一定的空隙。在总领宽不变的前提下，装领线前端下弧量越大，领座宽越小，翻领宽越大。通常在衬衫领中下弧量最大为总领宽左右，如继续加大，则形成平翻领结构（见图 4-13）。

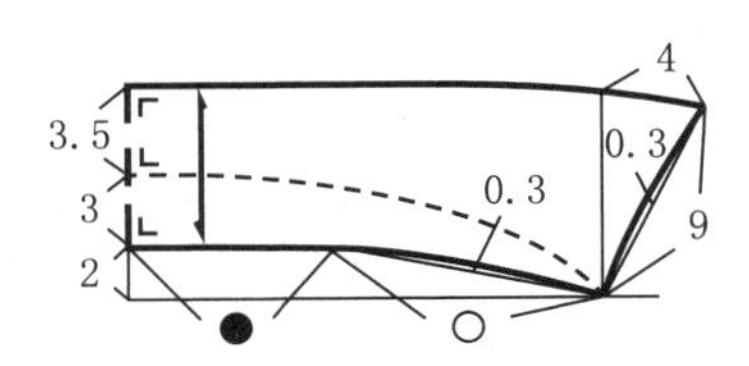

图 4-13 领座与翻领一体的衬衫领结构图

案例二：领座与翻领分为两部分的衬衫领的结构设计

此款衬衫领的结构特征为以翻折线为分割线，将领座与翻领分离为两部分。着装时领部翻折线与颈部之间要比上款衬衫领合体。装领线前端曲线弧度规则与立领相同（见图 4-14-1），领座宽 a 和翻领宽 b 之间的差越大，翻领下落量 d 越大。在领座宽 a 和翻领宽 b 不变的情况下，翻领下落量 d 越大，翻领外口弧线的松量就越大。前后衣身装领线的变化（见图 4-14-2）。

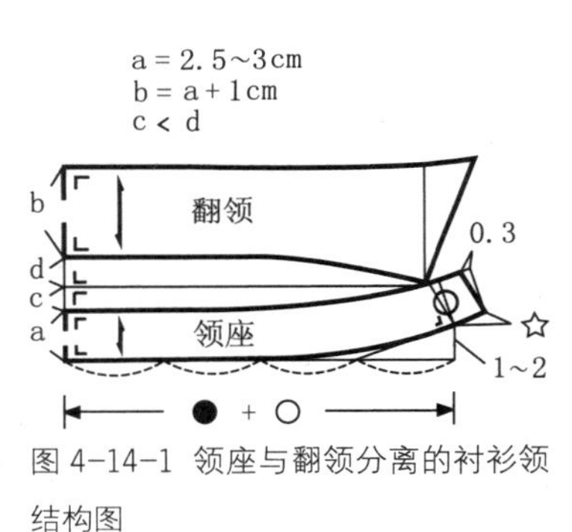

图 4-14-1 领座与翻领分离的衬衫领结构图

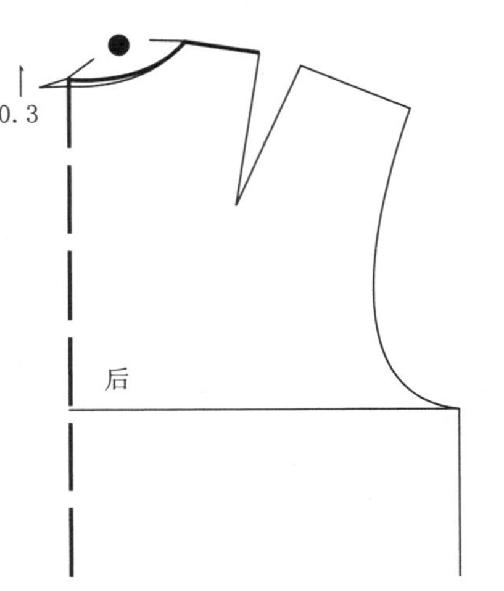

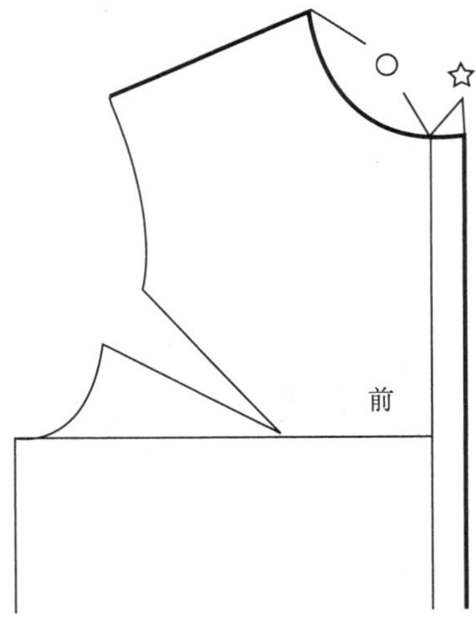

图 4-14-2 前后衣身装领线变化

二、翻领外轮廓松量的纸样构成

图 4-15-1 是领座和翻领的结构模型关系。图中 DC=nb（领座后宽），DE=mb（翻领后宽），BF' =mf（翻领前宽），BF'=（翻领后宽），BA=nf（领座前宽）。考虑翻领的外轮廓松量时，首先将其理想化，使 BF' = DE=mb 。从图中可以看出改变 BF 为 BF' 对侧后领部没有影响，BF' 和 BF 的差异只是体现在翻领前部造型的差异。

图 4-15-2 中，BNP' ~ E ~ F' 的弧线是翻领理想结构中翻领的外轮廓线在衣身上的轨迹，由于基础领窝的宽和深每增大 a 量，其周长就增加 2.4a ，所以 BNP' ~ E ~ F' 弧线的轨迹长度比 BNP ~ SNP ~ FNP 弧线要长 2.4 □（□为图中 E ~ SNP 的长度）。2.4 □分配到整个轨迹中，经过近似处理为 1.6（mb－nb），即翻领的外轮廓线松量只要考虑在整个翻领外轮廓线上增加 1.6（mb－nb）的松量，翻领的前领部只要按造型画准便可（见图 4-15-3、图 4-15-4）。

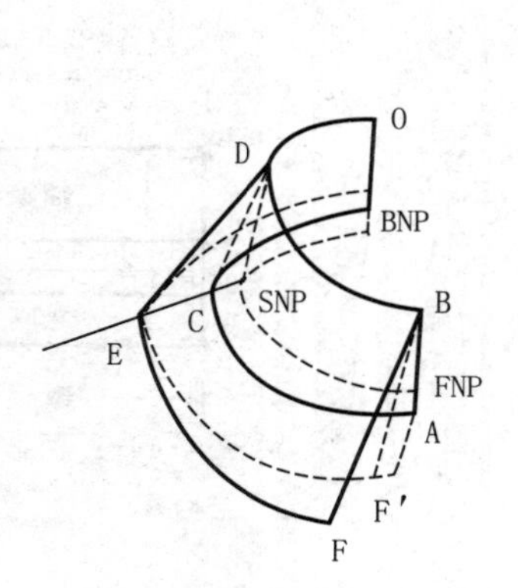

图 4-15-1 领座与翻领的结构模型

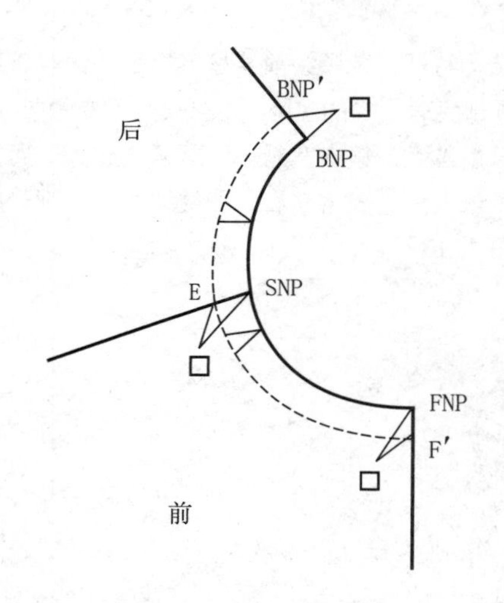

图 4-15-2 翻领外轮廓线的理想轨迹

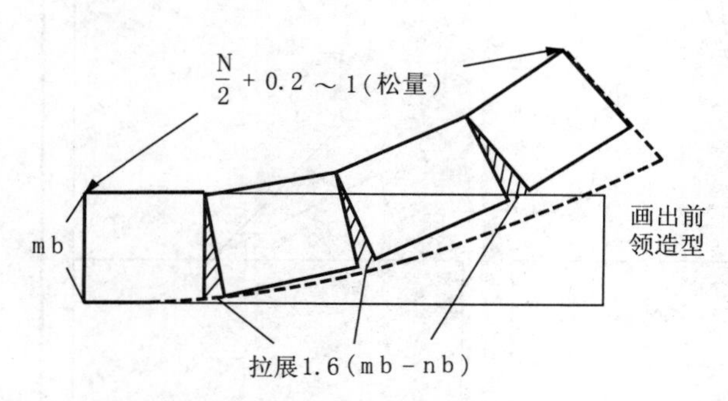

图 4-15-3 翻领外轮廓线松量与前领造型

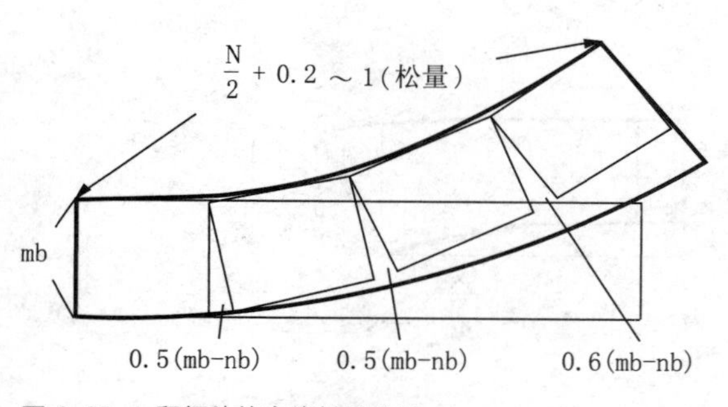

图 4-15-4 翻领外轮廓线松量分配

第五节
平翻领类结构设计

平翻领类结构设计的案例分析

平翻领是领座很低，平铺在肩部的领型。常见平翻领有海军领、披肩领等。其结构特征是领子装领线弧度越大，领座越小。

平翻领类结构设计的案例分析

案例一：基本型平翻领的结构设计

此款平翻领常见于童装与女装中，利用衣身领口弧线制图，吻合性较好。前后衣片肩部搭合量可依实际需要调整（见图4-16-1、图4-16-2）。

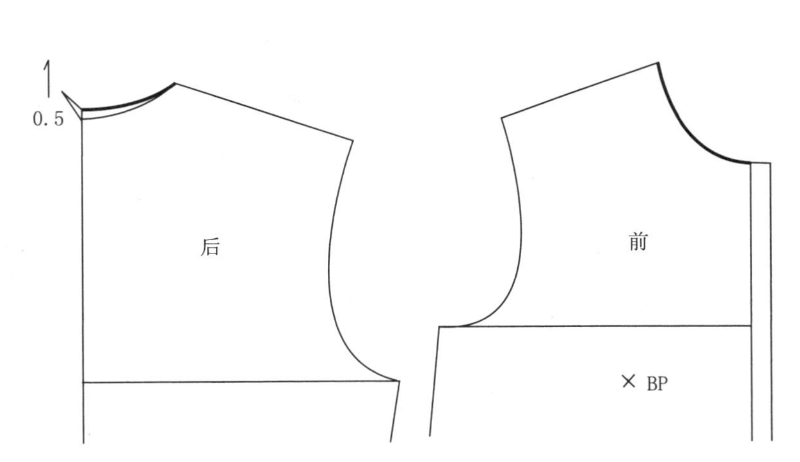

图 4-16-1 前后衣身装领线变化

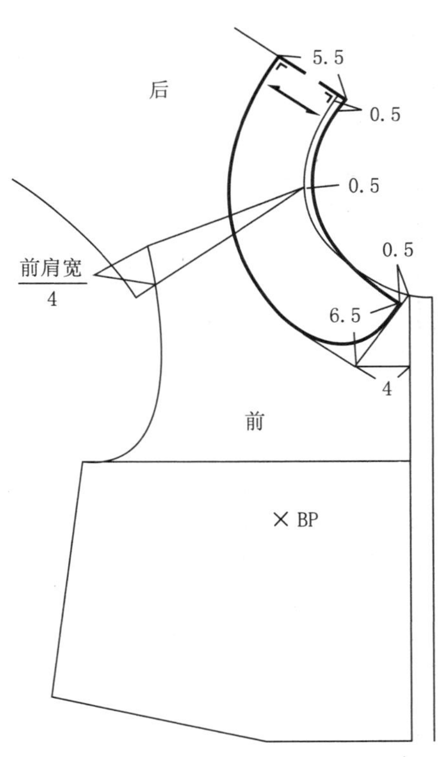

图 4-16-2 平翻领结构图

案例二：海军领的结构设计

海军领的结构制图原理与普通平翻领相同，只是前领深加大，领子造型有所变化（见图 4-17-1、图 4-17-2）。

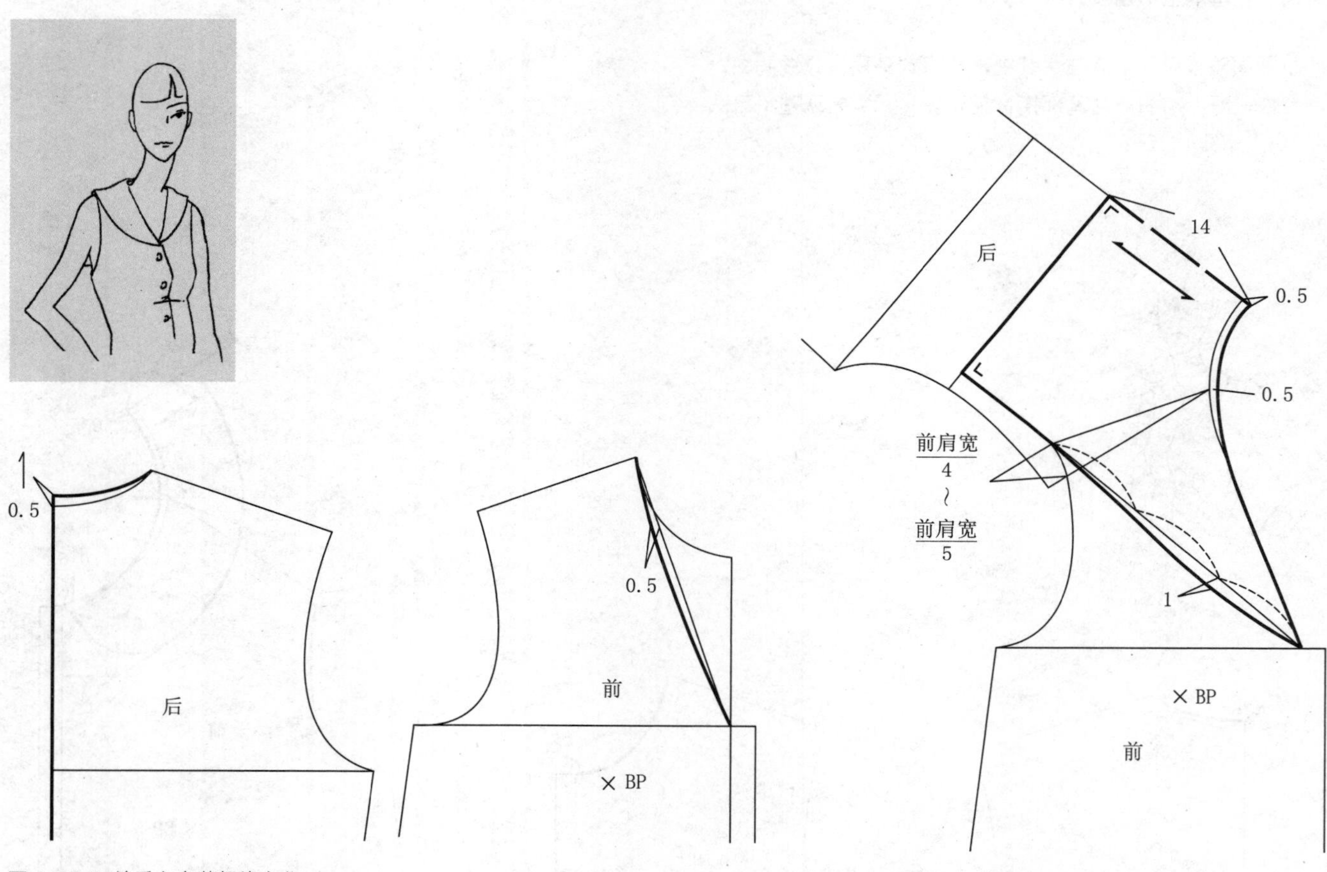

图 4-17-1 前后衣身装领线变化

图 4-17-2 海军领结构图

第六节
翻驳领类结构设计

翻驳领类结构设计的案例分析

翻驳领类造型是在衣身领口处绱合独立领片结构的同时，将前衣身的一部分翻折过来作为驳头的领型。在便装类结构中常见的有长方领、敞领等。

翻驳领类结构设计的案例分析

案例一：长方领的结构设计

此款领型因其领片结构形状而得名。这种领子可以立起来穿，也可以翻下来穿，翻折线经常变化，所以制图时不用画翻折线。前衣身的翻折线是假定线。由于领外口线为直线，因而领面与领里也可相连成一片样板（见图 4-18-1、图 4-18-2）。

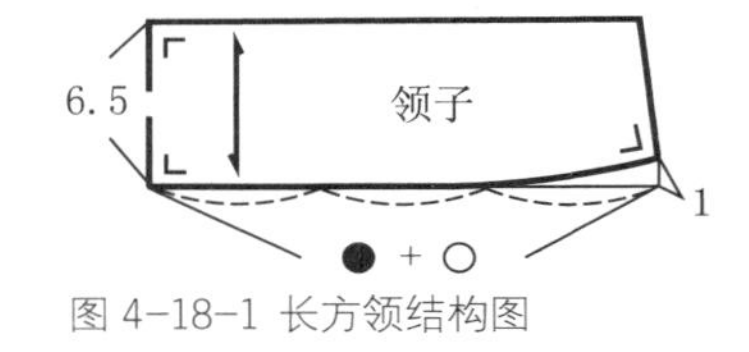

图 4-18-1 长方领结构图

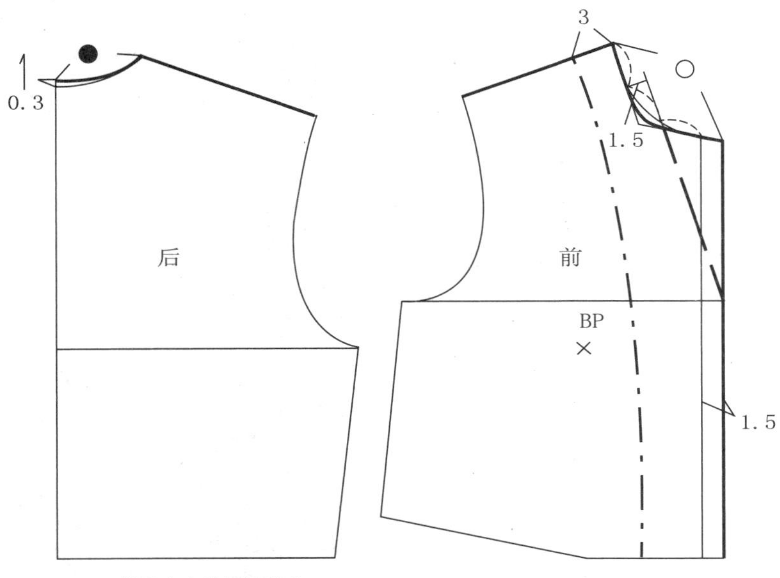

图 4-18-2 前后衣身装领线变化

案例二：敞领的结构设计

这是一款基本型的翻驳领结构，驳头与衣身相连，直接在衣身上画领子，驳头与领嘴的造型可依设计变化，形状多样（见图 4-19）。

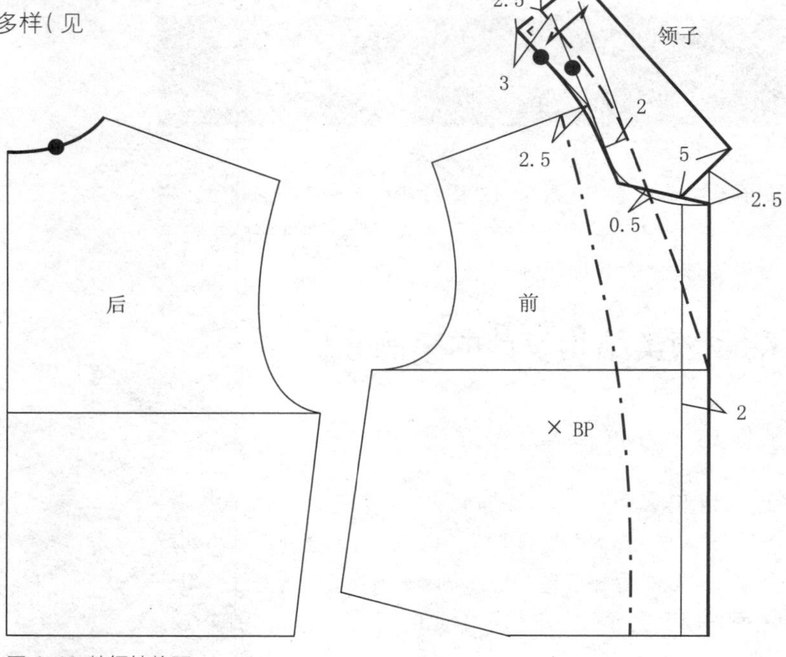

图 4-19 敞领结构图

课后实训

一、用所学知识，完成下列领部造型的结构设计。

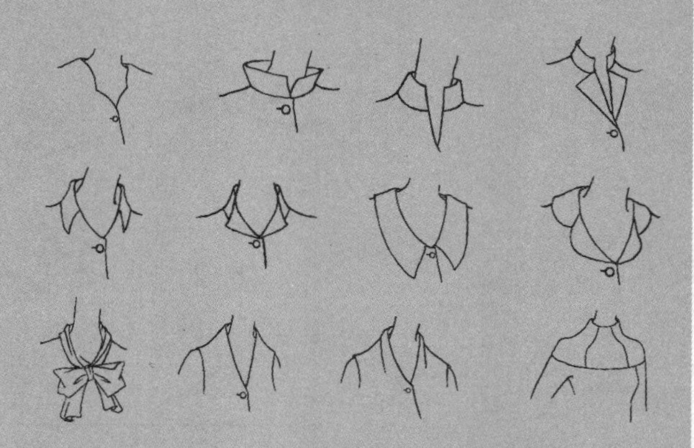

二、依所学知识，独立设计完成三款领型的结构设计。

制图要求：

1. 制图比例：1:1。
2. 线条规范，分清轮廓线与基础线。
3. 尺寸准确，符号与字母书写规范。
4. 样板结构准确，相关部位结构线吻合。
5. 标注必要尺寸。
6. 标注纱向线。

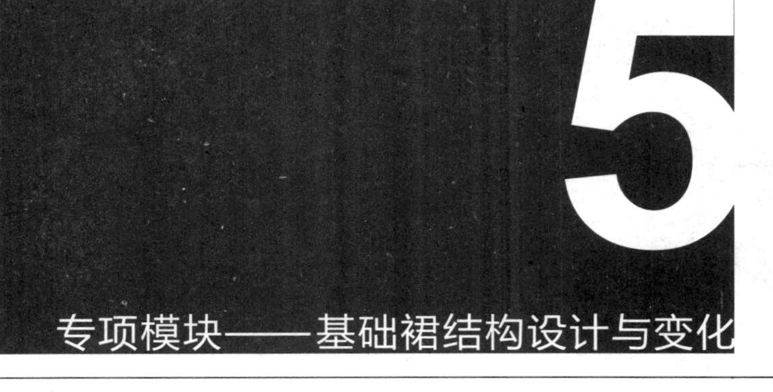

第五章

裙装是女装中重要的下装款式，其款式变化多样，极富女性特征。褶裥、抽褶、塔克等变化经常出现在其结构设计中。

课题说明

本章通过对基础裙结构与人体关系的分析阐述，讲解裙结构的构成原理，并通过基础裙纸样展开变化案例，说明裙纸样变化的基本规则与方法。

实践意义

对基础裙结构设计原理的深入理解以及对其纸样变化规则与方法的掌握，是进一步深化裙装结构设计的基础。

实践目标

理解基础裙结构设计与人体体态的关系。

掌握基础裙结构设计的原理与方法。

掌握基础裙的纸样展开变化的规则与方法。

实践方法

以 1:5 缩小比例纸样变化及 1:1 等比例制图训练为主的实践操作训练。

第一节
基础裙结构设计

一、裙子各部位结构名称
二、基础裙结构制图

一、裙子各部位结构名称（见图 5-1）

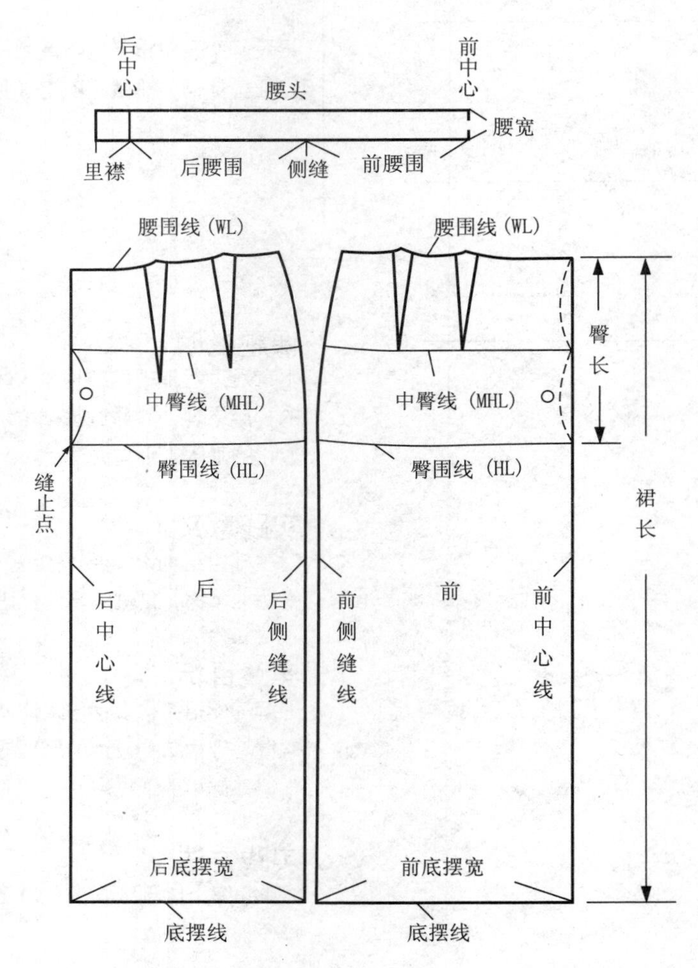

图 5-1 裙子各部位结构名称

二、基础裙结构制图

规格设计：160/68A

裙长 =60cm

腰围 =68(W)+1cm

臀围 =90(H)+4cm

基础裙制图（见图 5-2）：

1. 以裙长减腰宽为长，以臀围 H/2 + 2cm（松量）尺寸为宽作矩形。
2. 臀长：身高 /10 + 2.5cm，作臀围水平线。
3. 侧缝线：臀围水平线上分 2 等份，等分点向后中心 1cm 处向下作垂线。
4. 计算前后片腰省量：前腰围取（W + 1）/4 + 1cm，后腰围取（W + 1）/4 — 1cm，与侧缝的差量为前后腰省量。
5. 画前后片侧缝弧线、腰围线：前后片侧缝弧线顺势上翘 0.7cm ~ 1.2cm，后中心线下落 0.5cm ~ 1cm，顺前后片腰围线。
6. 画腰省：前后片臀围各 3 等分，并向上引垂线，依据垂线画出前后片各两个腰省的位置。依据省尖辅助线确定省尖位置。
7. 画出后中心线处缝止点及开衩。
8. 画出腰头。

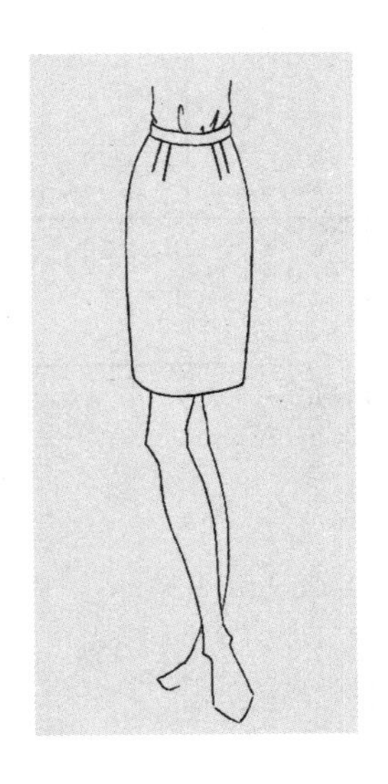

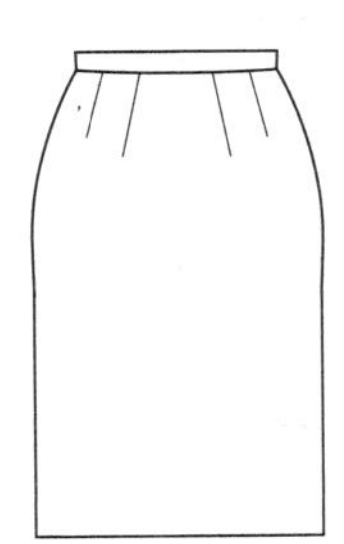

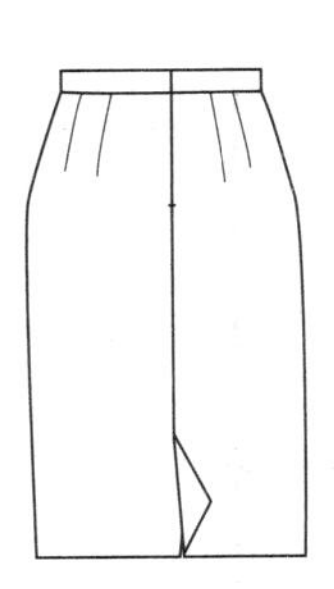

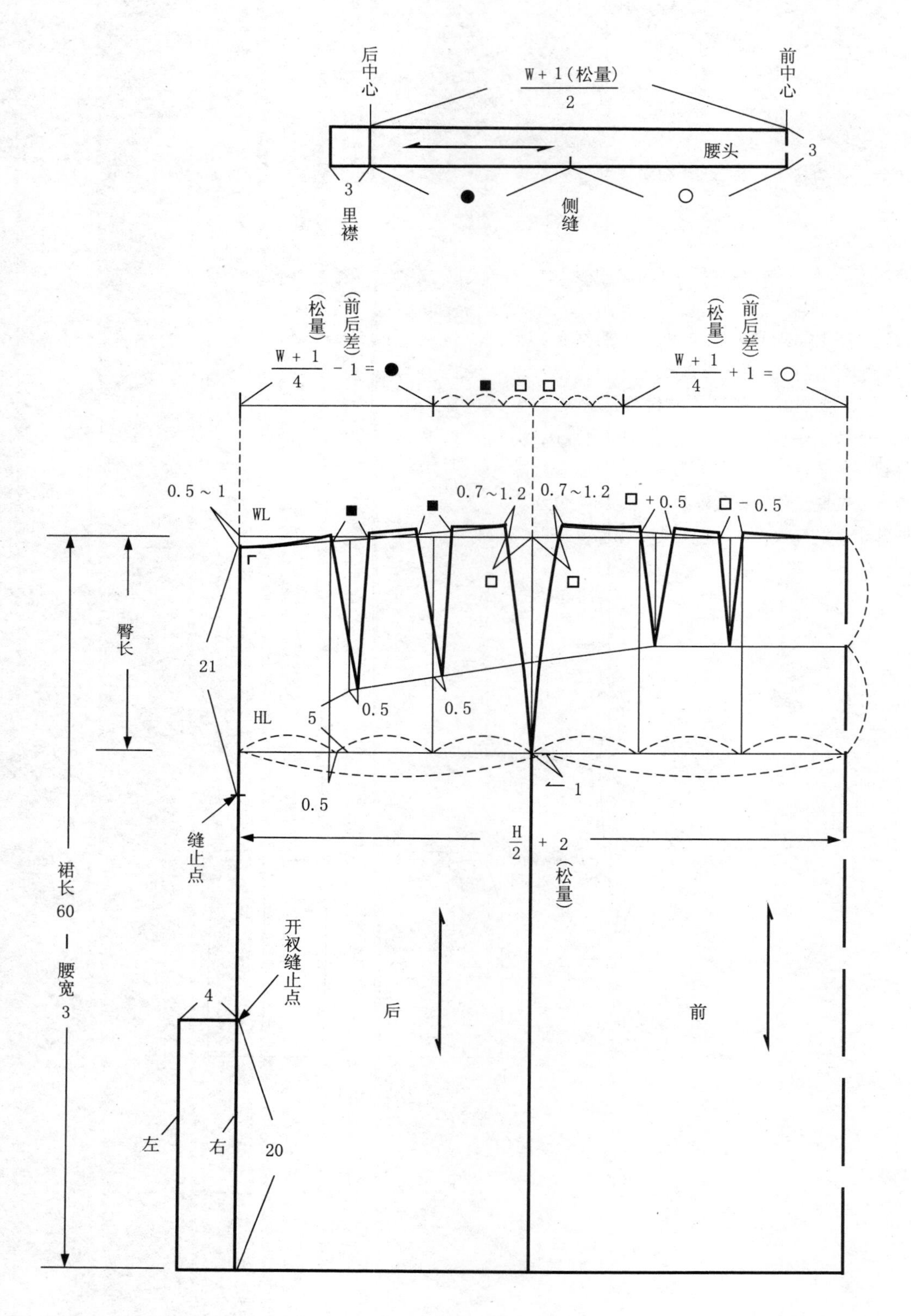

后中心
$\frac{W+1(松量)}{2}$
前中心
腰头
3
3
里襟
侧缝
(松量)
(前后差)
$\frac{W+1}{4}-1=●$
■ □ □
$\frac{W+1}{4}+1=○$
0.5～1
WL
0.7～1.2
0.7～1.2
□+0.5
□-0.5
臀长
21
0.5
0.5
HL
5
0.5
1
缝止点
$\frac{H}{2}+2$(松量)
裙长60－腰宽3
开衩缝止点
4
后
前
左
右
20

图 5-2 基础裙结构图

第二节 基础裙结构与人体的关系

一、裙子放松量与人体结构的关系
二、裙臀长、腰围线与人体的关系
三、裙腰省设计与人体的关系

一、裙子放松量与人体结构的关系

1. 腰围放松量

腰部是裙装与人体固定的部位，通常腰围的松量设定在0 ~ 2cm之间，虽然人体在席地而坐90° 前屈时腰围可增加2.9cm的增量（腰围处最大变量），但由于人体腰部由软组织构成，所以不加过大的松量也不会感到有压力。此外，考虑腰部造型的合体美观性，腰部的松量也不宜过大。

2. 臀围放松量

臀部是人体下部最突出的部位，其主要部分是臀大肌。臀围处放松量的设定要考虑人体的直立、坐下、前屈等动作，人体在席地而坐90° 前屈时臀围可增加4cm的增量（臀围处最大变量）。因此，臀部放松量最小需要4cm，因款式造型需要增加的装饰性舒适量可按实际情况设定。

3. 摆围放松量

裙子的摆围尺寸与步行有直接的关系，通常裙长越长，裙摆尺寸应越大（见图5-3、表5-1）。紧身型裙子裙摆量不足时，需加开衩或褶裥来补充。缝合止点一般在膝关节上18cm ~ 20cm左右的位置。

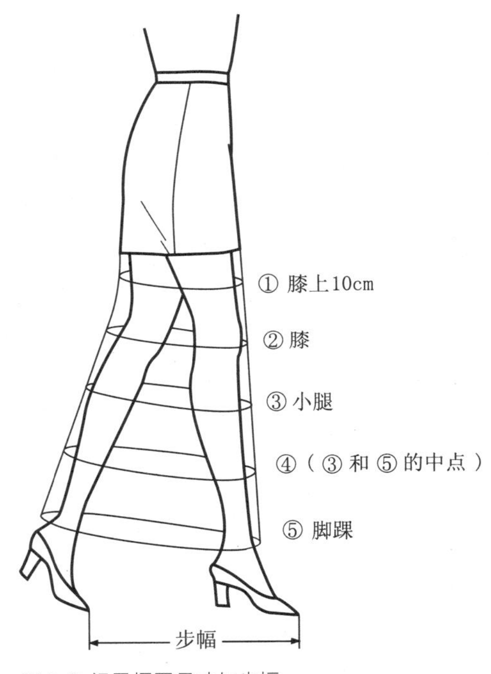

图5-3 裙子摆围尺寸与步幅

表5-1 步行时裙摆大小尺寸表　　　　单位：cm

部位 数值	步幅	①膝上10	②膝部	③小腿	④（③与⑤的中间）	⑤脚踝
平均	67	94	100	126	134	146

二、裙臀长、腰围线与人体的关系

臀长是指从腰围线处沿着人体体表测量至臀围线的长度。人体的自然腰线并不水平，而是与人体体轴呈垂直状态的前高后低的形态，所以在裙腰部结构制图时以前中心位置的臀长为基准，适当减少后中心臀长，后中心的腰线下落。一般为0.5cm ~ 1cm，臀部较扁平的体型，取量较大；臀凸较大的体型，取量较小。由于女体的胯部较宽，在人体的侧面形成一条弧线，所以侧缝处的臀长最长，在结构制图时侧缝处的臀长要适当增加，一般为0.7cm ~ 1.2cm，通常取0.7cm（见图5-4）。

结构制图中腰围线的最后完成需要依据臀长尺寸的不同及省道的大小和倒向进行修正（见图5-5）。

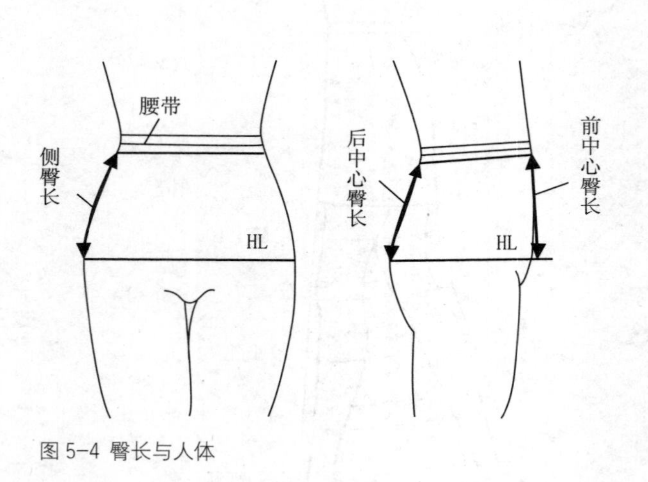

图 5-4 臀长与人体

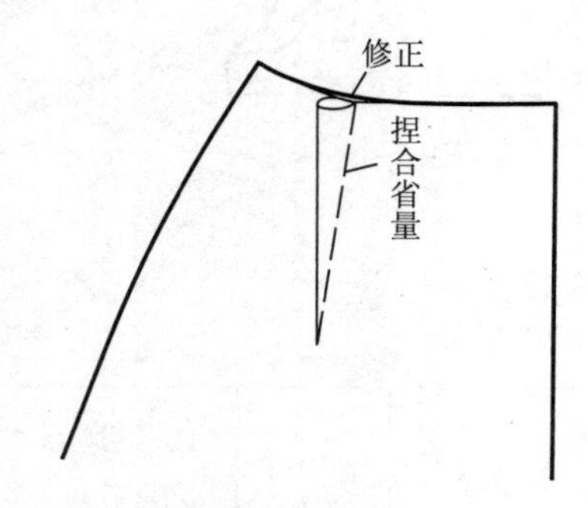

图 5-5 腰省合并修正腰围线

三、裙腰省设计与人体的关系

1. 腰省的位置

如图5-6所示，分析腰围与臀围的截面图，靠近前后中心的腰围与臀围线的截面曲率变化较平缓，靠近侧缝部位的截面曲率变化较大，因此腰省位置应分布在截面曲率变化较大的地方。如前后各有一个腰省的情况，省道分别位于从0′点开始沿水平线45°、40°左右的位置。当前后腰省的单个省量超过3 cm时，需将腰省分为两个。如图5-7所示，前片腰省的位置设置在0′点开始沿水平线35° ~ 40°的直线处和这条直线与侧缝线的中间，后片腰省的位置设置在0′点开始沿水平线25° ~ 30°的直线处和这条线与侧缝线中间的附近。在这两种情况中，侧缝线都会作为一个省道的位置。

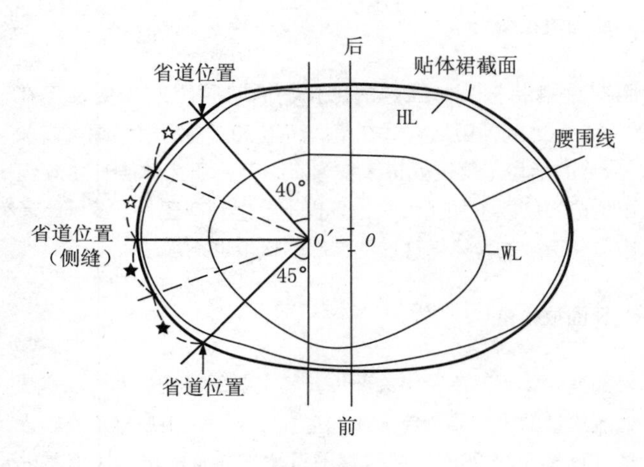

图 5-6 前后各一个腰省位置的示意图

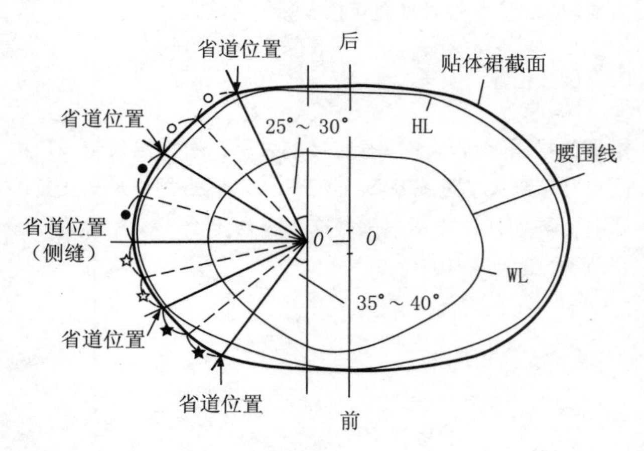

图 5-7 前后各两个腰省位置的示意图

2. 腰省的大小

腰省的大小由腰围与臀围的长度差来决定。在裙子前后片臀围大小取相等的前提下，前后腰围的大小并不相等，而是前腰围大于后腰围。也就是说，前腰省的省量小于后腰省的省量。一般正常体型可以在 2cm 的范围内调整前后腰省的差值。前后腰省量的具体分配可视体型的不同而定（见图 5-8）。

3. 腰省的长度

腰省的长度和省尖的位置按腹部和臀部的凸出部位来设定。见图 5-8，前片的腰省是为腹凸设计的，所以前腰省的长度不能超过腹部最凸起的部位，即腹围线的位置。同理，人体的臀凸部位靠下且偏向后中，所以后腰省长于前腰省，而且靠近后心中的后腰省要长于靠近侧缝的后腰省。侧缝的腰省是最长的，但不能超过臀围线。

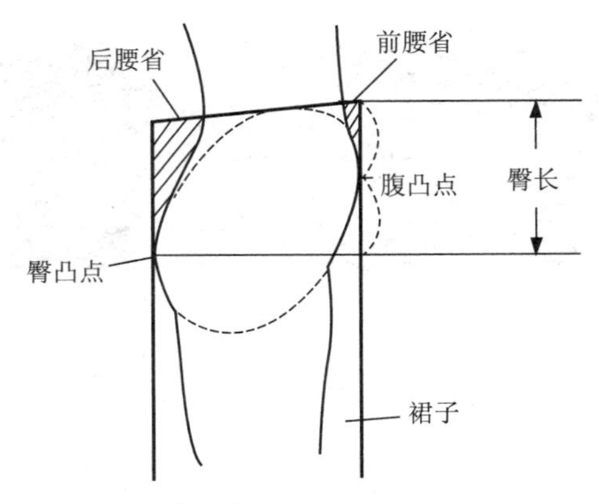

图 5-8 腰省的大小与长度

第三节 基础裙的纸样变化

一、裙腰省的转移
二、基础裙纸样变化的案例分析

一、裙腰省的转移

以前裙片腰省的转移为例：两个腰省指向腹凸部位，可以向任意方向转移，如图 5-9 所示。并且腹围线上的每个点都可作为省尖的指向点，再进行转移变化。最常见的变化为腰腹部的育克设计，把两个腰省量合并转移到横向分割线中，如图 5-10 所示。

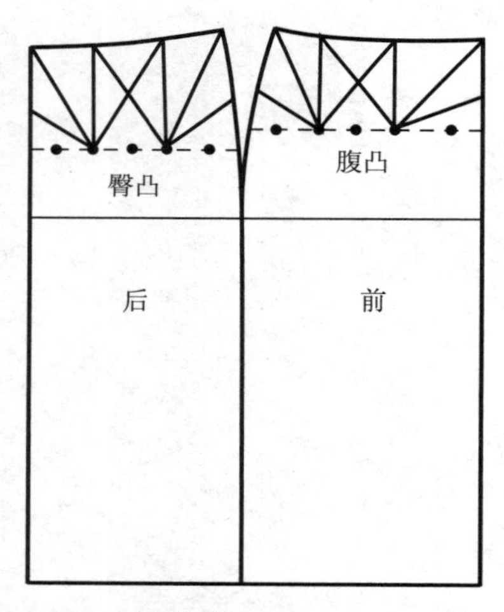

图 5-9 腰省转移示意图

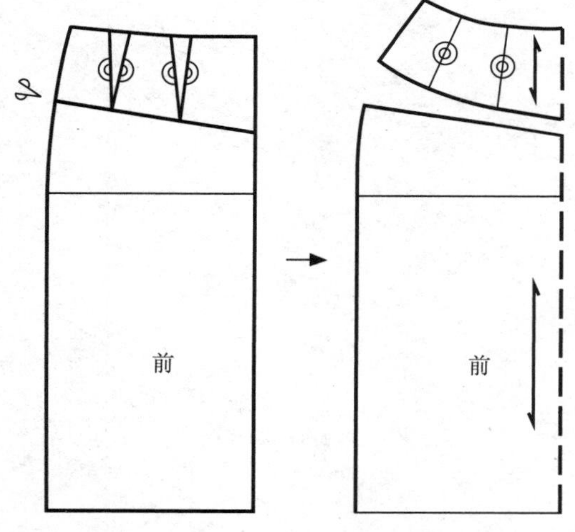

图 5-10 裙腰育克纸样变化

二、基础裙纸样变化的案例分析

案例一：合并省展开法

A 将全部省量都合并，转移至下摆展开。侧缝处追加 1/2 展开量，使裙身波浪均匀（见图 5-11）。

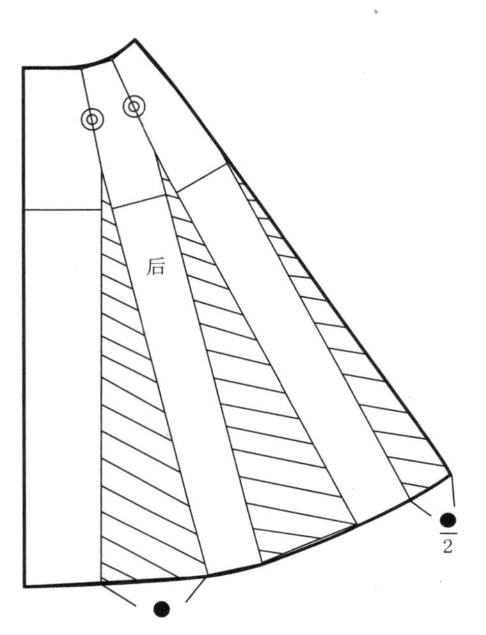

图 5-11 全部腰省量合并展开法

B 依据所需下摆量的大小来确定省量合并的多少，腰部会剩余部分腰省量（见图 5-12）。

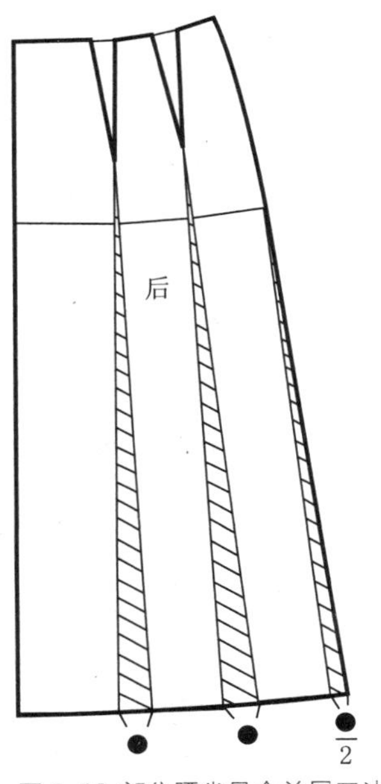

图 5-12 部分腰省量合并展开法

案例二：以基点为圆心展开法

也称扇形展开法，以裙摆为基点，腰围线处展开。胯部膨胀，下摆收紧，裙形夸张（见图 5-13）。

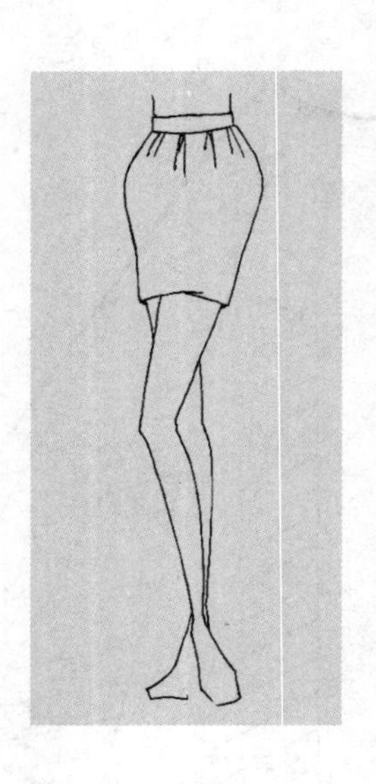

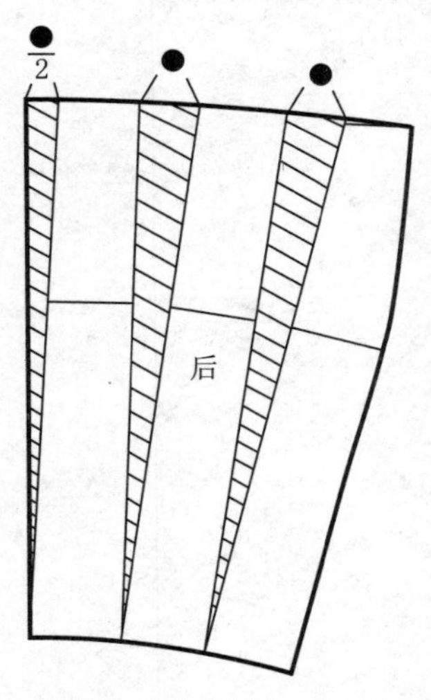

图 5-13 以基点为圆心展开法

案例三：上下差异展开法

也称梯形展开法，依款式需要确定腰围和下摆的展开量，腰部展开量可以以碎褶或褶裥的形式处理（见图 5-14）。

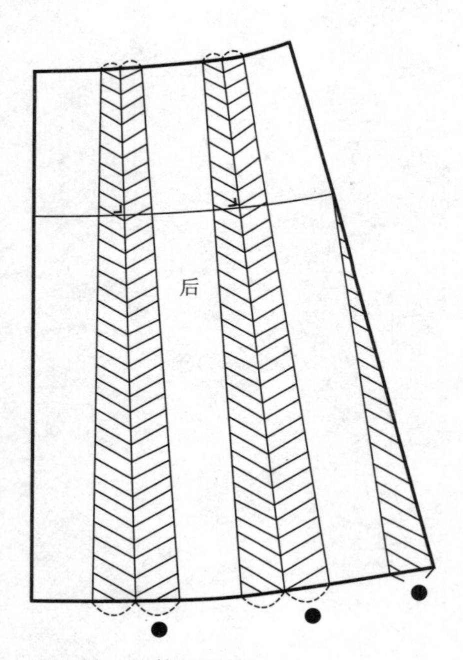

图 5-14 上下差异展开法

案例四：平行展开法

也称长方形展开法，纸样呈长方形，裙摆的大小与腰部碎褶量有直接关系（见图5-15）。

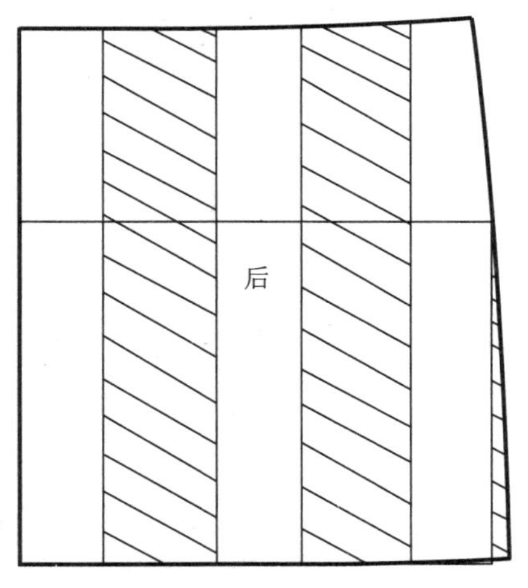

图5-15 平行展开法

案例五：横向与纵向分割结合的结构设计

将腰省合并转移到横向育克分割中，依款式设定纵向分割线的位置，并追加一定下摆波浪量（见图5-16-1、图5-16-2）。

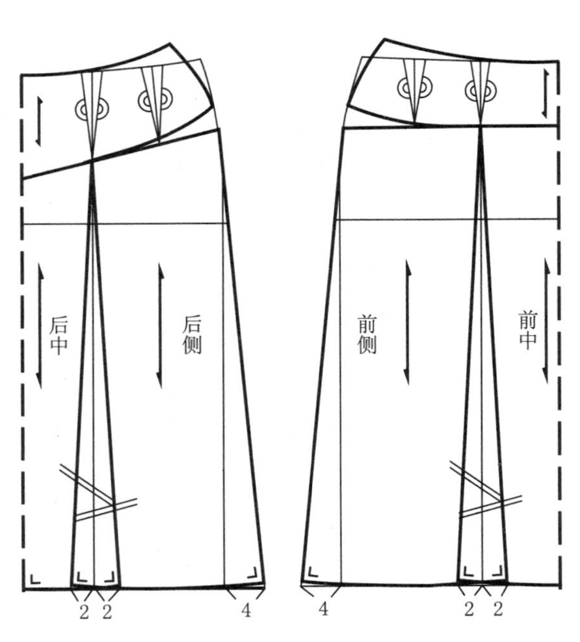

图5-16-1 设定横向与纵向分割线

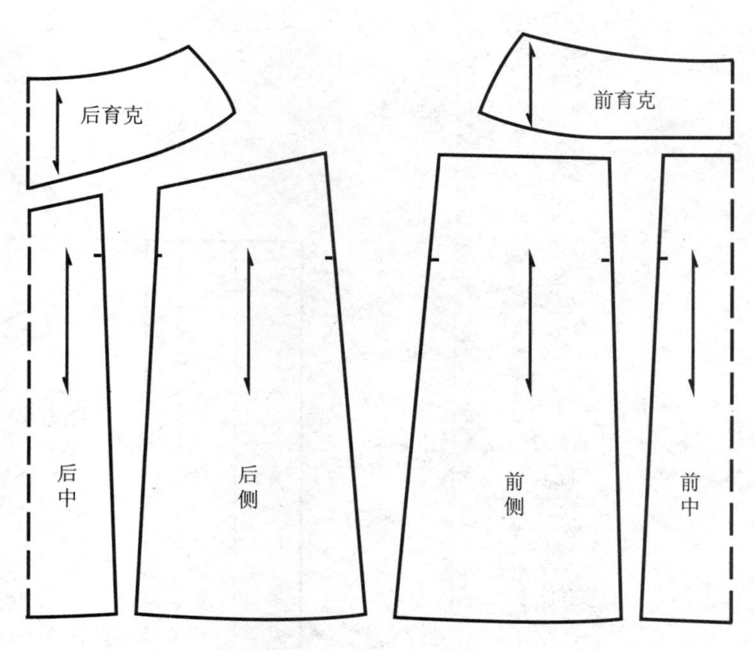

图 5-16-2 各部位外轮廓

案例六：斜向分割的结构设计

依款式设定斜向分割线的位置，将腰省合并转移到斜向分割中（见图 5-17）。

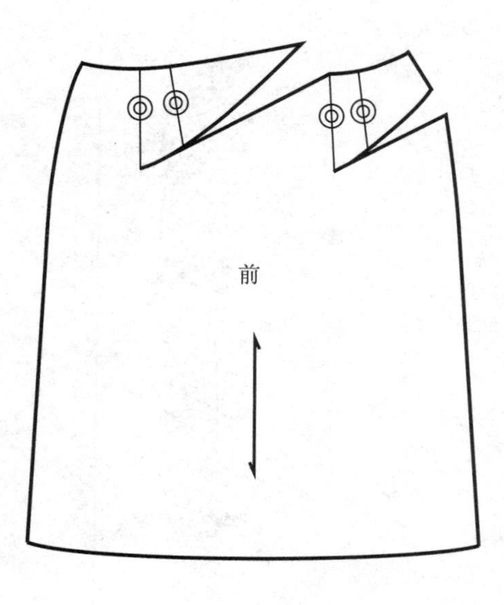

图 5-17 斜向分割的纸样变化

案例七：分割与抽褶结合的结构设计

将两个腰省量合并为一个腰省，剪开后拉展所需抽褶量，修顺外轮廓（见图 5-18）。

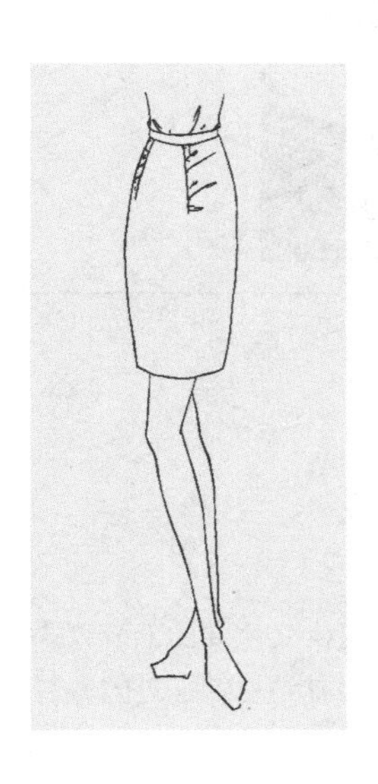

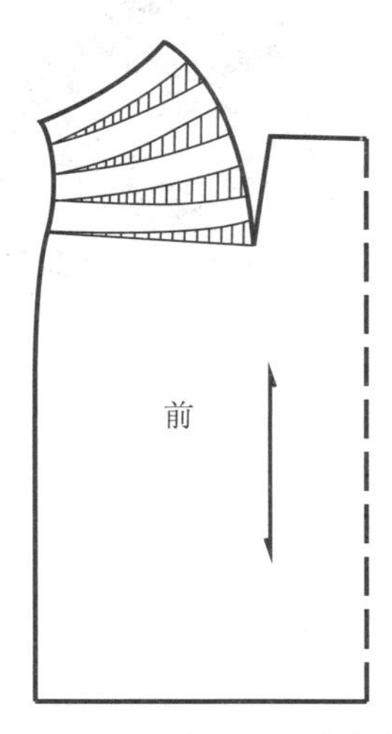

图 5-18 分割与抽褶结合的纸样变化

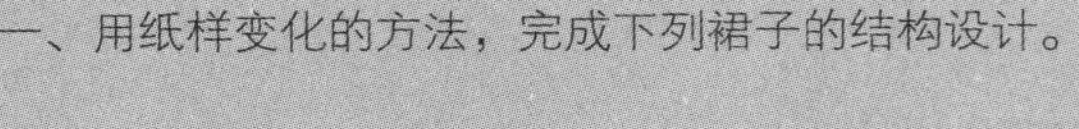

课后实训

一、用纸样变化的方法，完成下列裙子的结构设计。

二、用所学知识，独立设计完成三款半裙的结构设计。

制图要求：

制图比例：1∶1 。

线条规范，分清轮廓线与基础线。

尺寸准确，符号与字母书写规范。

样板结构准确，相关部位结构线吻合。

标注必要尺寸。

标注纱向线。

专项模块——基础裤结构设计与变化

第六章

裤装是女装主要的下装款式之一，以合理包裹人体腹臀部和腿部为其结构特征。因着装后活动程度较大，所以结构设计时应同时考虑人体静态与动态下的需要。

课题说明

基础裤的各部位结构设计具有一定的代表性，是其他各种裤结构设计的原理和变化的基础。

实践意义

在深入分析理解基础裤各部位结构与人体关系的基础上，掌握基础裤的制图方法及纸样变化规律，是进一步深化裤装结构设计的基础。

实践目标

掌握基础裤各部位结构与人体的关系。
掌握基础裤的结构设计方法。
掌握基础裤的纸样变化方法。

实践方法

以 1:5 缩小比例纸样变化和 1:1 等比例制图训练为主的实践操作训练。

第一节 基础裤结构设计

一、裤子各部位结构名称
二、基础裤结构制图

一、裤子各部位结构名称（见图 6–1）

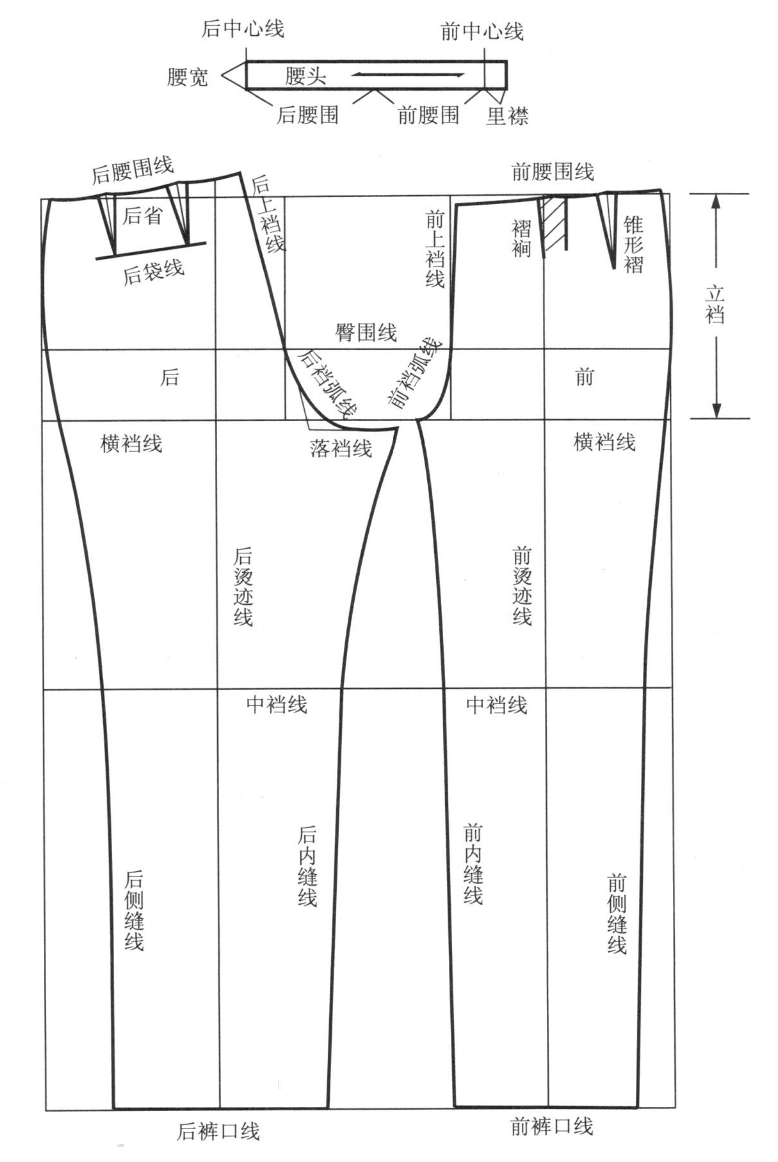

图 6–1 裤子各部位结构名称

二、基础裤结构制图

规格设计：160/68A
裤长 =0.6h（身高）+4cm
腰围 W=68+1cm
臀围 H=90+8cm
立裆 =H/4
裤口 =0.2H
腰宽 =4cm
前片（见图 6-2）：
1. 基础线：以裤长减腰宽作基础线；以 H/4 确定立裆线位置；臀围线为立裆尺寸的 1/3；中裆线为臀围线至裤口线的 1/2 处。
2. 前臀围：取 H/4-1cm，减 1cm 为臀围的调整数，后片臀围的调整数值为加 1cm。
3. 前腰围：前裆线处去 0.8cm，侧缝线处去 1cm，余量为 W/4-1+ 褶的量，减 1cm 为腰围的调整数，后片腰围的调整数值为加 1cm。
4. 前裆宽：取 H/20-1cm。
5. 前烫迹线：在立裆线上从侧缝处去 0.8cm 点至前裆宽的中点做垂线，为前片的烫迹线。
6. 裤口：在裤口线上以烫迹线为中心，量裤口减 2cm。
7. 中裆围：在中裆线上以烫迹线为中心，左右各量 H/10+0.6cm。
8. 画前裤片外轮廓线。
9. 画前腰活褶。
后片。
1. 以前裤片为基准画后裤片基础线，中裆围和裤口的尺寸在前裤片的基准上两侧各加放 2cm。
2. 后裆斜线：后裆斜线的倾斜度是由臀部的丰满度决定，臀部越丰满倾斜度越大，同时腰围线上起翘得越大。
3. 后腰围：取 W/4+1+ 省，+1cm 为腰围的调整数，省量定为 4cm。
4. 后臀围：H/4+1cm。
5. 后裆宽：H/10cm，后裆线在前裆线基础上下落 1cm。
6. 画后裤片外轮廓线。
7. 画后腰省。

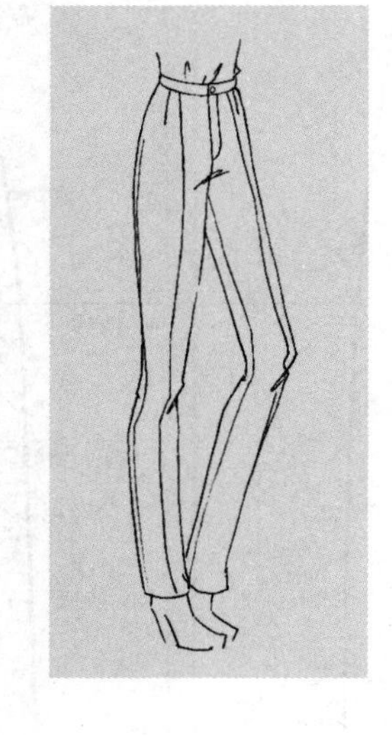

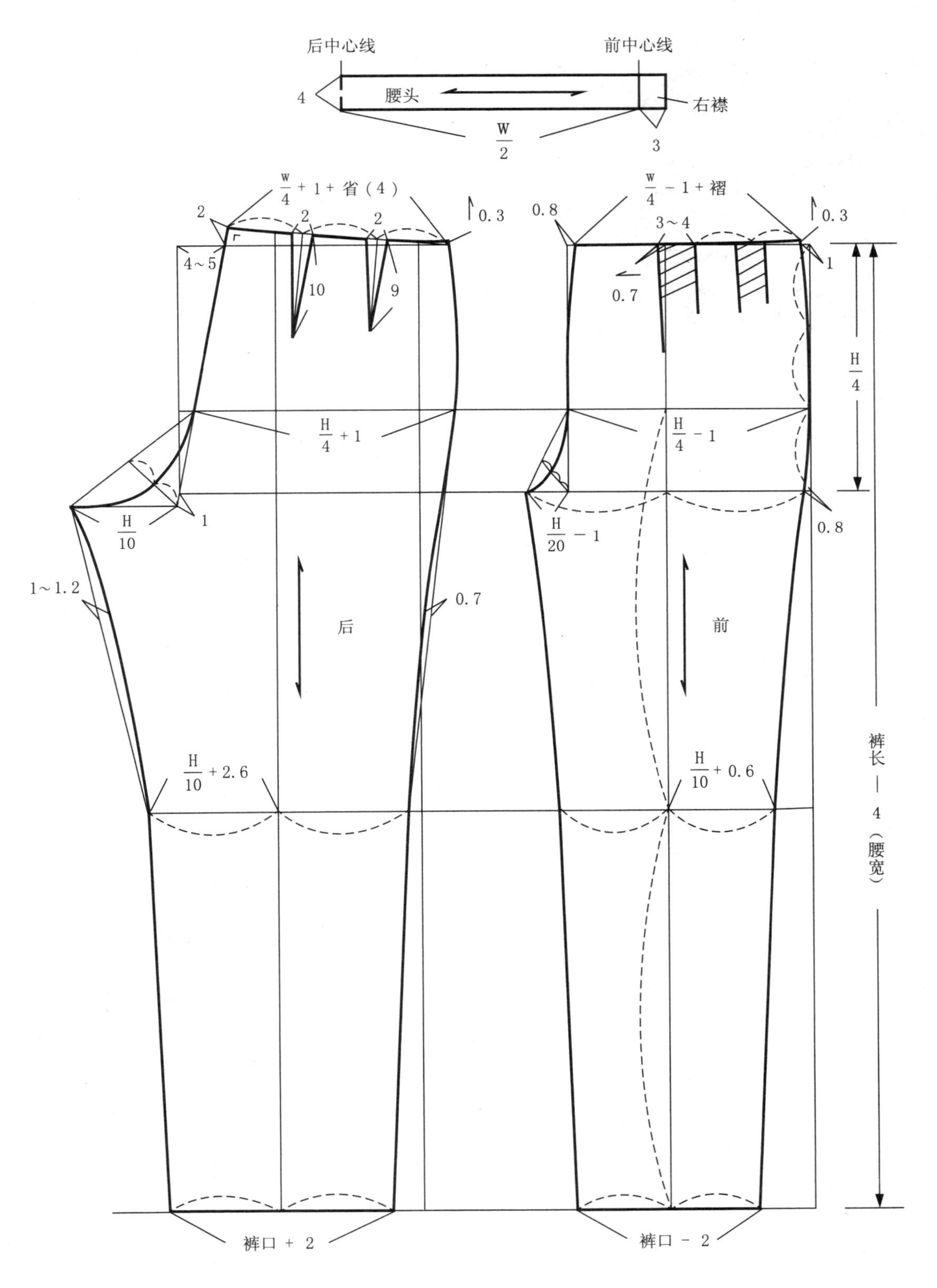

后中心线
前中心线
4
腰头
右襟
W/2
3
W/4 + 1 + 省（4）
W/4 − 1 + 褶
2
2
2
0.3
0.8
3～4
0.3
4～5
10
9
0.7
1
H/4
H/4 + 1
H/4 − 1
H/10
1
H/20 − 1
0.8
1～1.2
0.7
后
前
裤长 − 4（腰宽）
H/10 + 2.6
H/10 + 0.6
裤口 + 2
裤口 − 2

图 6-2 基础裤结构制图

第二节
基础裤结构设计分析

一、裤装与裙装结构的异同
二、裤装裆部的结构设计分析
三、裤前后片中裆的结构设计分析
四、裤前后片烫迹线的结构设计分析

一、裤装与裙装结构的异同

裤装与裙装同属于下装，其结构构成有很多共性，但也存在着明显的差异。了解两者结构的异同，对于理解裤装结构是非常必要的（见表 6-1）。

表 6-1 裤装与裙装结构异同表

类别	裤 装 与 裙 装
同	同与人体的腰部、臀部的形态相关
	腰围与臀围的规格设计基本相同
	腰省位置、大小、长短的设计原理基本相同
异	裤装有裆部结构设计，对腿部进行包裹

二、裤装裆部的结构设计分析

1. 裤立裆尺寸设计

立裆，是横裆线以上的长度（见图 6-1）。它的尺寸设定直接影响到裤子的款式造型与适体性，立裆长度与裤子臀围的成品尺寸、裤长有关。常见的立裆尺寸设定方法有：
（1）臀围计算法：公式为 H/4， 2H/10+6cm。
（2）裤长、臀围计算法：公式为 TL/10+ H/10+5cm。
（3）立裆围计算法：公式为立裆围的 2/5，立裆围尺寸为：前裆 + 后裆 +2cm（放松量）。立裆围尺寸可直接测量得到：用软尺从前腰起穿过裆部量到后腰为前后裆长。也可按公式：0.64H+2 ~ 4cm（放松量）计算得到（见图 6-3）。
（4）直接测量法：正常体型用公式计算方便而准确，对于体型特殊者应采用实体测量的方法（见图 6-4）。

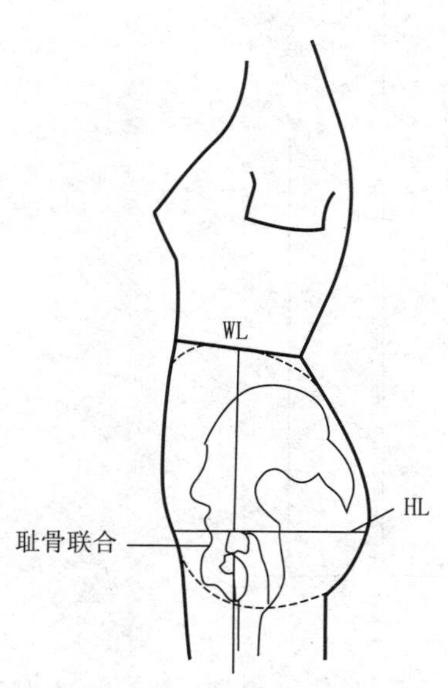

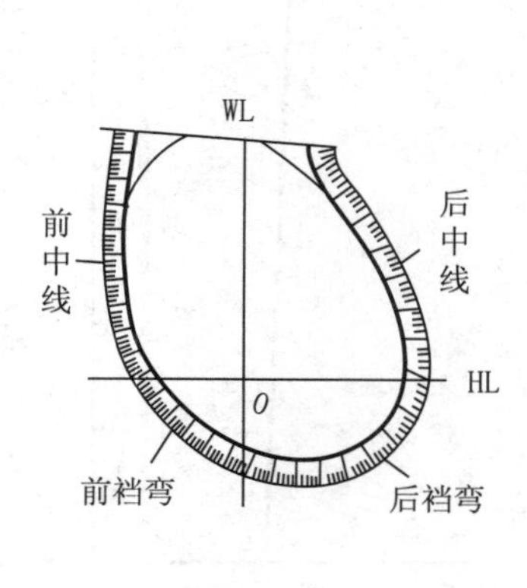

图 6-3 裤子前后裆弧线的结构分析

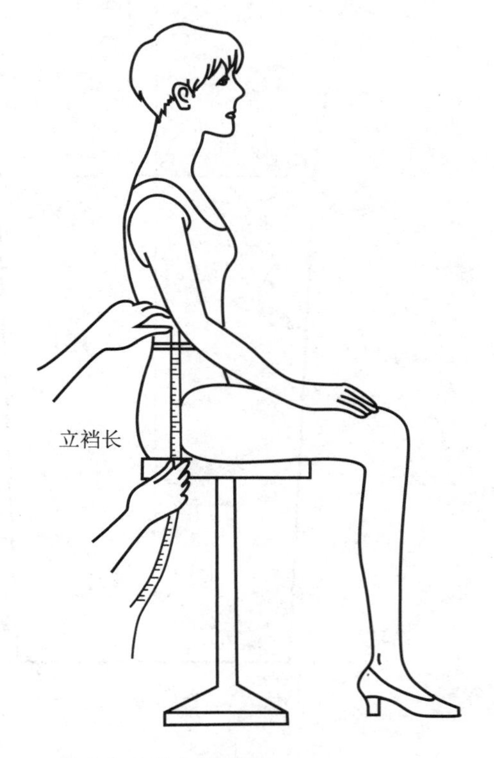

图 6-4 立裆直接测量法

2. 前后裆宽的比例分配

裤子前后裆弧线的形成是为了吻合人体臀部和大腿根分叉部位的结构特征。观察分析女体的侧面体形（见图 6-3），会发现后裆部宽度大于前裆宽度，其合理的比例为 3:1 左右。前后裆拼接后整个裆部弧线光滑圆顺，构成大腿内侧的前后宽度为总裆宽，总裆宽一般为 1.6H/10（见图 6-5），前裆宽为 1/4 总裆宽，后裆宽为 3/4 总裆宽。常见的计算公式有：前裆宽为 H/20-1，0.04 H，H/25；后裆宽为 H/10，0.12 H。

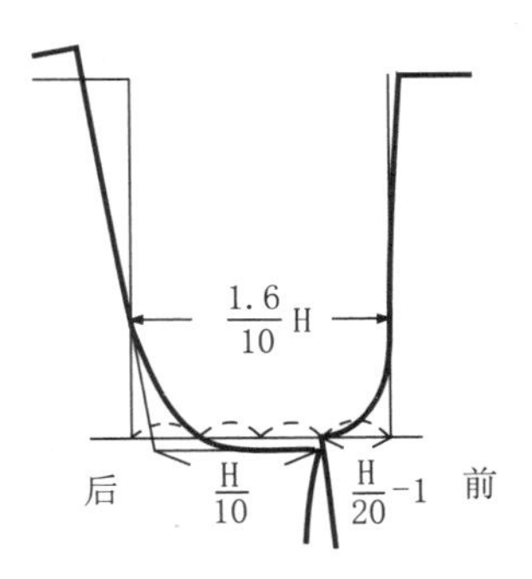

图 6-5 前后裆宽的比例分配

3. 前上裆线

前上裆线是位于裤子前中心处的结构线。因人体前腹部呈弧形，需要在前部增加倾斜角，使前上裆线倾斜，以符合人体体态。如图 6-6，前上裆线倾斜量一般是在腰围处撇去约 1cm 左右的量。如腰部没有省道、褶裥时，为解决前腰部腰臀差，撇去量可为≤ 2cm。

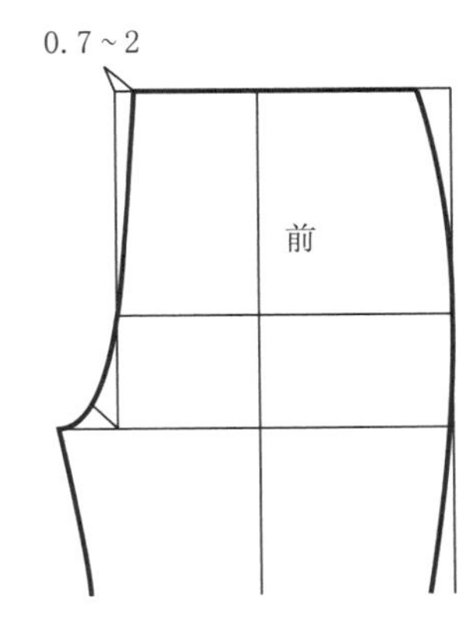

图 6-6 前上裆线的结构分析

4. 后上裆线

后上裆线位于裤子后中心处，是按人体臀沟形状来设计的结构线。后上裆线的倾斜角度、后腰翘势、后裆弯落裆量是构成后上裆线的要素。

（1）后上裆线倾斜角度。

后上裆线的倾斜角度与人体体型、裤子造型有关，如图 6-7，正常体型人体臀沟处的垂直交角约为 12°。臀高翘的体型，倾斜角度应加大；反之，则减小。在正常体型状态下，后上裆线倾斜角的设计规则为：裙裤类为 0°；宽松裤类为 0° ～ 5°；较宽松裤类 5° ～ 10°；较贴体裤类 10° ～ 15°（常取 10° ～ 12°）；贴体裤类 15° ～ 20°。

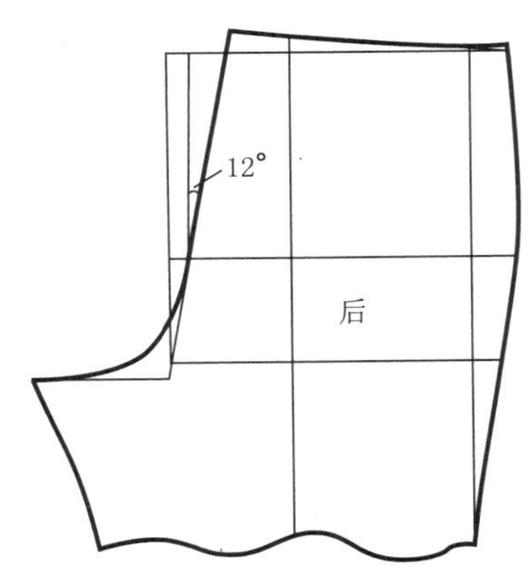

图 6-7 后上裆线倾斜角度的结构分析

（2）后腰翘势。

后上裆线在腰围线处抬起的量为后腰翘势。人体在正常站立时，腰围线呈前高后低的状态；当人体进行屈蹲等运动时，后裆缝就显得过短而不舒服，需增加后上裆线的长度，即产生了后腰翘势。后腰翘势一般取 2cm ~ 3cm，如后腰翘势过大，会在后腰下部产生横向波纹的弊病（见图 6-8）。

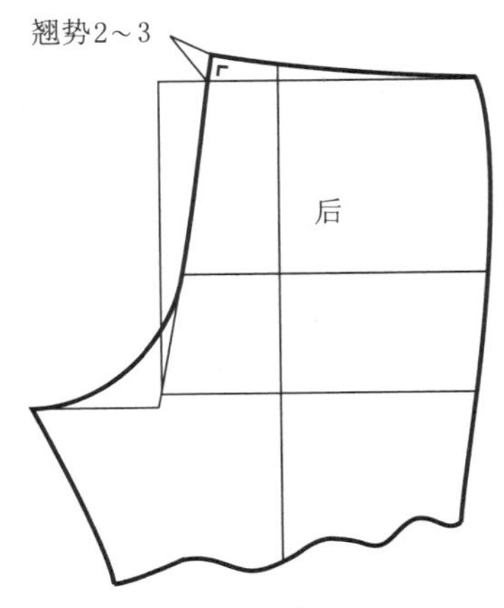

图 6-8 后腰翘势的结构分析

（3）后裆弯落裆量。

如图 6-9 所示，在裤结构设计中，后片上裆深度大于前片上裆深度，前后上裆深度之差为落裆量。落裆量的尺寸设定与前后裆宽、裤长、裤口的大小有关。因后裆宽大于前裆宽，形成了前后下裆缝线的曲率差大，导致前后下裆缝线长度不同，需下落后裆来调节，通常为 0.5cm ~ 1.5cm（见图 6-10）。随着裤长越短、裤口越小，在中裆线以上横向线与后下裆线的夹角就越大。缝合时需修正后下裆缝的角度与前下裆缝的角度一致，但修正后，后下裆缝长于前下裆缝，多余量需以落裆的形式消除。裤长越短、裤口越小，落裆量越大，短裤的落裆量通常为 1cm ~ 3cm。

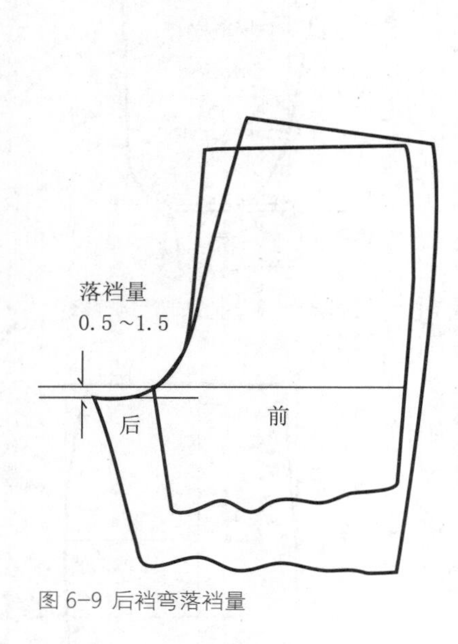

图 6-9 后裆弯落裆量

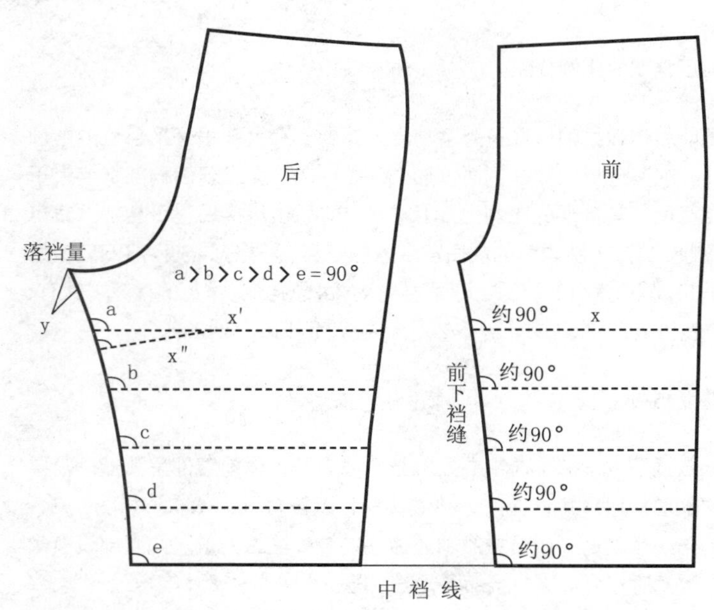

图 6-10 后裆弯落裆量的结构分析

三、裤前后片中裆的结构设计分析

裤前后片中裆位置及围度的设定与裤子的造型风格有关，基础裤前后片中裆位置在臀围线至裤口线的 1/2 处，通常中裆位置依造型风格需要可设计在臀围线至裤口线的 1/2 上抬 3cm ～ 5cm 处（见图 6-11）。中裆围度尺寸前后片的比例分配为：前片，中裆围 /2-2cm；后片，中裆围 /2+2cm。其围度尺寸常见的设定公式为：前片中裆围 1/2=H/10+0.6cm，后片中裆围 1/2=H/10+2.6cm；其围度尺寸还可以按裤口尺寸为设定依据。

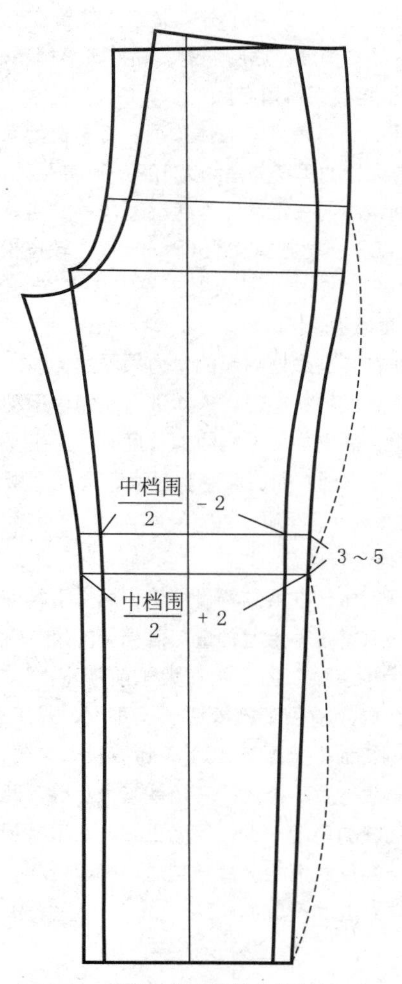

图 6-11 裤前后片中档的结构分析

四、裤前后片烫迹线的结构设计分析

裤烫迹线是裤身成形后，前后裤身的成形线。裤烫迹线的位置设定有两种形式：一是前烫迹线为直线形，后烫迹线为直线形；二是前烫迹线为直线形，后烫迹线为合体的曲线形状。

1. 前后烫迹线均为直线型

前烫迹线位于前横裆线的二等分处，后烫迹线基本位于后横裆线，即后侧缝至后裆宽点的二等分处。这种烫迹线结构形式的裤子在制作时不需要归拔的工艺处理，裤身前后烫迹线均为直线形状。

2. 前烫迹线为直线型，后烫迹线为合体的曲线形状

裤身后烫迹线位于后横裆线二等分点向裤片侧缝方向偏移0～2cm，偏移量越大，后烫迹线的合体程度越高，裤子在制作时归拔量也越大，所以偏移量的大小不仅要考虑裤子的造型，还要考虑面料的拉伸性能。

第三节
基础裤的纸样变化

基础裤纸样变化的案例分析

基础裤纸样变化的案例分析

案例一：育克裤的结构设计

依款式设定前后裤片的分割线位置，合并前后腰省量转移至育克分割线中。裤身的省尖余量在裤片两侧去掉（见图6-12）。

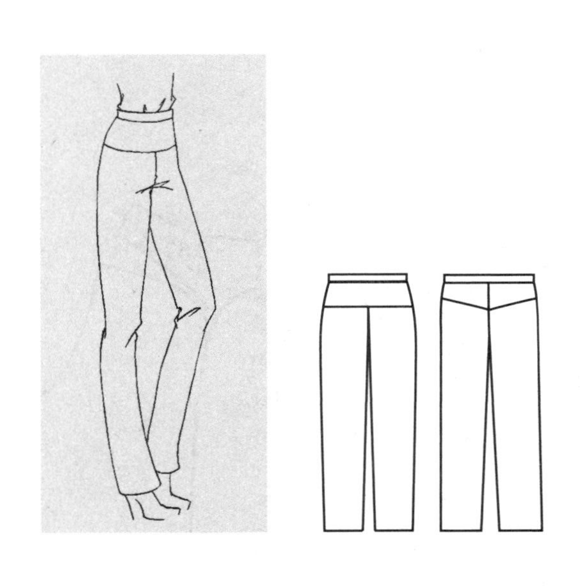

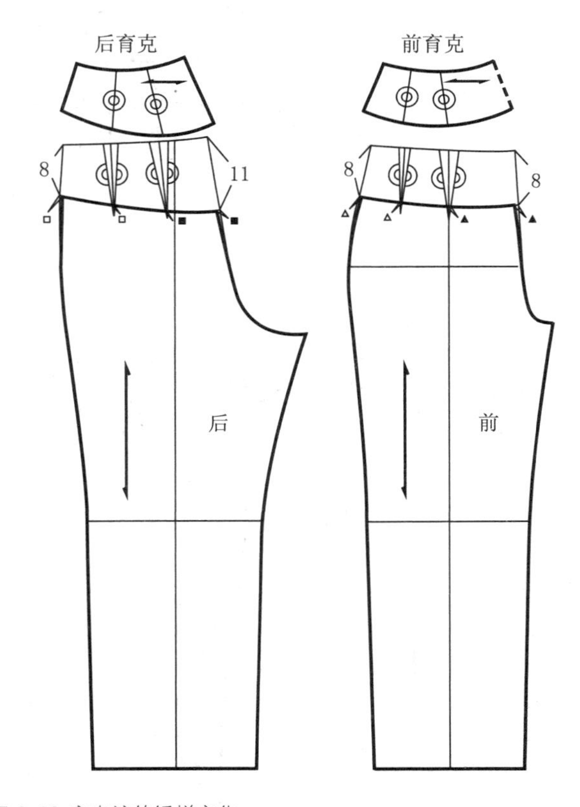

图 6-12 育克裤的纸样变化

案例二：曲线分割裤的结构设计

此款裤前片腰省量转移至曲线分割线中，后片腰省量转移至后育克线中，侧缝部位合并前修改为直线（见图 6-13）。

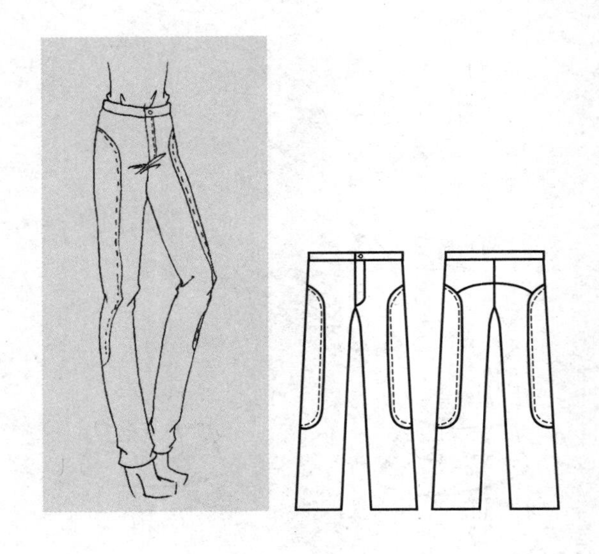

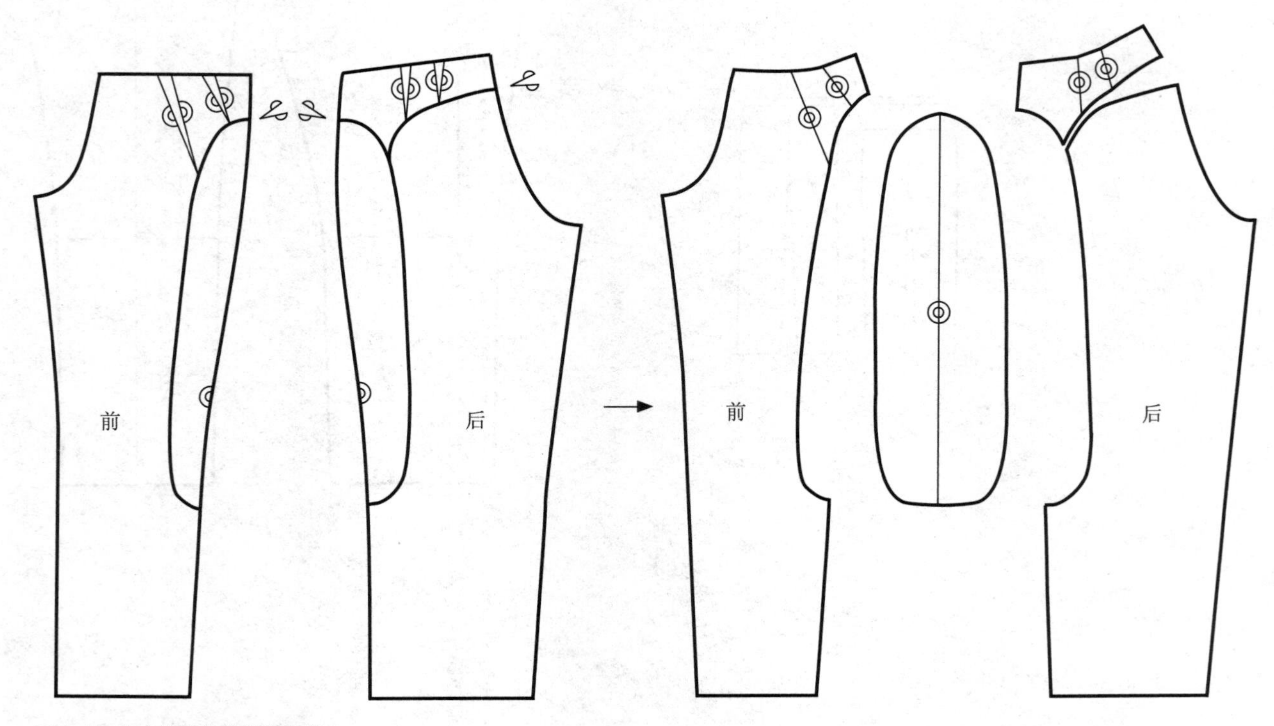

图 6-13 曲线分割裤的纸样变化

案例三：膝部收省分割裤的结构设计

此款裤前片腰省量在前中心线和侧缝处去除，后片腰省量转移至育克分割线中，前片膝部用剪开、拉展的方式设计了三个省，以增加膝部活动松量。后片与前片造型呼应，设计斜向分割线（见图 6-14-1 ~图 6-14-3）。

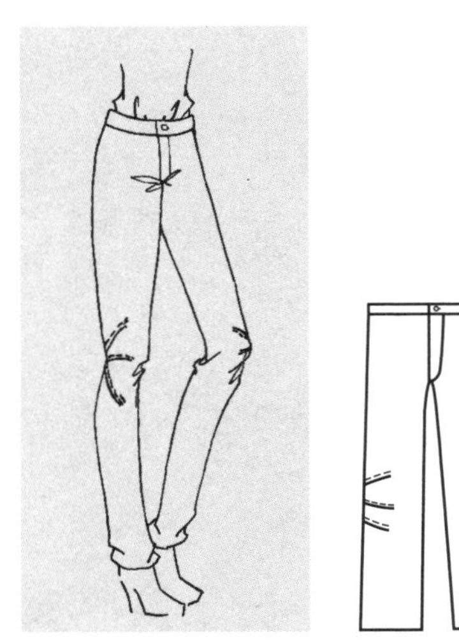

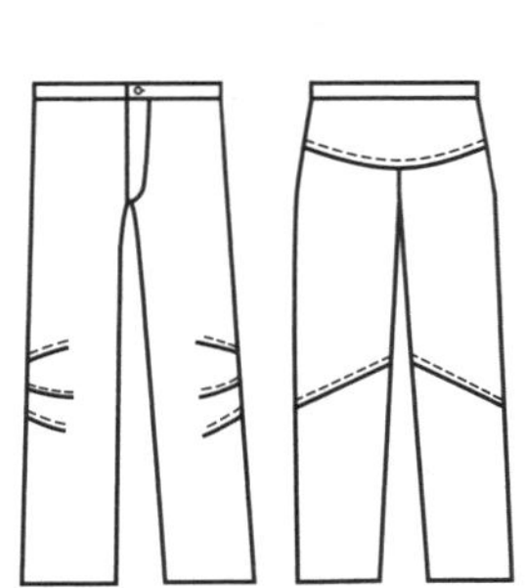

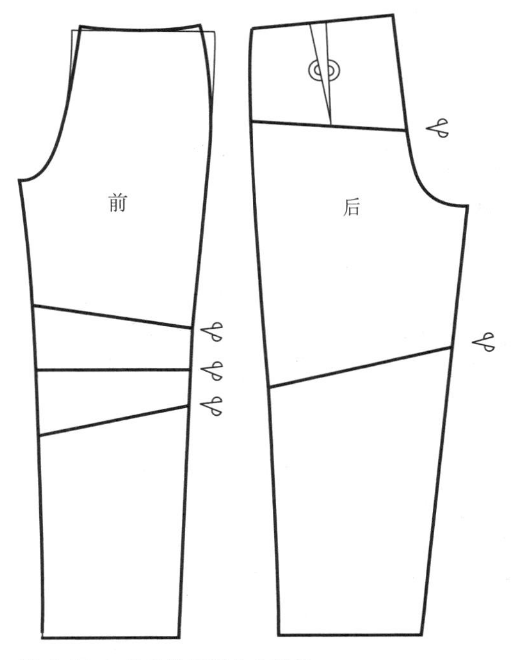

图 6-14-1 设定前后裤片分割线

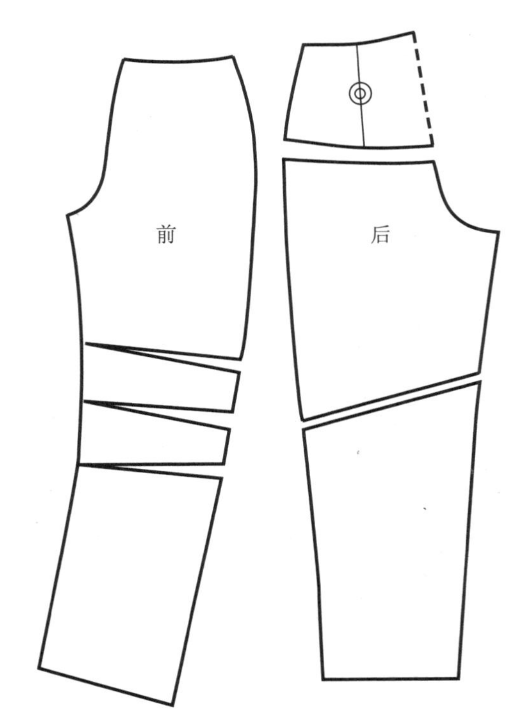

图 6-14-2 前后裤片的纸样变化

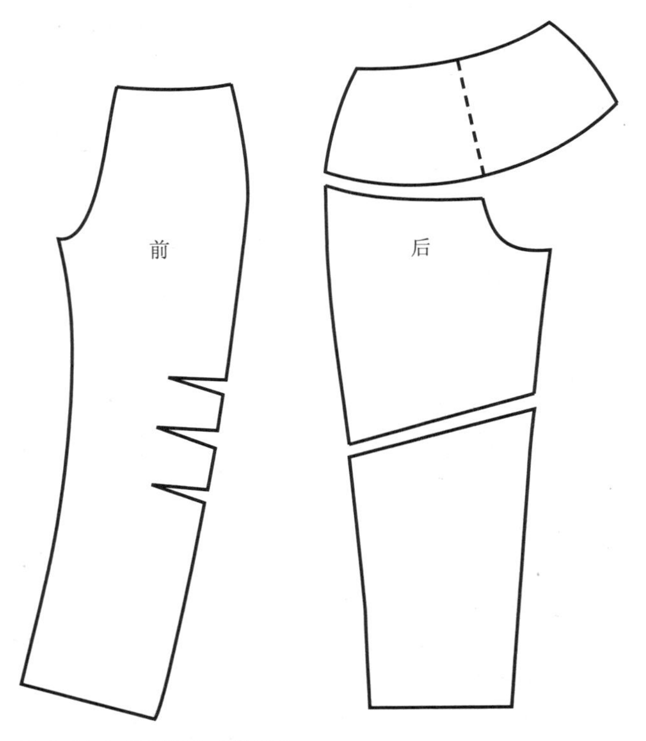

图 6-14-3 前后裤片的轮廓线

案例四：锥形裤的结构设计

依据锥形裤的款式造型不同，形成前片的三个活褶量的切展位置不同。见图 6-15-1，从中档线位置开始切展增加褶量，褶量从腰线起至中档线消失；见图 6-15-2，从裤口线位置开始切展增加褶量，褶量从腰线起至裤口线消失。裤口尺寸和裤片的侧缝线、内缝线形状可依款式调整。后裤片可作同样的处理。

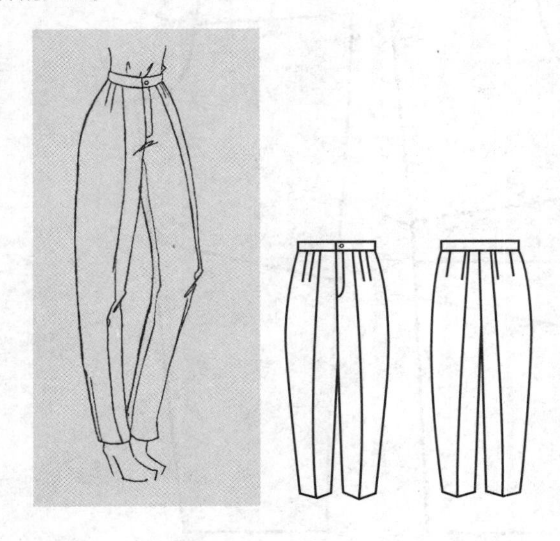

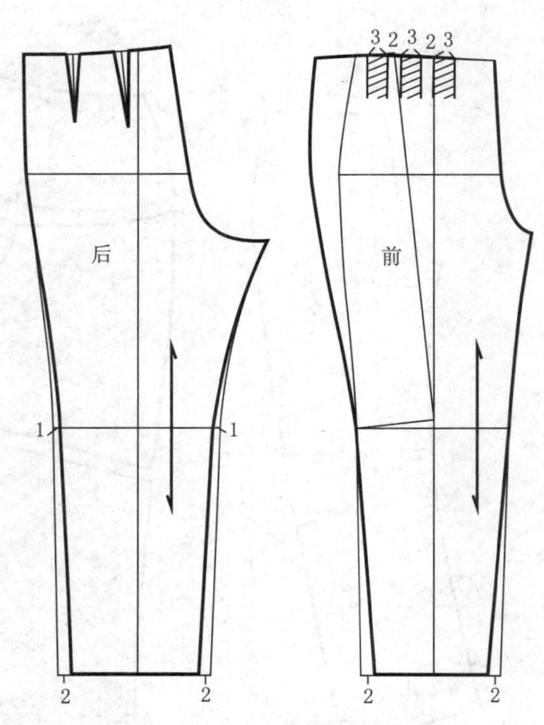

图 6-15-1 从中档线开始切展增加褶量

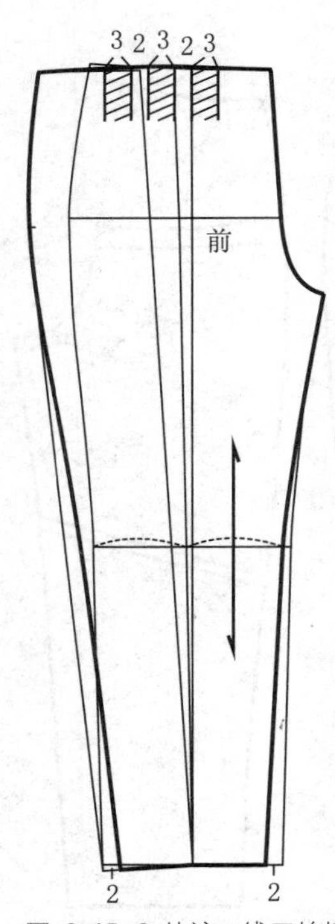

图 6-15-2 从裤口线开始切展增加褶量

课后实训

一、用纸样变化的方法，完成下列裤子的结构设计。

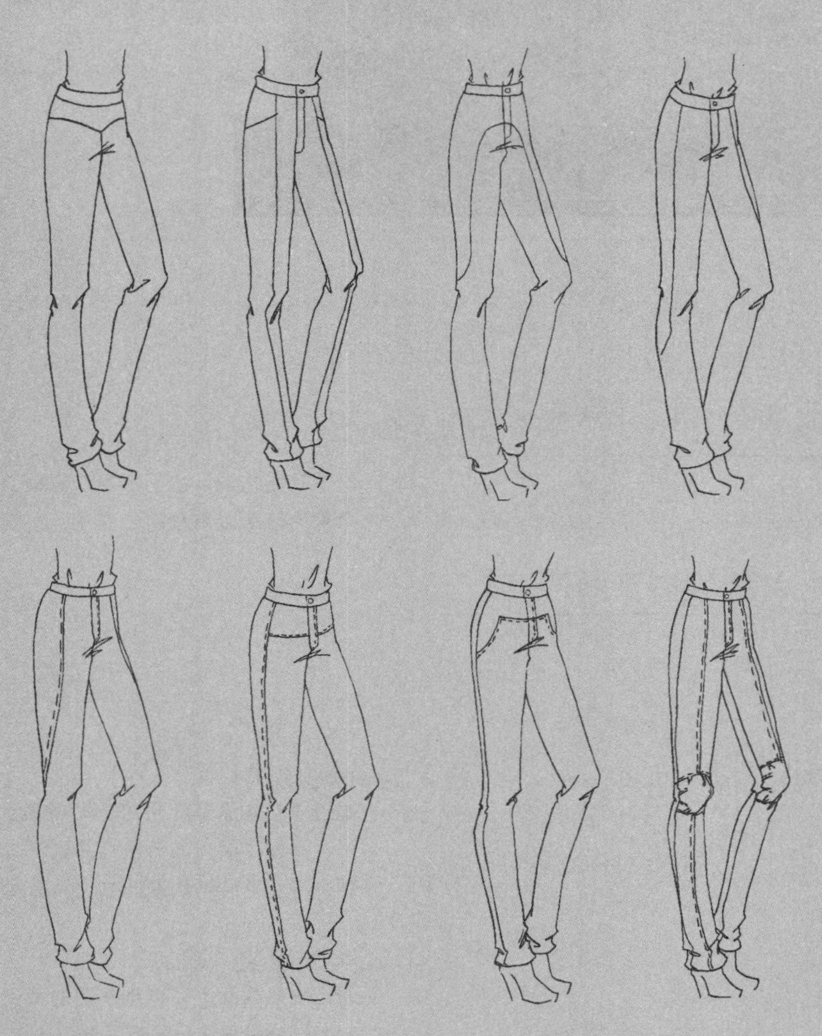

二、用所学知识，独立设计完成三款裤子的结构设计。

制图要求：

制图比例：1:1。

线条规范，分清轮廓线与基础线。

尺寸准确，符号与字母书写规范。

样板结构准确，相关部位结构线吻合。

标注必要尺寸。

标注纱向线。

1

综合应用模块——女上装结构设计

第一章

女上装结构设计包括衣身、衣领、衣袖的综合结构设计。每个部分既可以有独特的变化，又要考虑服装整体结构风格的一致。

课题说明

本模块对衣原型应用的基本规律及女上装主要部位尺寸的规格设计作了阐述与分析，并以日本文化式新、旧衣原型为基础进行女上装结构设计变化的案例分析。

实践意义

通过对几款女上装结构制图的案例分析，进一步深化掌握日本文化式新旧衣原型的应用方法与规律，进而熟练掌握女上装的结构设计方法。

实践目标

掌握日本文化式新旧衣原型的应用方法与规律。

掌握不同款式女上装的规格设计。

掌握几种基本女上装的结构制图方法与规律。

实践方法

以1:1等比例制图训练为主的实践操作训练。

以市场调研收集相关款式资料为辅的实践活动。

第一节
女上装结构设计常规

一、衣原型应用规律
二、女上装规格设计

一、衣原型应用规律

衣原型的种类很多，但其应用的原理基本相同。以日本文化式衣原型为例，对其应用规律进行说明（见表1-1）。

表1-1 衣原型应用变化参考表　　单位：cm

部位	变化规律
腰围线	前后片依款式等量向下延长，决定衣长。
前颈点	通常依款式而定，下落0.5～1时，领部较合体。
后颈点	上下移动，通常在装领款式中变化极小，平翻领中稍上提0.3～0.5，无领中款式变化较大。
侧颈点	水平移动，加大或改小横开领，决定领围的大小，横开0.5～1时，领部较合体。
肩点	上下移动决定肩斜度，装垫肩时依垫肩厚度上移，通常后肩较平，前肩较斜。
	水平移动决定肩的宽度。
腋下点	上下移动决定袖窿深浅，因胸省位置不同，前后片下落量可不同，但要保证前后侧缝等长，合体度要求高的服装可略上移。通常较合体服装下落0～1.5，宽松服装下落2以上。
	水平移动决定胸围大小，紧身服装可回缩，宽松服装需加放。

二、女上装规格设计

1. 衣长规格设计（见表 1–2）

表 1–2 衣长规格设计表　　单位：cm

类别	短上衣	正常	短大衣	中长大衣	长大衣
测量标准	腰节下 10	虎口 +2	中指尖	膝下 10	齐踝
参考公式	1/4 号 +10	2/5 号 +2	2/5 号 +12	3/5 号 +10	4/5 号 +8

2. 胸围尺寸规格设计（见表 1–3）

表 1–3 胸围尺寸规格设计表　　单位：cm

类别	合体	较合体	较宽松	宽松
加放量	0 ~ 6	6 ~ 12	12 ~ 20	20 ~

3. 腰围尺寸规格设计（见表 1–4）

表 1–4 腰围尺寸规格设计表　　单位：cm

类别	宽腰	较收腰	收腰	卡腰
胸腰差	B-(0 ~ 6)	B-(6 ~ 12)	B-(12 ~ 18)	B-(18 ~)

4. 臀围加放规格设计（见表 1–5）

表 1–5 臀围加放规格设计表　　单位：cm

类别	T 造型	H 造型	A 造型
胸臀差	B-（2 ~ ）	B+（0 ~ 2）	B+（3 ~ ）

5. 袖窿深规格设计（见表 1–6）

表 1–6 袖窿深规格设计表　　单位：cm

类别	合体、较合体	较宽松	宽松
参考公式	0.2B+3+(1 ~ 2)	0.2B+3+(2 ~ 3)	0.2B+3+(3 ~)

6. 袖长尺寸规格设计（见表 1–7）

表 1–7 袖长尺寸规格设计表　　单位：cm

类别	夏季	春秋	冬季
长度	0.3h+7 ~ 8	0.3h+9 ~ 10	0.3h+11

7. 袖口尺寸规格设计（见表 1–8）

表 1–8 袖口尺寸规格设计表　　单位：cm

类别	紧袖口	较宽袖口	宽袖口
参考公式	0.1B*+(0 ~ 2)	0.1B*+(5 ~ 6)	0.1B*+(7 ~)

8. 其他主要部位规格设计（见表 1–9）

表 1–9 其他主要部位规格设计表　　单位：cm

部位	腰节	领围	肩宽
参考公式	0.25h ± a	0.25 B*+(15 ~ 20)	0.3B+(12 ~ 13)

第二节
女上装结构设计案例分析

案例一：半袖直身女衬衫结构设计

此款衬衫款式简单，因侧缝线从胸围线垂直向下，所以需要考虑臀围尺寸。制图前将后片原型肩省的 1/3 转移至袖窿，作为松量处理，2/3 作为后肩省。前片原型袖窿省的 1/2 同样作为松量处理。考虑袖子的活动功能，袖山高下落 1cm（见图 1-1-1 ～图 1-1-3）。

规格设计：160/84A

衣长 = 背长 +21cm

胸围 =84+12cm

袖长 =22cm

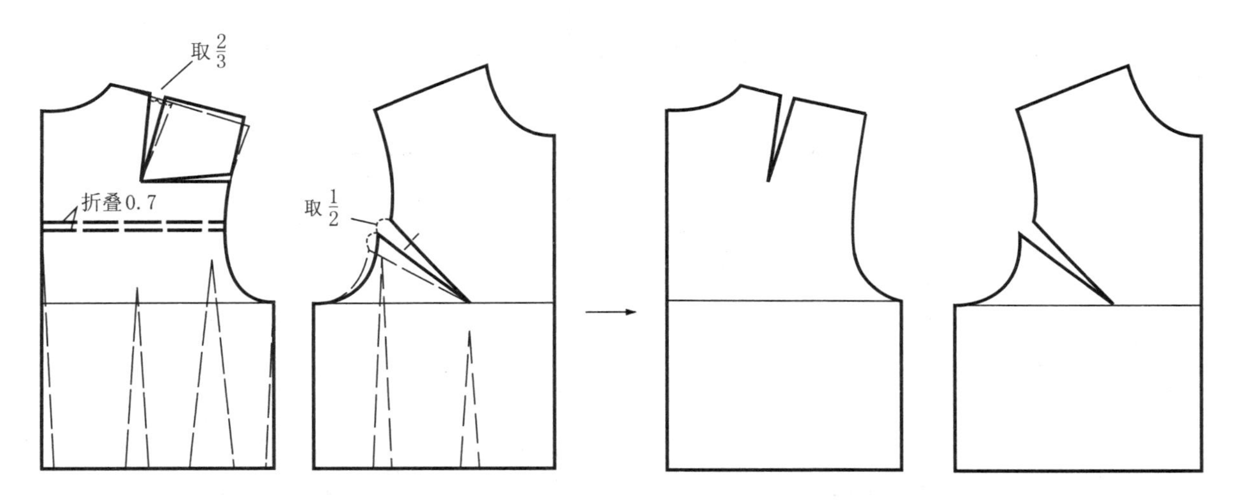

图 1-1-1 衣身原型应用前的纸样变化

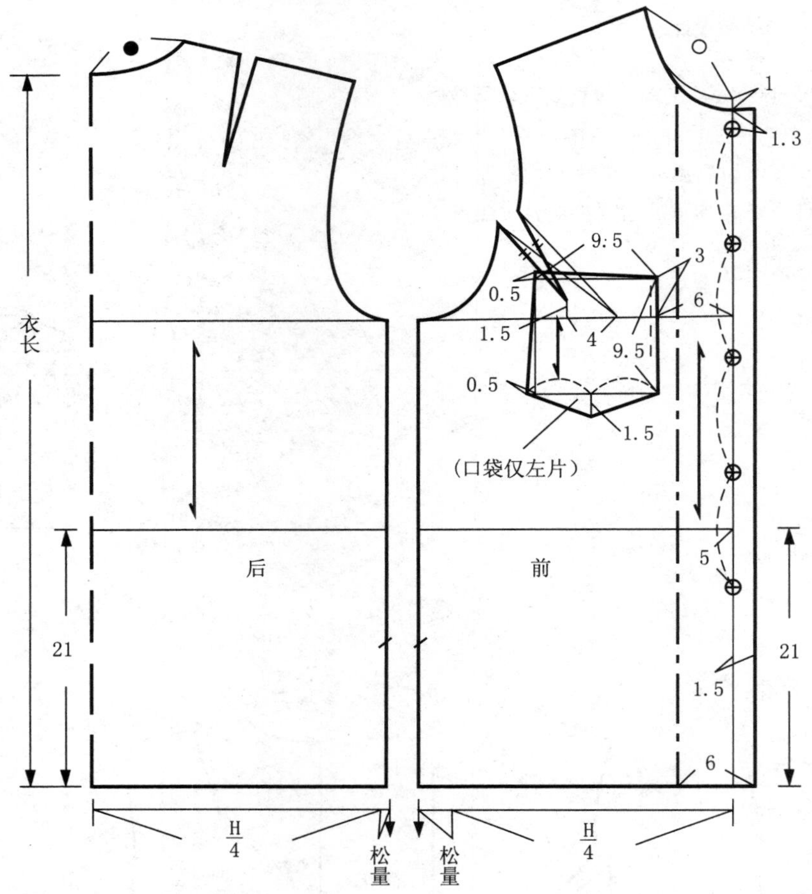

图 1-1-2 衣身结构制图

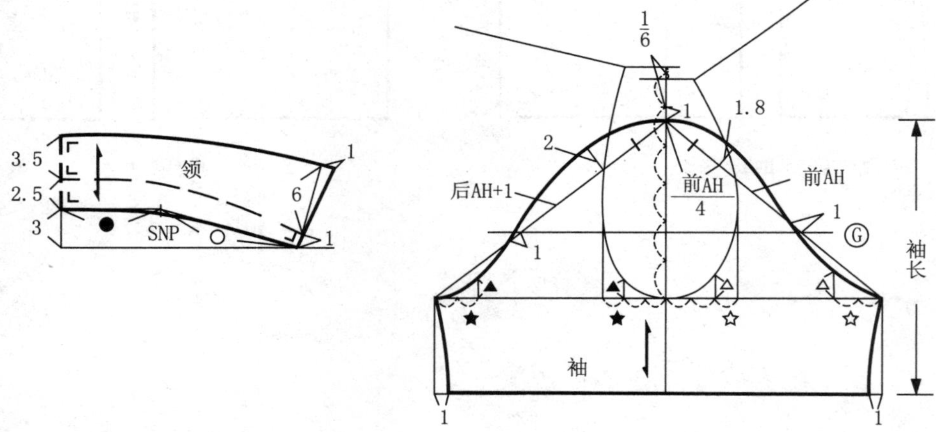

图 1-1-3 领、袖结构制图

案例二：较合体女衬衫结构设计

此款衬衫较为收身合体，领部为领座与领面分开的衬衫领，袖身结构有袖开衩和袖头设计。后衣身原型在腰围线处上台 1cm 是为了调解前衣身原型的胸突量在侧缝处所形成的差量（见图 1-2-1 ~图 1-2-3）。

规格设计：160/84A

衣长 = 背长 +28cm

胸围 =84+8cm

袖长 =56cm

袖口 =22cm

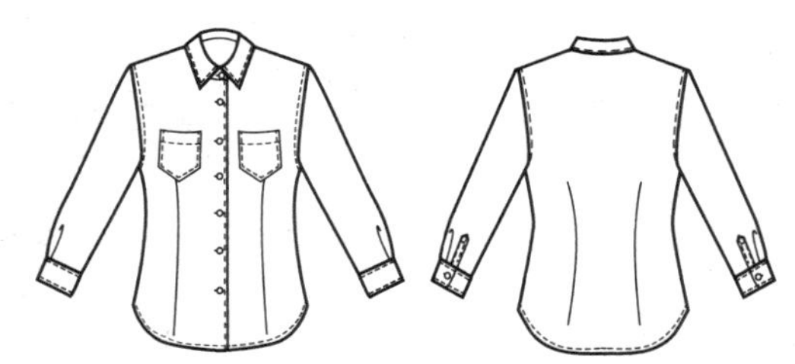

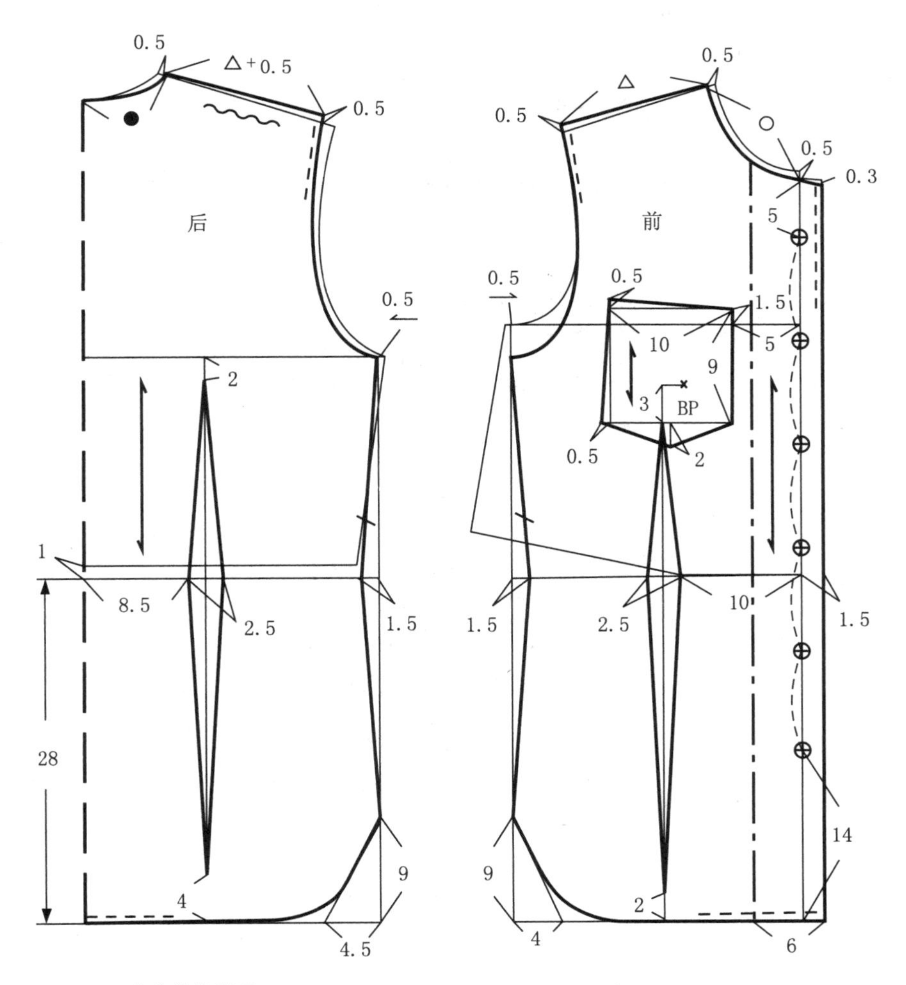

图 1-2-1 衣身结构制图

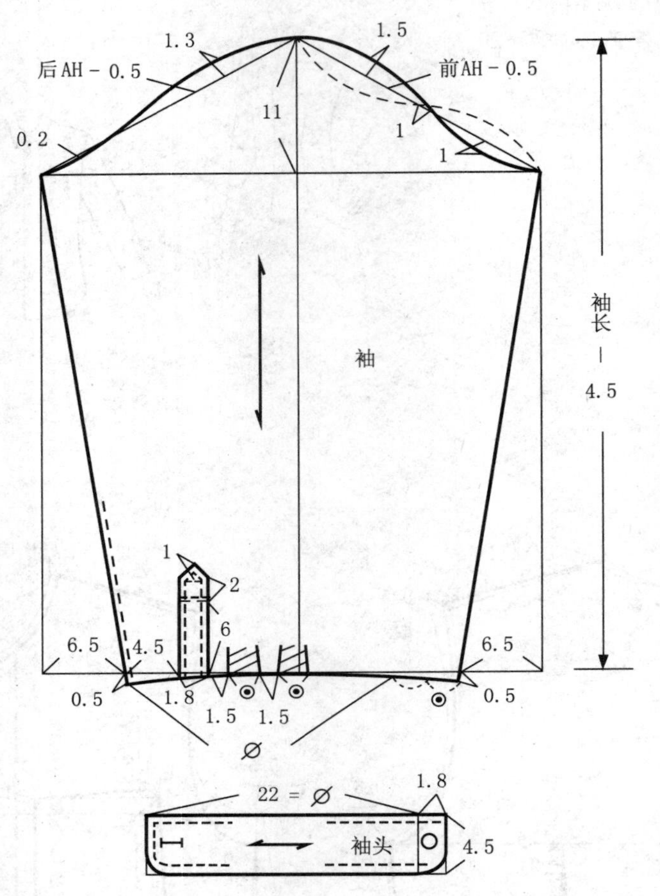

图 1-2-2 袖结构制图

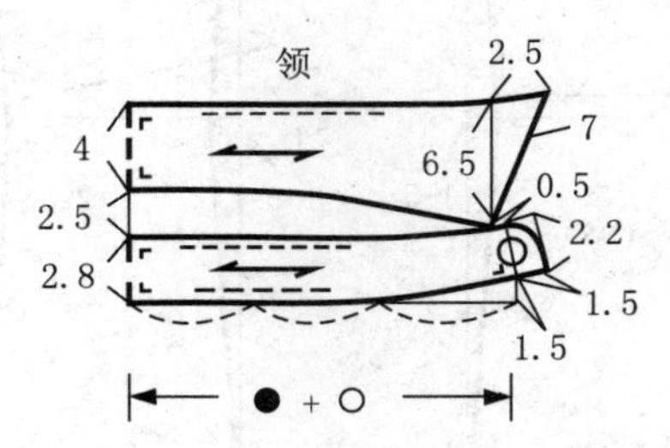

图 1-2-3 领结构制图

案例三：落肩宽松女衬衫结构设计

此款上衣具有典型的衬衫过肩结构，肩部宽松下落。其结构设计要点为前胸部的塔克褶裥设计，在结构制图的基础上需要进行纸样切展，沿分割线剪开，平行拉开一定褶量（见图 1-3-1 ~ 1-3-3）。

规格设计：160/84A

衣长 = 背长 +33cm

胸围 =84+28cm

袖长 =58cm

袖口 =20.5cm

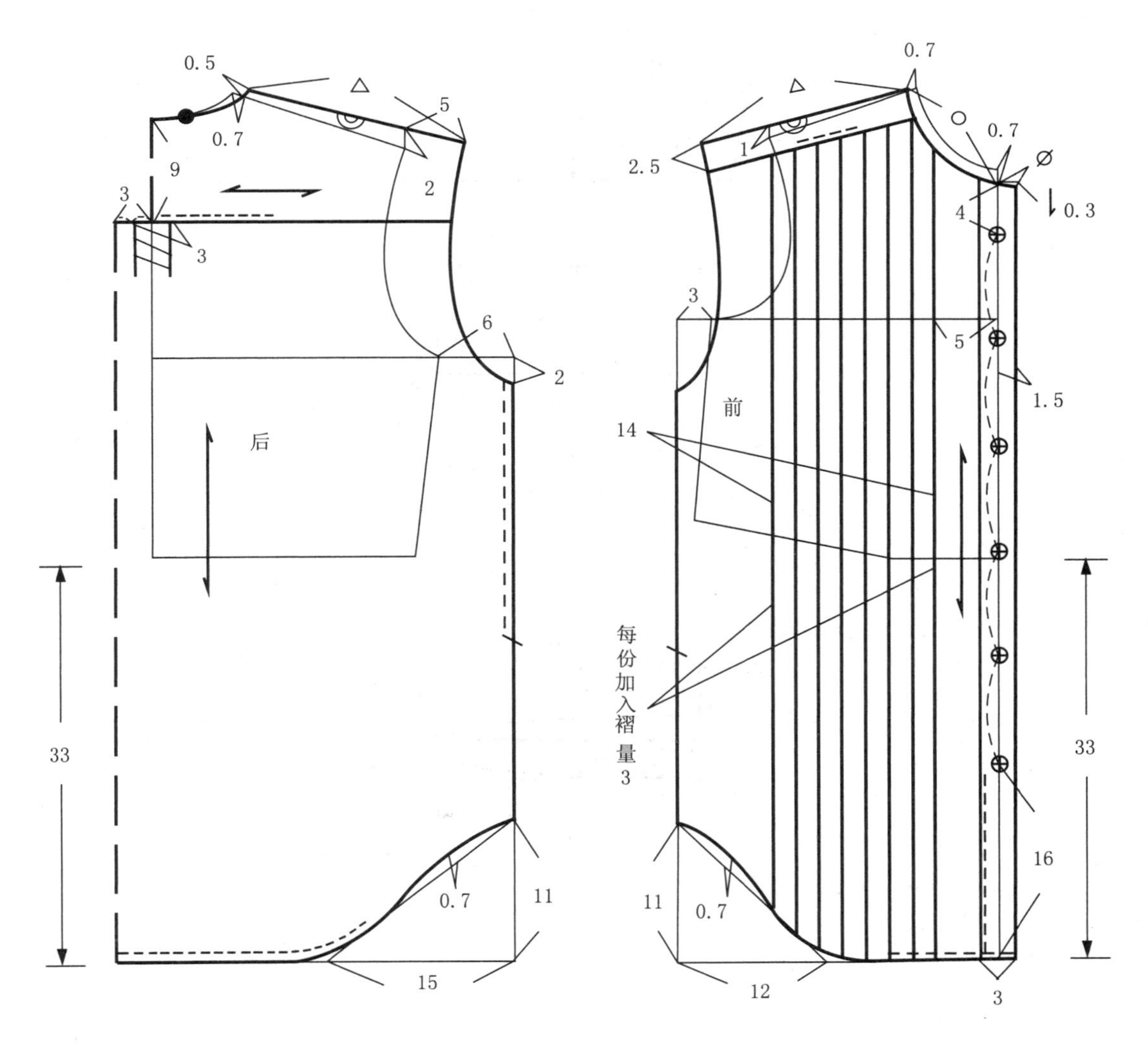

图 1-3-1 衣身结构制图

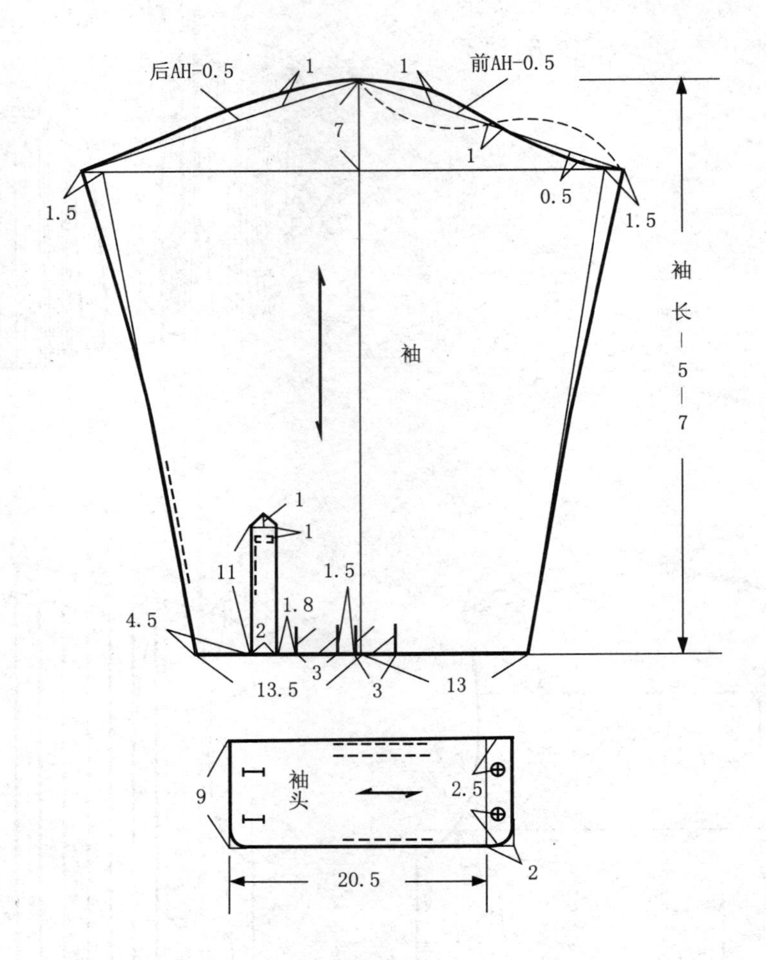

图 1-3-2 袖结构制图

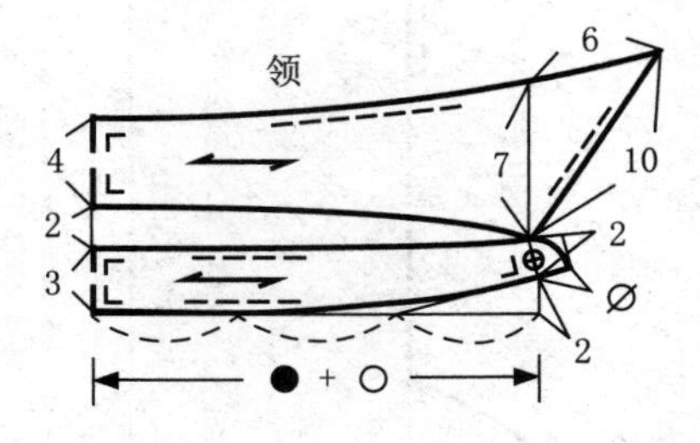

图 1-3-3 领结构制图

案例四：平领蓬袖女上衣结构设计

此款上衣的领口开得较大，袖山处加褶，下摆前长后短，造型活泼甜美。制图前将后衣身原型肩省的 1/2 转移至袖窿，作为松量处理。调整前后领口宽，前后肩线的差量作为缝缩量处理。缝缩量的大小可依具体面料调整。前片原型袖窿省的 1/2 同样作为松量处理（见图 1-4-1），衣身结构制图（见图 1-4-2）。在纸样制作时需把前衣身剩余袖窿省合并转移至腰省中（见图 1-4-3）。衣领结构制图（见图 1-4-4），袖片制图见案例一的图 1-1-3，将袖片纸样沿分割线剪开，拉开所需褶量，袖口处放量比袖山处稍多些（见图 1-4-5）。

规格设计：160/84A

衣长 = 背长 +14cm

胸围 =84+12cm

袖长 =25cm

袖口 =30cm

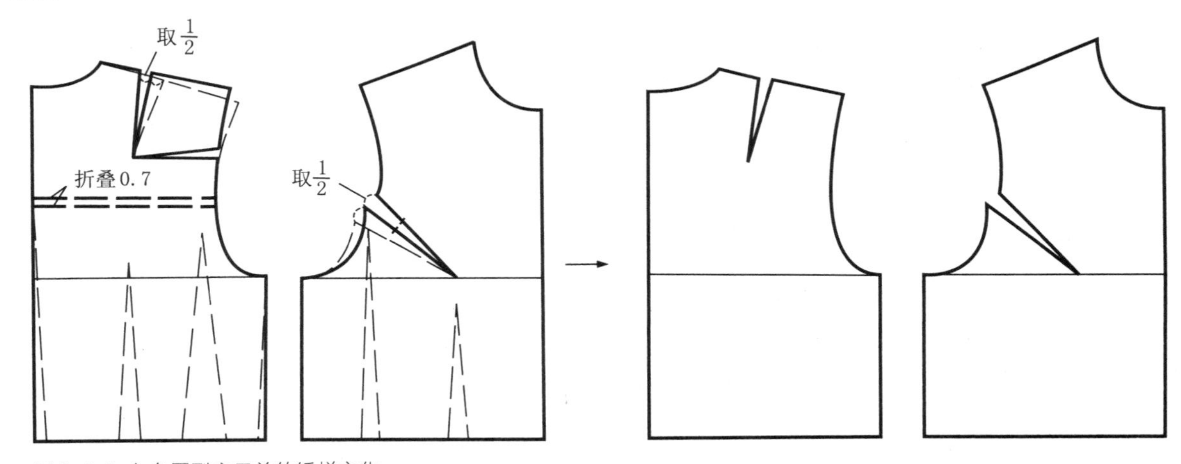

图 1-4-1 衣身原型应用前的纸样变化

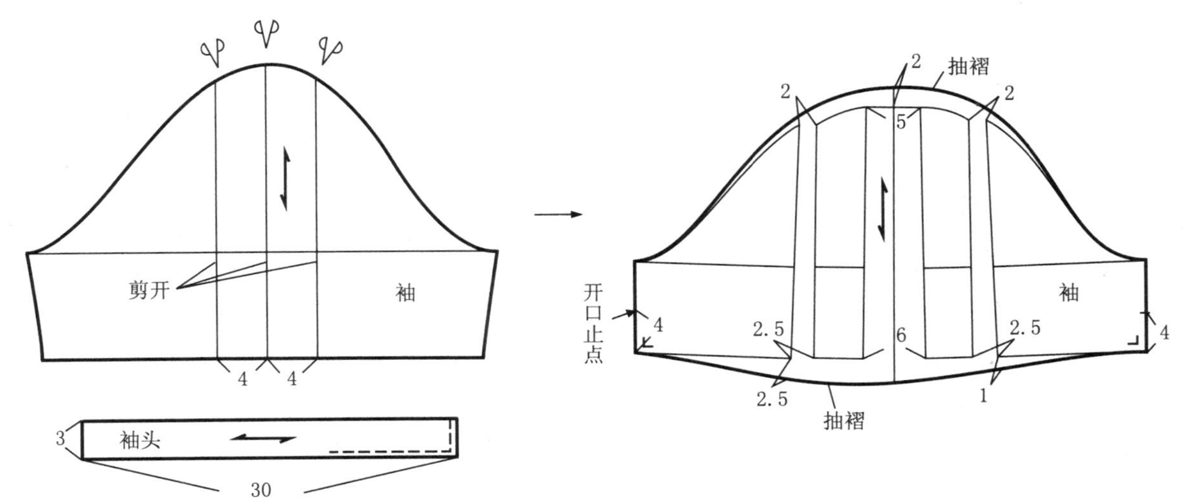

图 1-4-5 袖结构制图

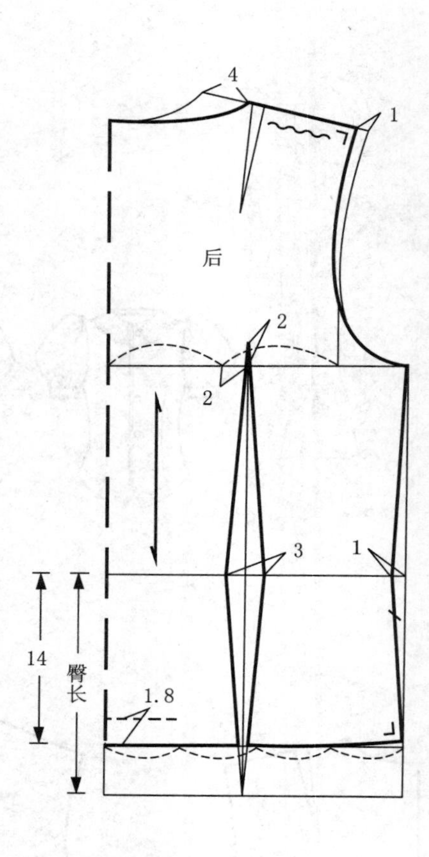

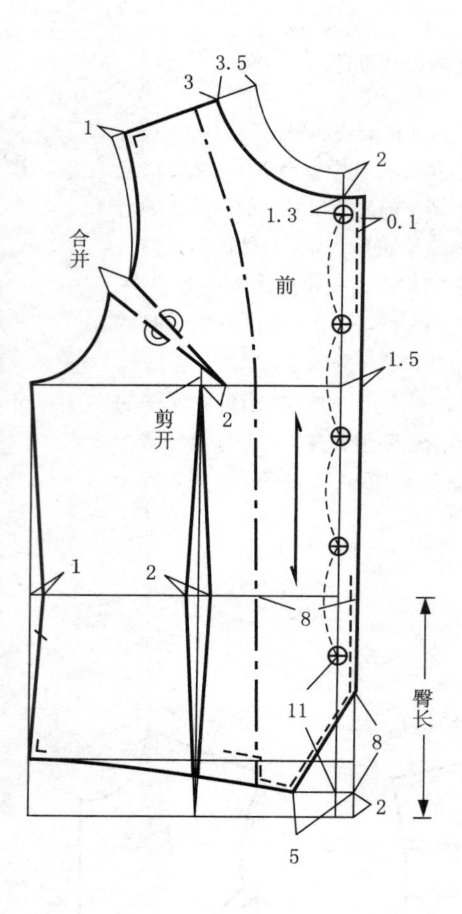

图 1-4-2 衣身结构制图

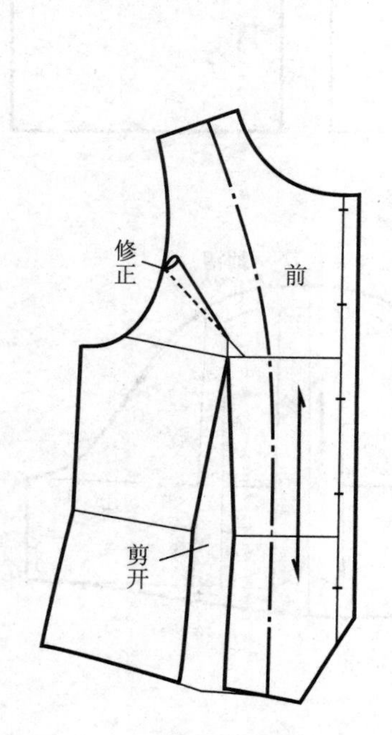

图 1-4-3 前衣身纸样制作

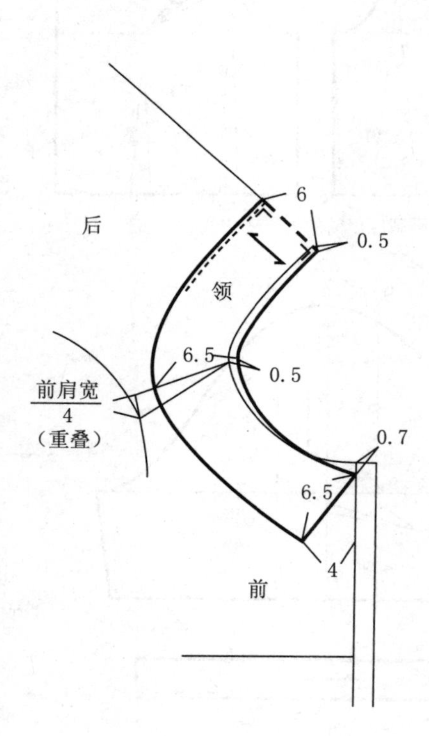

图 1-4-4 领结构制图

案例五：有领角的平领女上衣结构设计

此款上衣领部造型设计在平领基础上有所变化，有领角设计。侧颈点放量较常规领稍大，因前领口下开量较大，所以衣领直接在前衣身上画出。前后衣身以腰省形式作适体处理，袖口处有纽扣调节大小（见图 1-5-1 ~ 图 1-5-3）。

规格设计：160/84A

衣长 = 背长 +20cm

胸围 =84+12cm

袖长 =55cm

袖口 =26cm

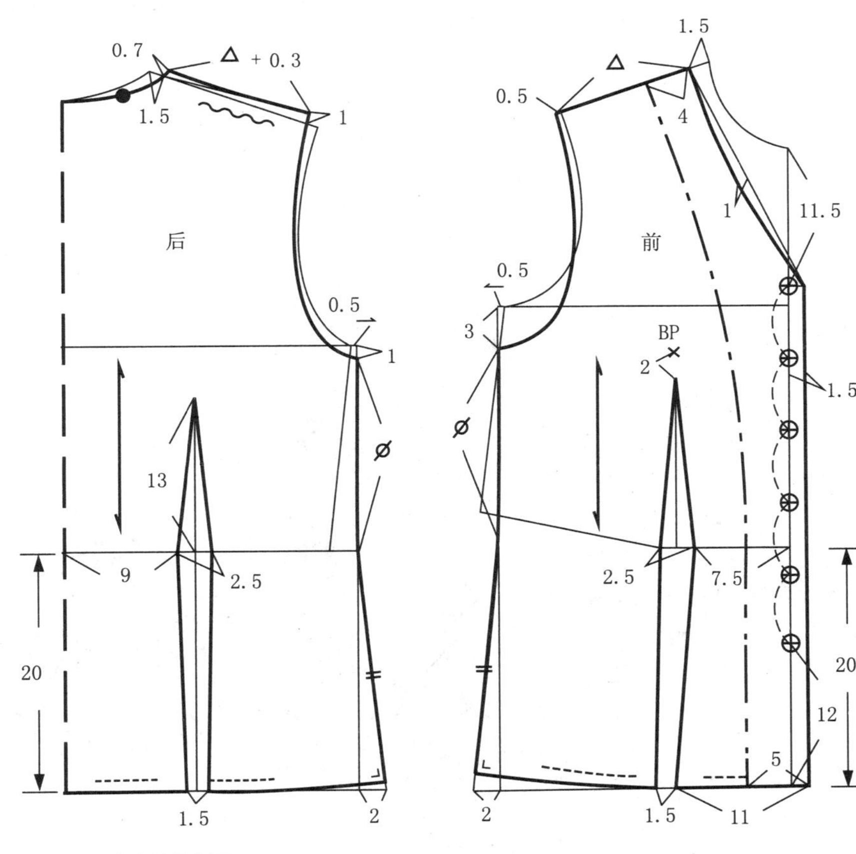

图 1-5-1 衣身结构制图

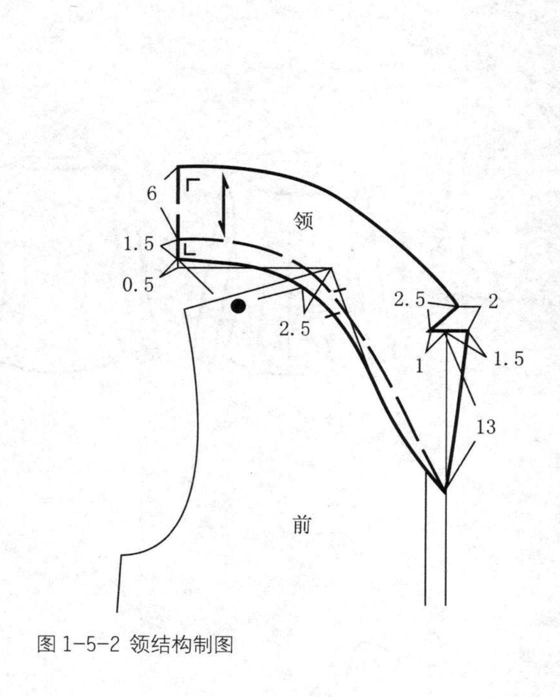

图 1-5-2 领结构制图

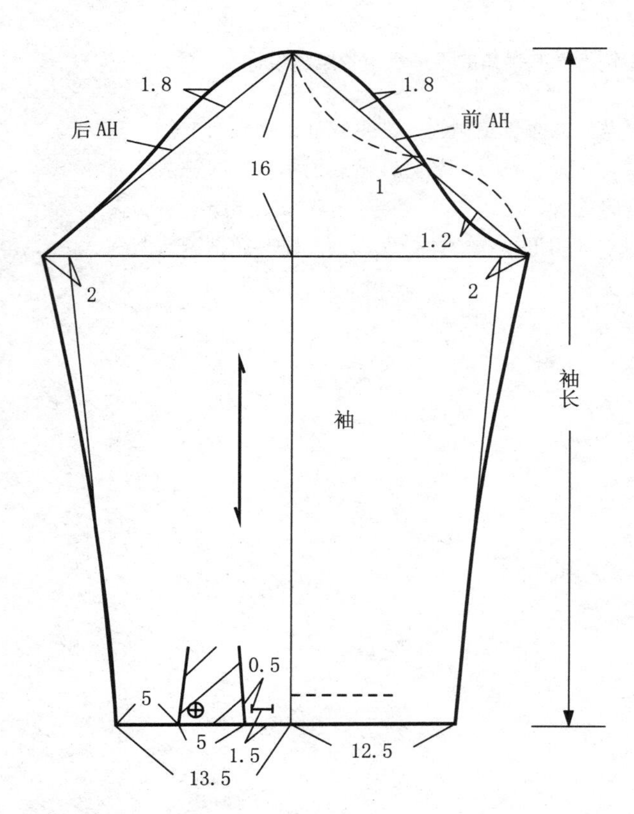

图 1-5-3 袖结构制图

案例六：肩部育克女上衣结构设计

此款上衣肩部有 V 字形育克设计，衣身分割线与省道并存。制图前将后衣身原型肩省转移至袖窿处，制图时在育克分割线中去除，纸样制作时，将前衣身袖窿省合并转移至分割线中，并修正外轮廓（见图 1-6-1 ~图 1-6-3）。前后衣身还可以按图 1-6-4 所示变化，即可得到相似的另一款式服装，衣领结构制图（见 1-6-5），衣袖结构制图（见图 1-6-6、图 1-6-7）。

规格设计：160/84A

衣长 = 背长 +22cm

胸围 =84+14cm

袖长 =55cm

袖口 =22cm

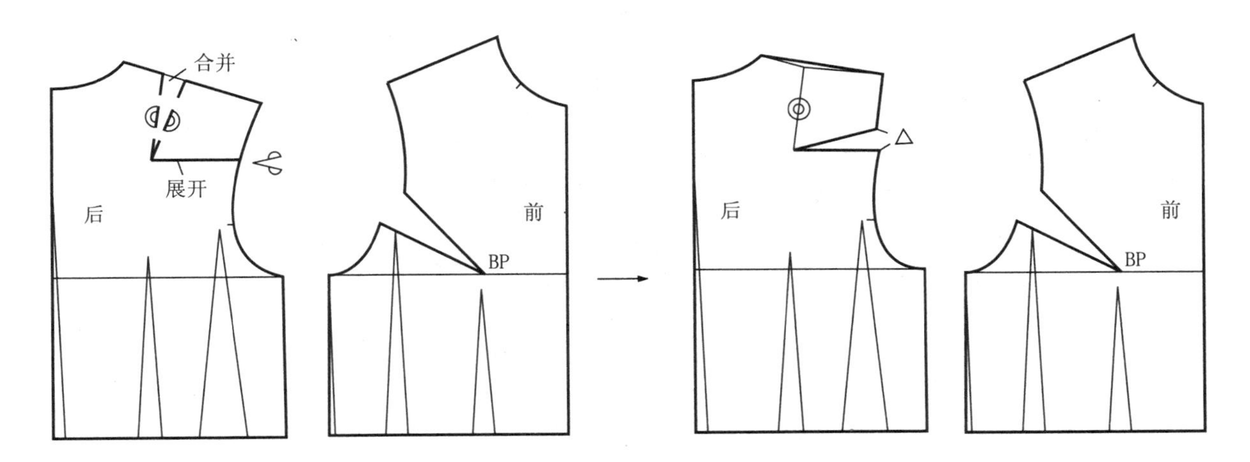

图 1-6-1 衣身原型应用前的纸样变化

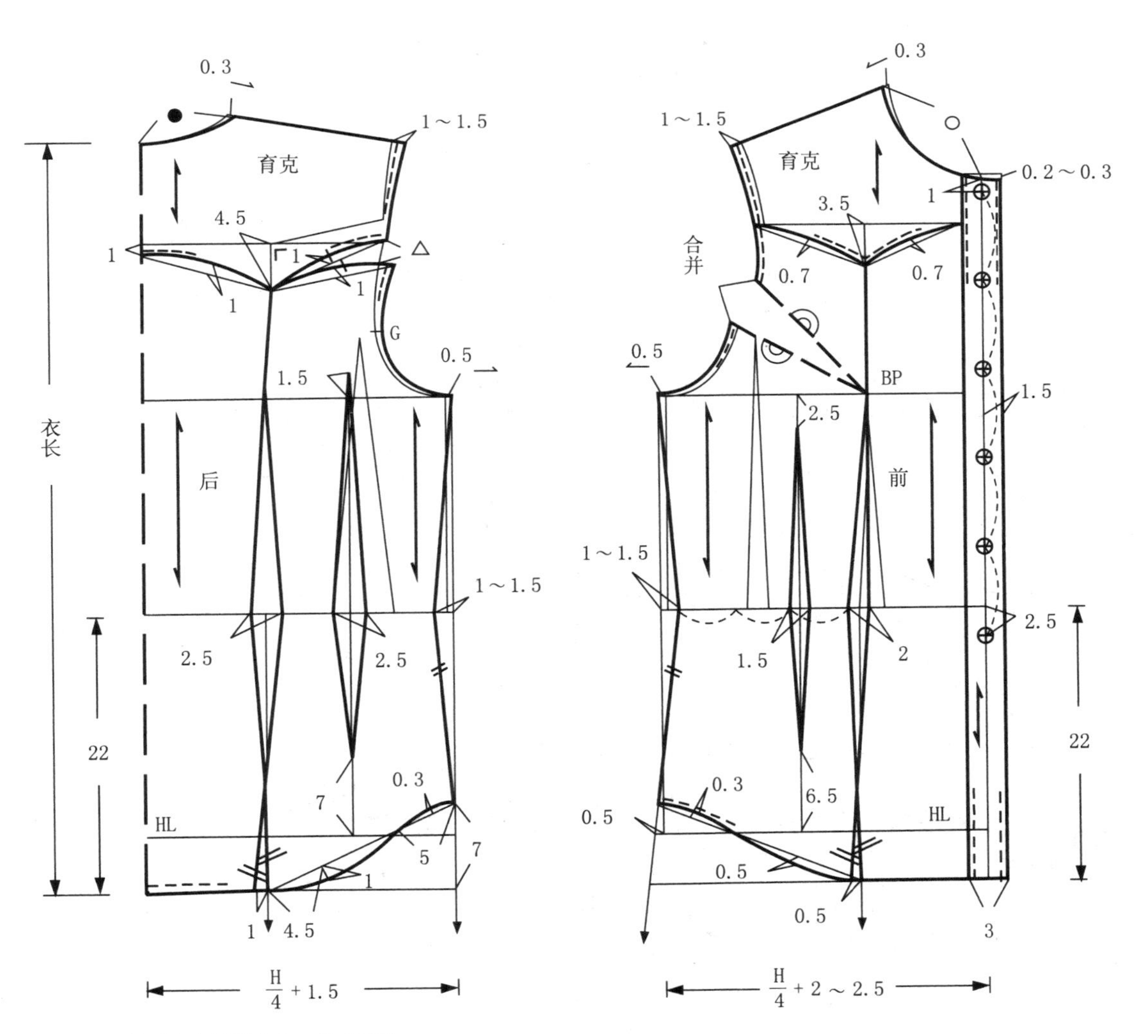

图 1-6-2 前后衣身纸样的另一款式变化

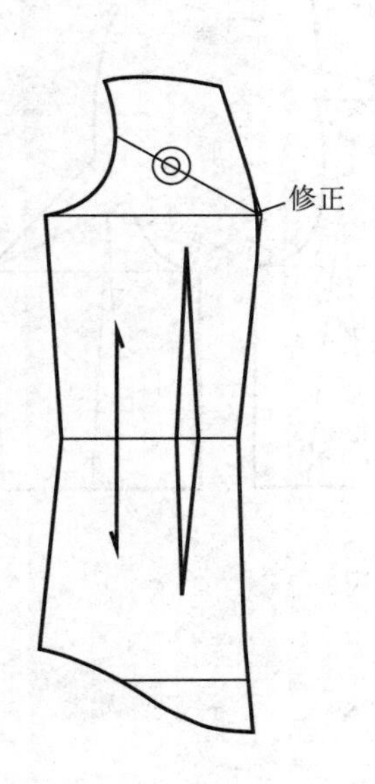

图 1-6-3 衣身结构制图

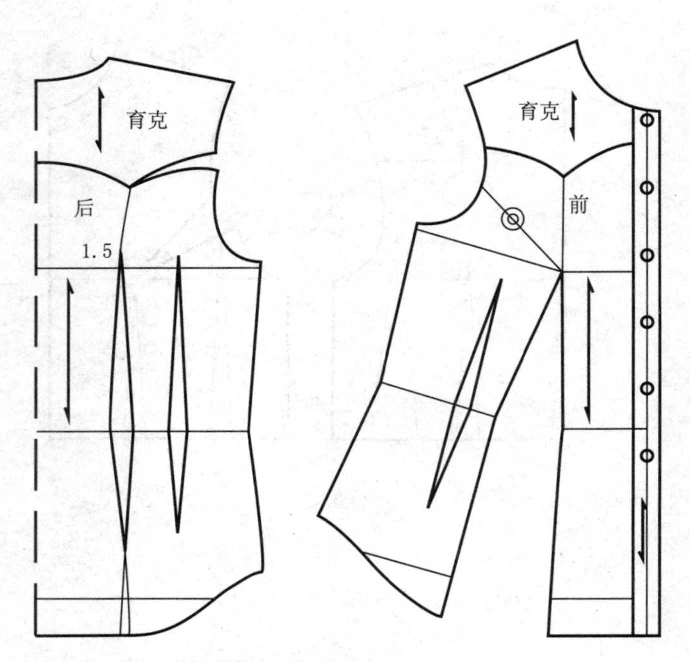

图 1-6-4 前衣身纸样的合并与修正

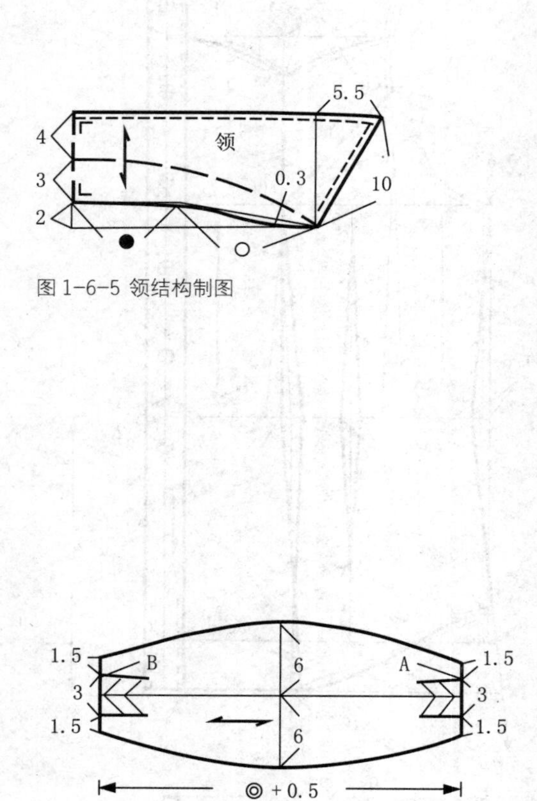

图 1-6-5 领结构制图

图 1-6-7 袖插布结构制图

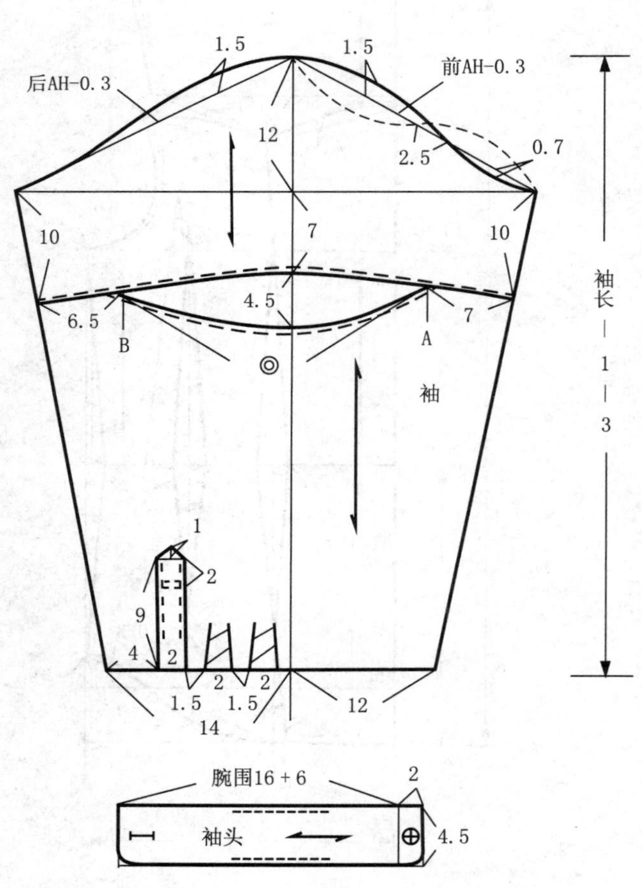

图 1-6-6 袖结构制图

案例七：刀背缝女上衣结构设计

此款上衣为小翻驳领半袖上衣，前后衣身以刀背缝的分割线形式作适体处理。前衣身侧缝省在纸样制作时合并，转移至刀背缝的分割线中，后衣片中心作破缝收省处理。半袖袖山设计较高，袖型合体（见图1-7-1 ~图1-7-3）。

规格设计：160/84A

衣长 = 背长 +22cm

胸围 =84+12cm

袖长 =22cm

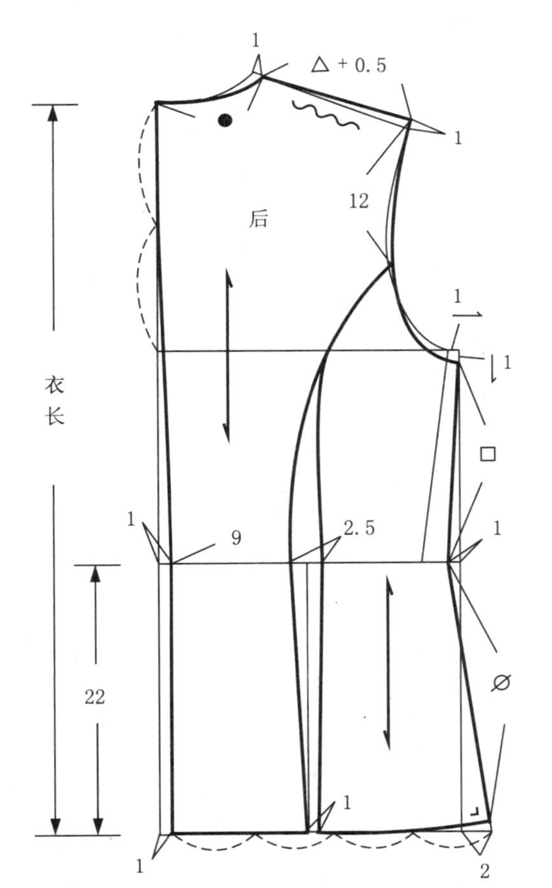

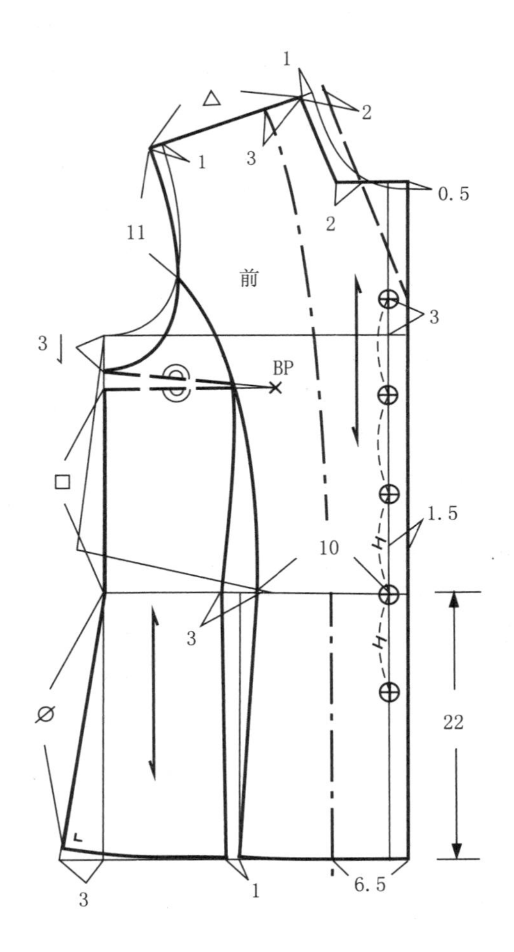

图 1-7-1 衣身结构制图

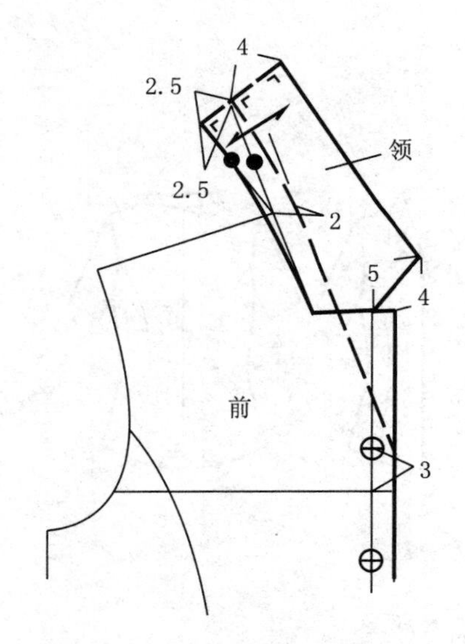

图 1-7-2 领结构制图

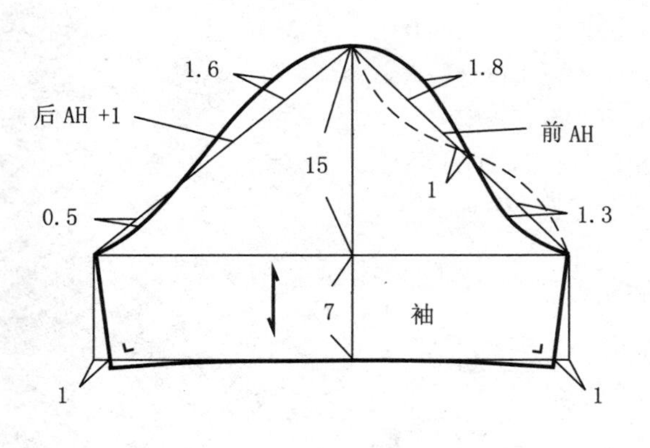

图 1-7-3 袖结构制图

案例八：A 字形女上衣结构设计

此款上衣造型为 A 字形轮廓，结构设计简单、大方，下摆呈宽松状态，配披肩领和七分小喇叭袖。衣身胸部与肩部放松量较大，披肩领在衣身上直接画出，袖子纸样制作时沿分割线剪开，并拉开所需量（见图 1-8-1 ~ 图 1-8-4）。

规格设计：160/84A

衣长 = 背长 +30cm

胸围 =84+18cm

袖长 =38cm

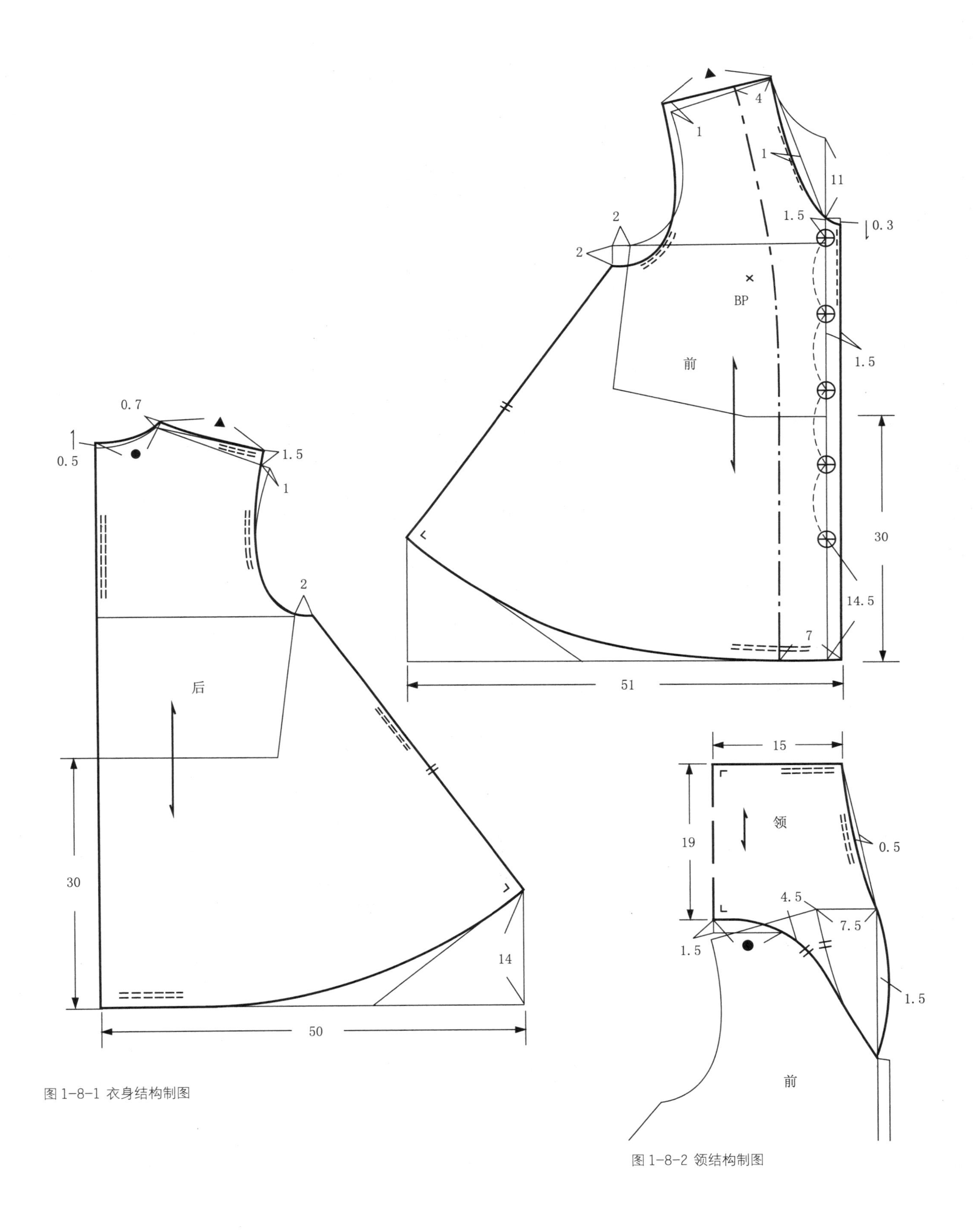

图 1-8-1 衣身结构制图

图 1-8-2 领结构制图

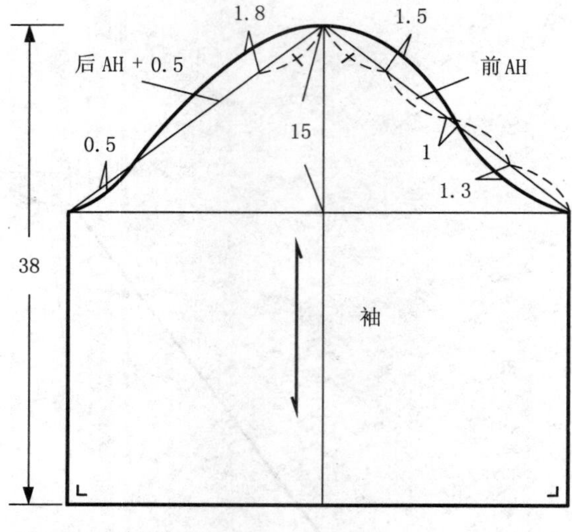

图 1-8-3 袖结构制图

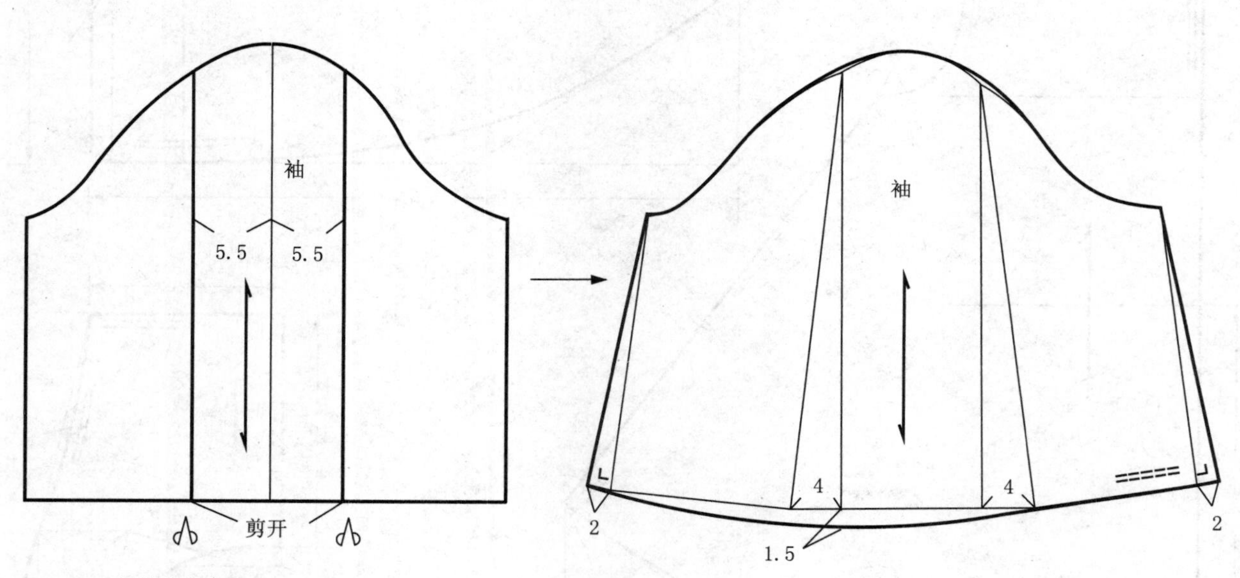

图 1-8-4 袖结构完成图

课后实训

一、用所学知识，完成下列女上装的结构设计。

二、市场调研。

3 ~ 5 个同学一组进行市场调研，收集女上装款式 20 款，按其款式风格进行分类，分析其结构构成特点并加以说明。

三、用所学知识，独立设计完成三款女上装的结构设计。

制图要求：

制图比例：1:1。

线条规范，分清轮廓线与基础线。

尺寸准确，符号与字母书写规范。

样板结构准确，相关部位结构线吻合。

标注必要尺寸。

标注纱向线。

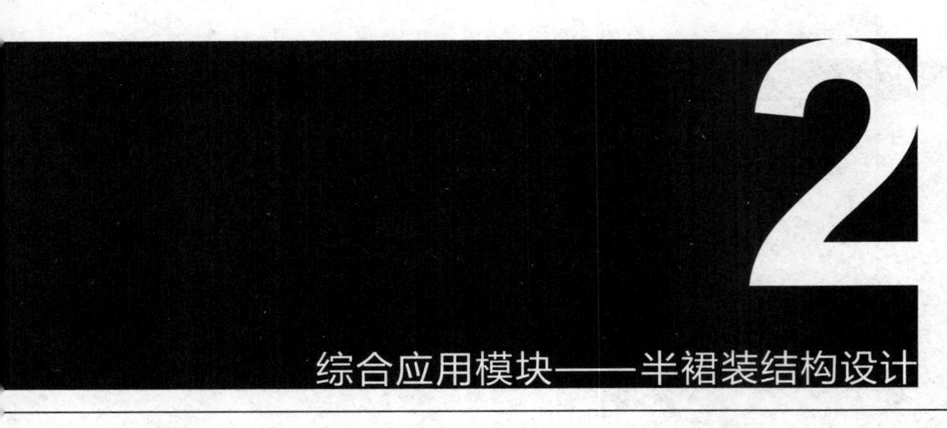

第二章

第一节　半裙装结构设计分类

第二节　半裙结构设计的案例分析

裙子的历史在女性服装中是最古老的，随着衣时尚的发展，半裙的造型变化越加丰富。在各种变化中寻找其结构设计的基本规律是进一步学习的基础。

课题说明

本章从半裙的长度、摆围大小、腰围形态三方面对半裙进行分类归纳。并以几款有代表性的基础裙型对半裙结构设计进行案例分析说明。

实践意义

在半裙装款式造型的分类归纳和具体结构设计的案例分析基础上，进一步深入学习半裙的结构设计方法。

实践目标

掌握几种基本型半裙的结构制图方法与规律。

掌握半裙结构制图方法与规律的进一步灵活应用。

实践方法

以1:1等比例制图训练为主的实践操作训练。

以市场调研收集相关款式资料为辅的实践活动。

第一节
半裙装结构设计分类

一、按裙子长度分类
二、按裙子摆围大小分类
三、按裙子腰围部位形态分类

从古埃及人腰间缠绕的布片开始，到今天裙子的多元化发展，长裙、超短裙等各种裙型及各种时尚元素在裙结构中的不断出现，极大地丰富了裙子的款式造型和结构构成。在品种繁多的款式中，可大致按以下方面进行分类。

一、按裙子长度分类（见图 2-1）

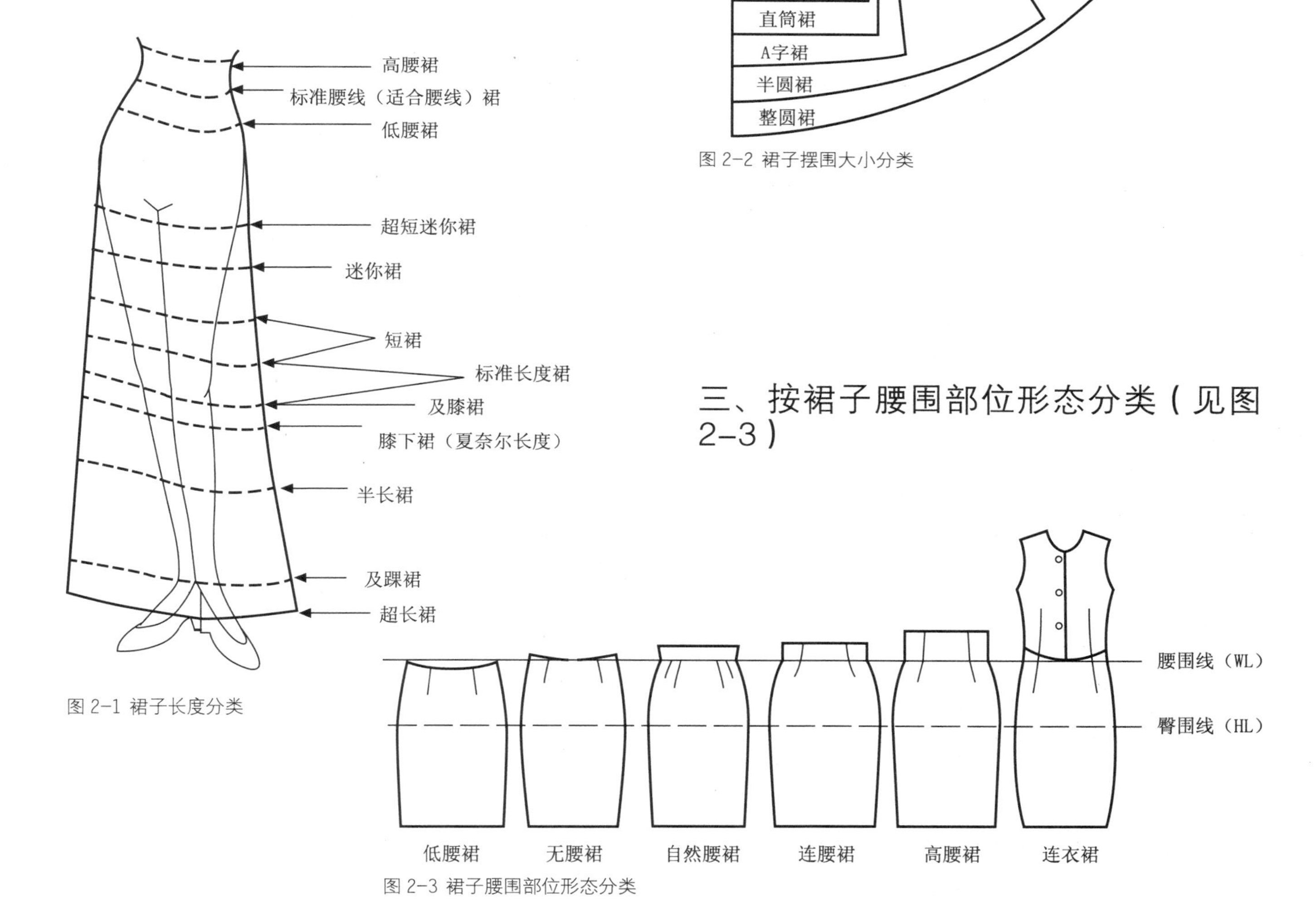

图 2-1 裙子长度分类

二、按裙子摆围大小分类（见图 2-2）

图 2-2 裙子摆围大小分类

三、按裙子腰围部位形态分类（见图 2-3）

图 2-3 裙子腰围部位形态分类

第二节 半裙结构设计的案例分析

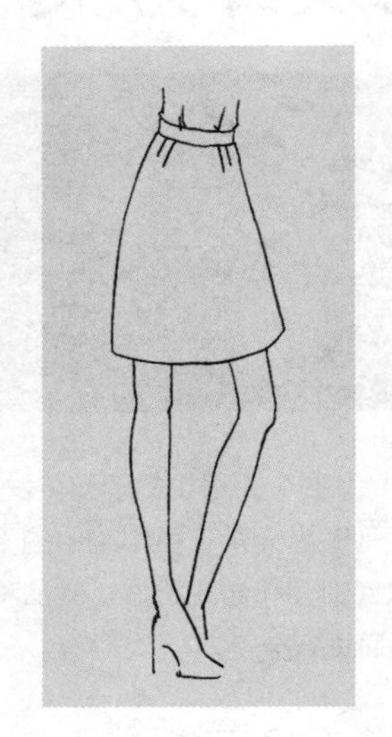

案例一：半紧身裙结构设计

此款裙子长度稍短，裙摆大小适中，从腹部开始裙子逐渐远离身体。穿着场合较广泛，实用性较强。腰臀差较小时，前后裙片也可以各取一个腰省（见图 2-4）。

规格设计：160/68A

裙长 =45cm

腰围 =68(W)+1cm

臀围 =90(H)+6cm

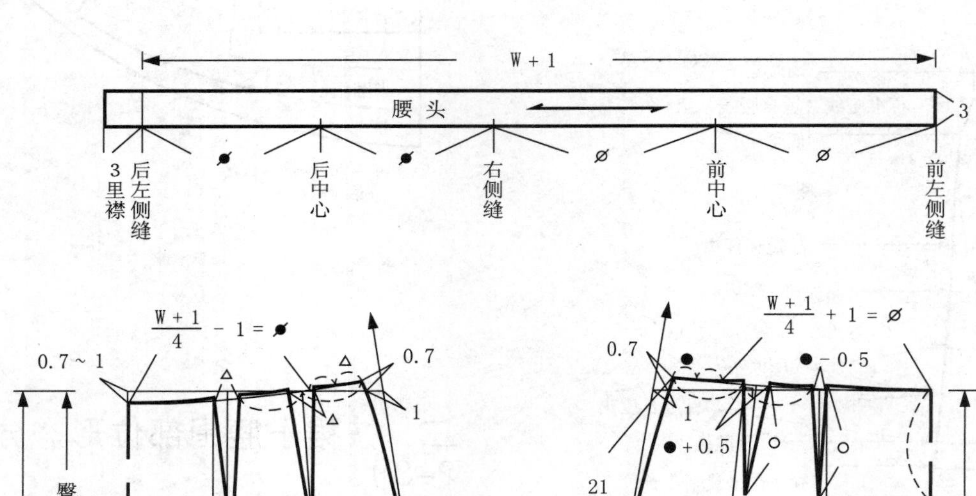

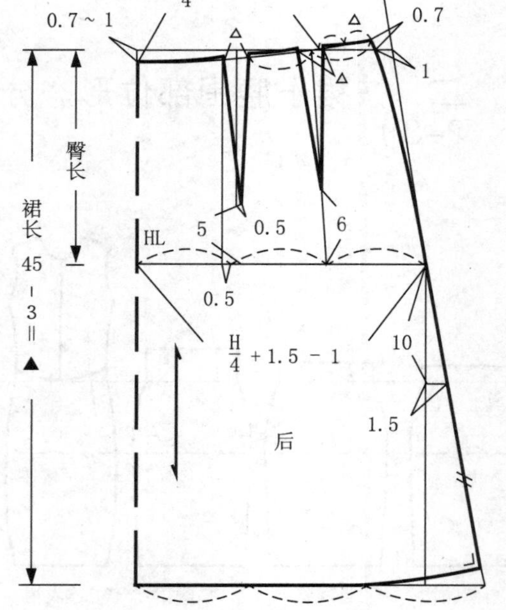

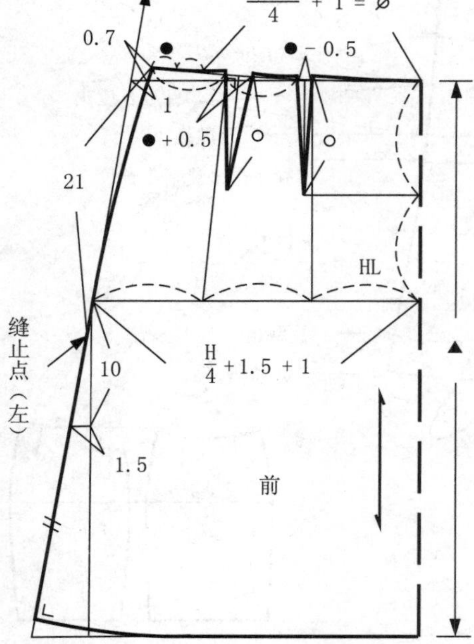

图 2-4 半紧身裙结构制图

案例二：育克裙结构设计

此款裙子款式特点为腰部有育克分割线设计，腰臀部较合体，裙身有两个大的褶裥。裙身部分需把纸样剪切并拉开 12cm 的褶量，上半部以明线固定（见图 2-5-1、图 2-5-2）。

规格设计：160/68A

裙长 =48 cm

腰围 =68(W)+1cm

臀围 =90(H)+5cm

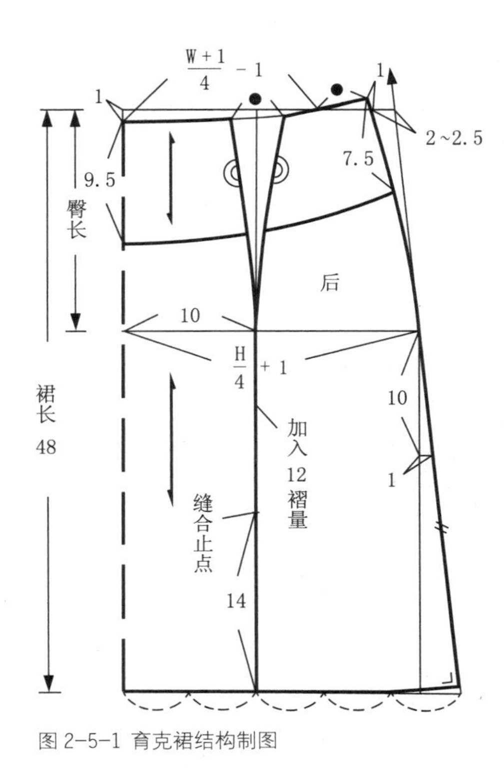

图 2-5-1 育克裙结构制图

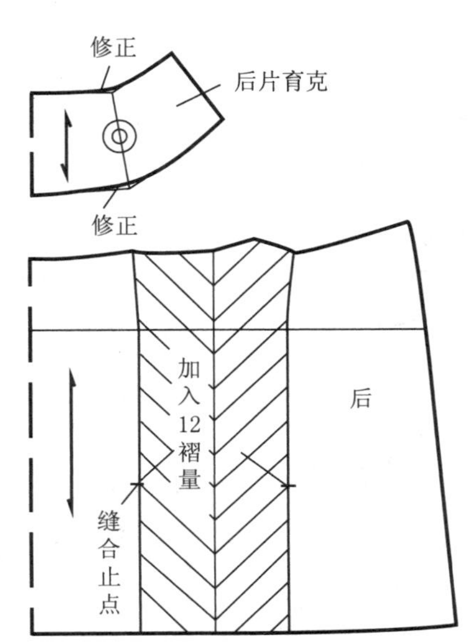

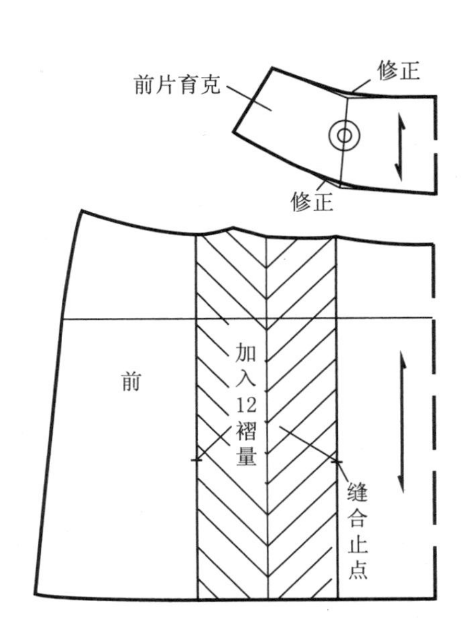

图 2-5-2 育克裙纸样变化

案例三：高腰裙结构设计

此款裙子款式特点为高腰、紧身、后开衩，高腰尺寸可根据体型、喜好调整。其基本型制图可按前面介绍的基础裙制图完成，在基础裙上加入高腰设计（见图 2-6-1、图 2-6-2）。

规格设计：160/68A

裙长 =48 cm

腰围 =68(W)+1cm

臀围 =90(H)+4cm

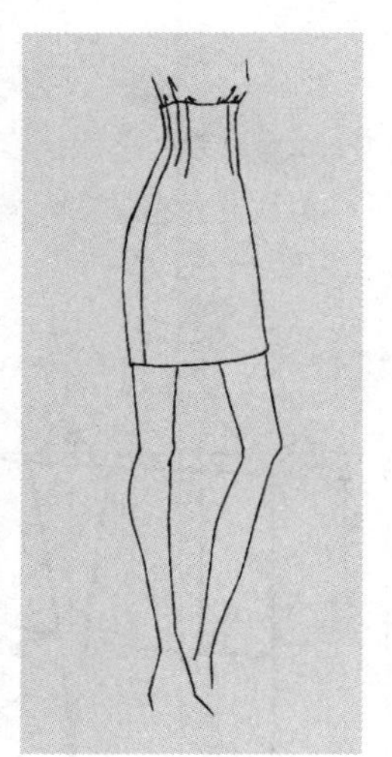

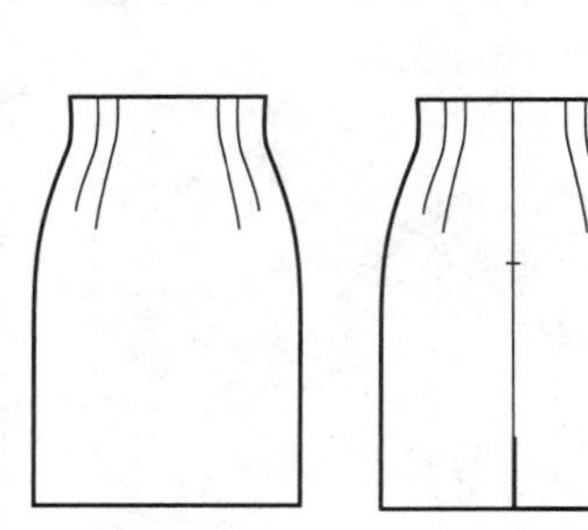

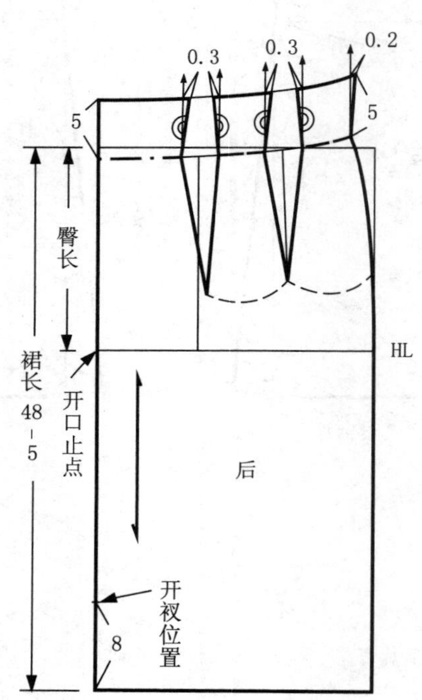

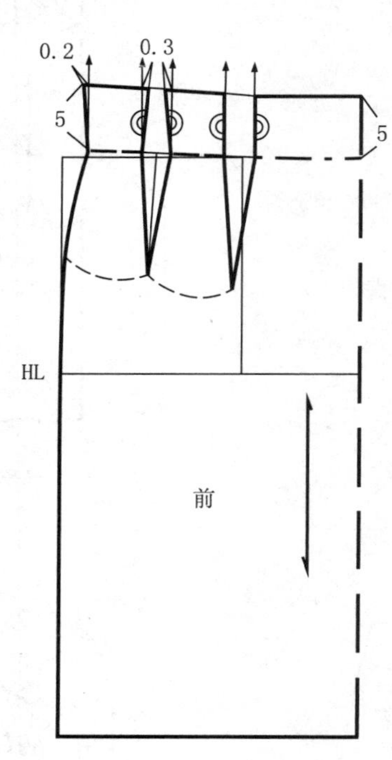

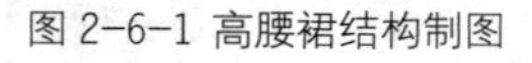

图 2-6-1 高腰裙结构制图

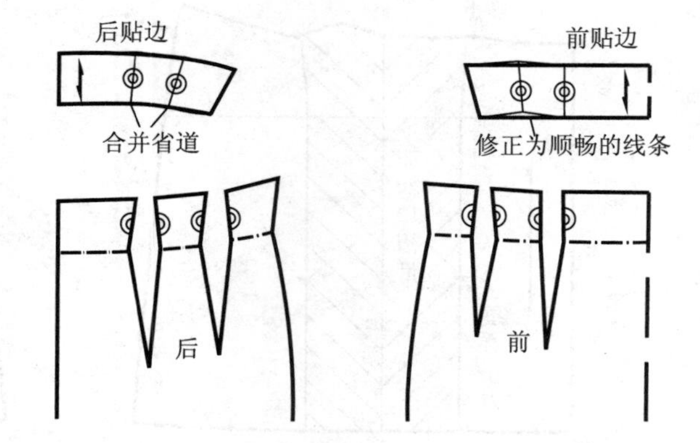

图 2-6-2 高腰裙贴边制作

案例四：多节裙结构设计

此款裙子款式特点为在横向分割线中加入大量碎褶，富有动感。横向分割位置应从上至下各段逐渐加长，给人以均衡稳定感，碎褶量大小由面料薄厚和造型决定。如需拼接，拼接线应放在不易发现的位置（见图 2-7）。

规格设计：160/68A

裙长 =68cm

腰围 =68(W)+1cm

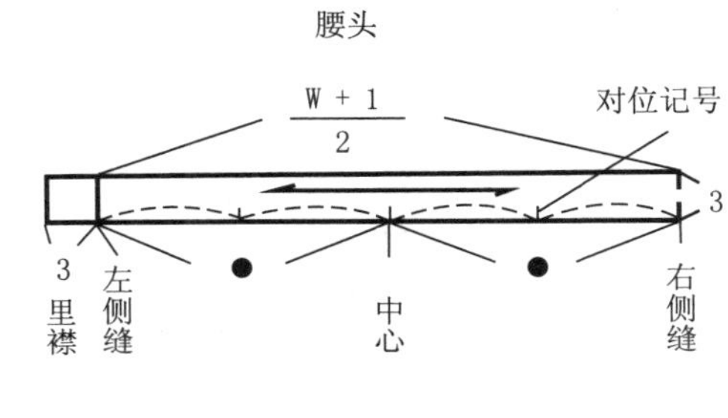

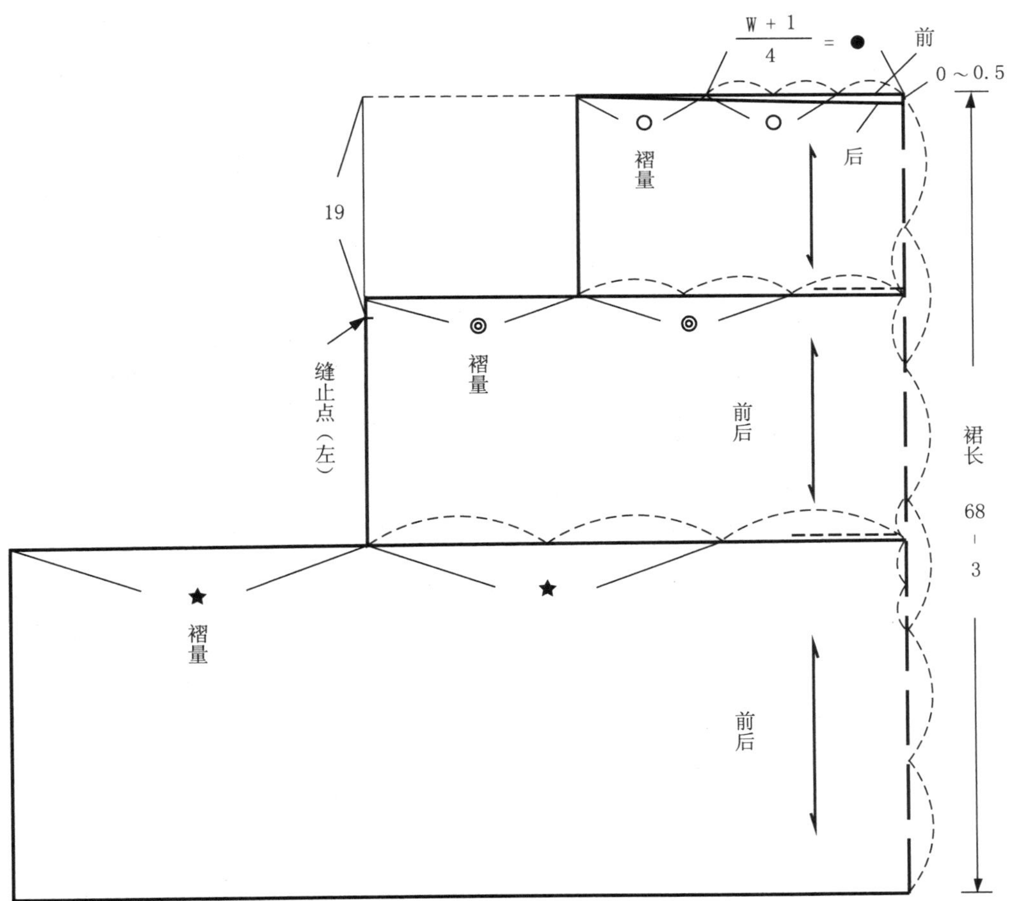

图 2-7　多节裙结构制图

案例五：喇叭裙结构设计

喇叭裙的造型特点为从腰围到裙摆逐渐变大，其结构图可以通过纸样合并展开的方法得到，也可以通过依据圆周率进行计算的方法获得。

依据圆周率进行喇叭裙结构设计的方法介绍：裙子按喇叭的大小可分为 1/4 圆、2/4 圆、3/4 圆、4/4 圆（全圆），最大可为 2 个全圆。利用圆周率公式（周长 =2×3.14×r），根据腰围尺寸算出圆的半径，并绘制圆。确定前后中心，依据造型需要进行分割（见图 2-8-1 ~图 2-8-4）。

1/4 圆摆裙制图时，当臀腰差过大，引起臀腹部尺寸不足，可依图进行修正：在中心处加放不足量，在侧缝处再去除，并画顺弧线（见图 2-9）。

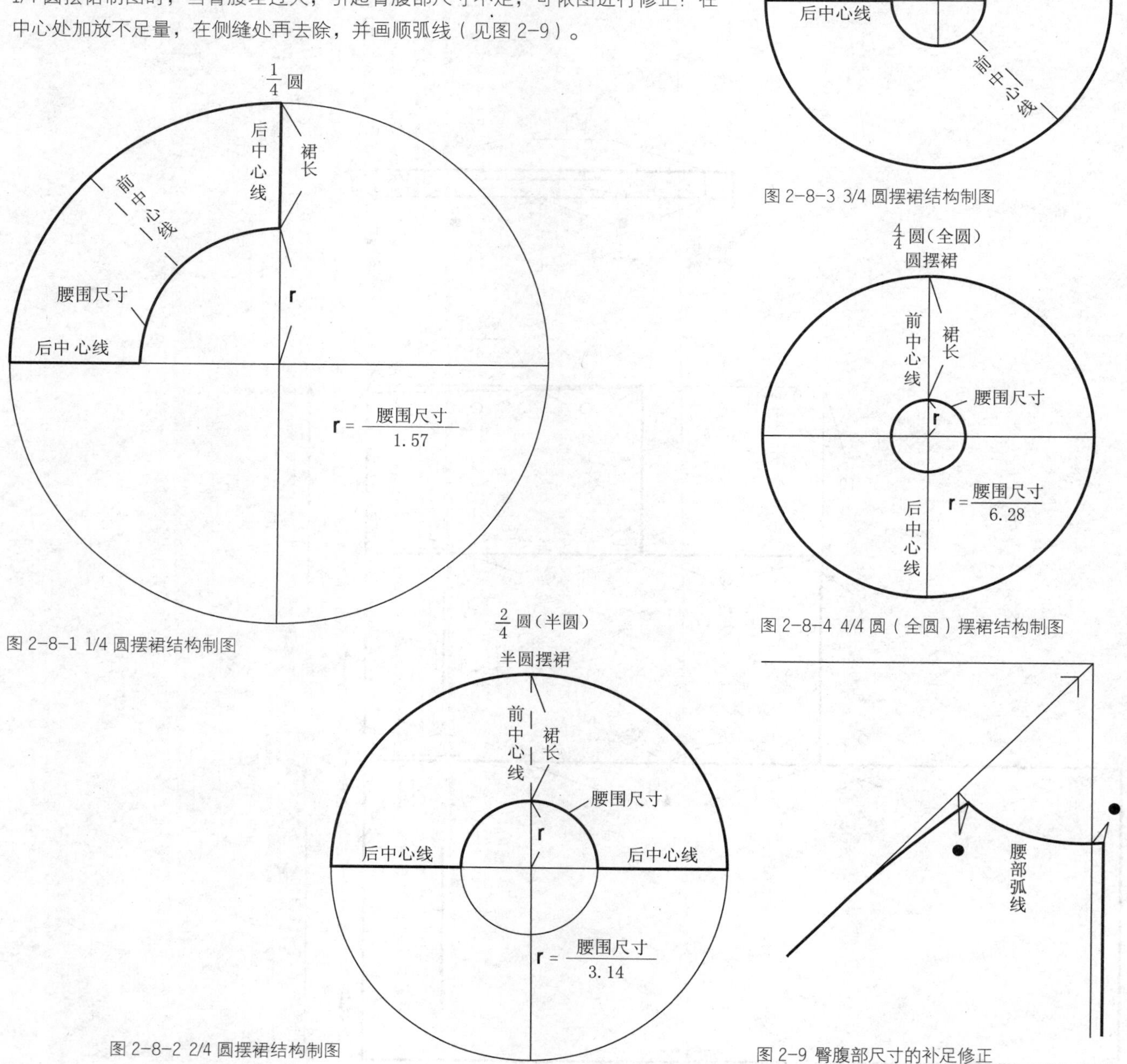

图 2-8-3 3/4 圆摆裙结构制图

图 2-8-4 4/4 圆（全圆）摆裙结构制图

图 2-8-1 1/4 圆摆裙结构制图

图 2-8-2 2/4 圆摆裙结构制图

图 2-9 臀腹部尺寸的补足修正

A 半圆摆喇叭裙（半圆）的结构设计

利用圆周率，根据腰围尺寸算出圆的半径，绘制 1/4 圆，然后两等分制图（见图 2-10）。

规格设计：160/68A

裙长 =60 cm

腰围 =68(W)+1cm

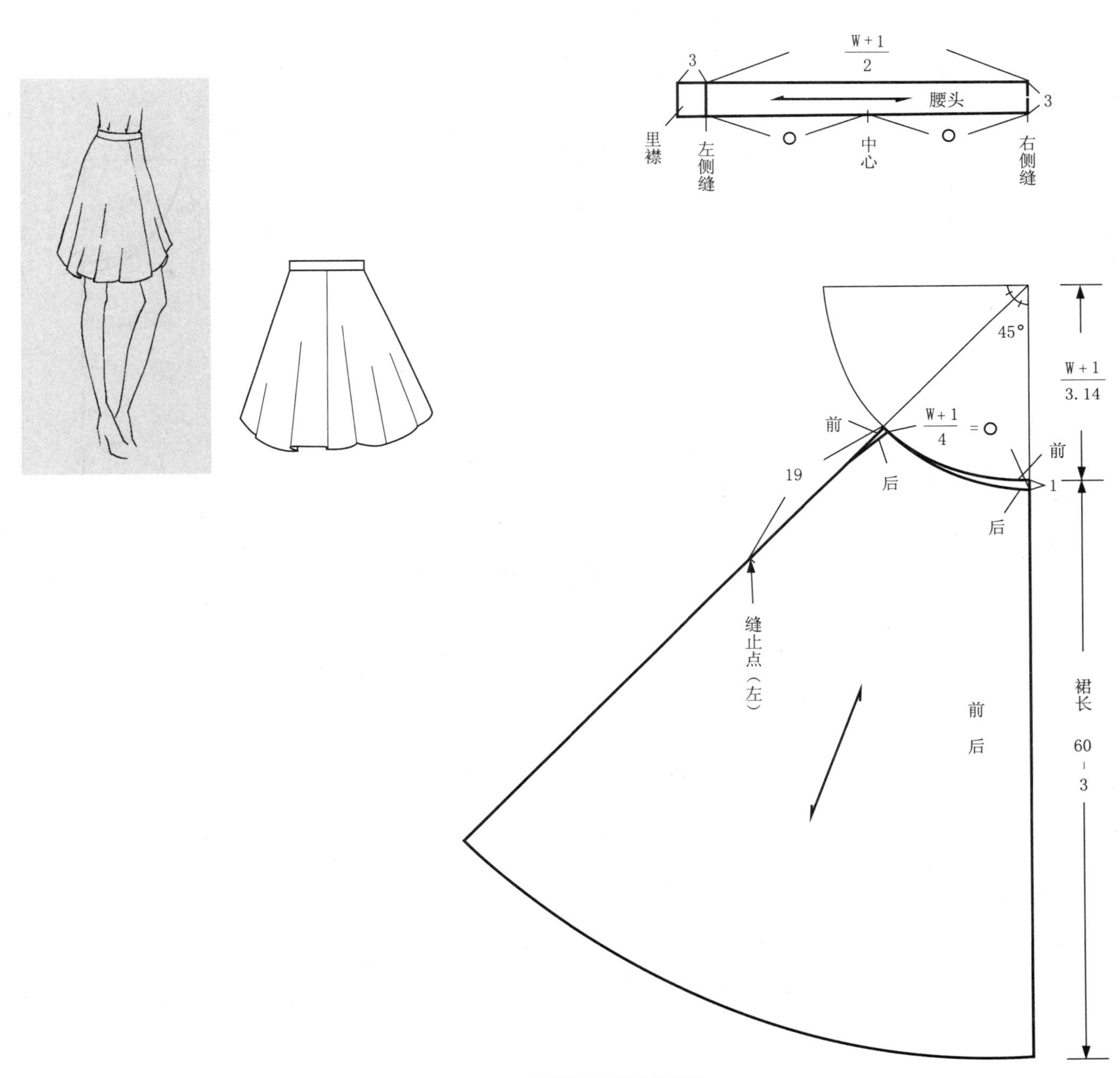

图 2-10 半圆摆喇叭裙结构制图

B 圆摆喇叭裙（全圆）的结构设计

利用圆周率，根据腰围尺寸算出圆的半径，绘制 1/4 圆制图，在裙摆上去掉因斜裁引起面料伸长的量（见图 2-11）。

规格设计：160/68A

裙长 =75 cm

腰围 =68(W)+1cm

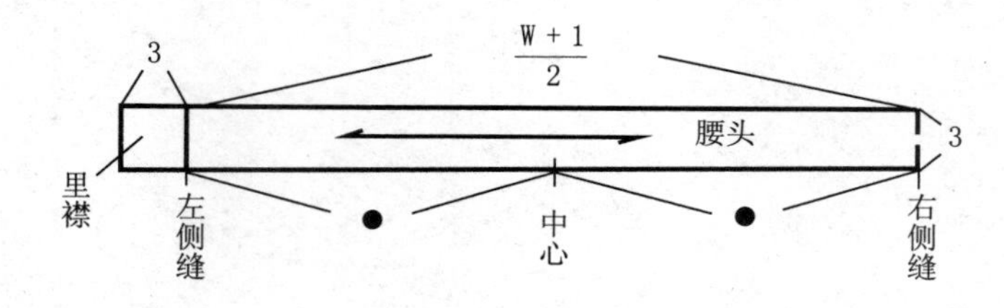

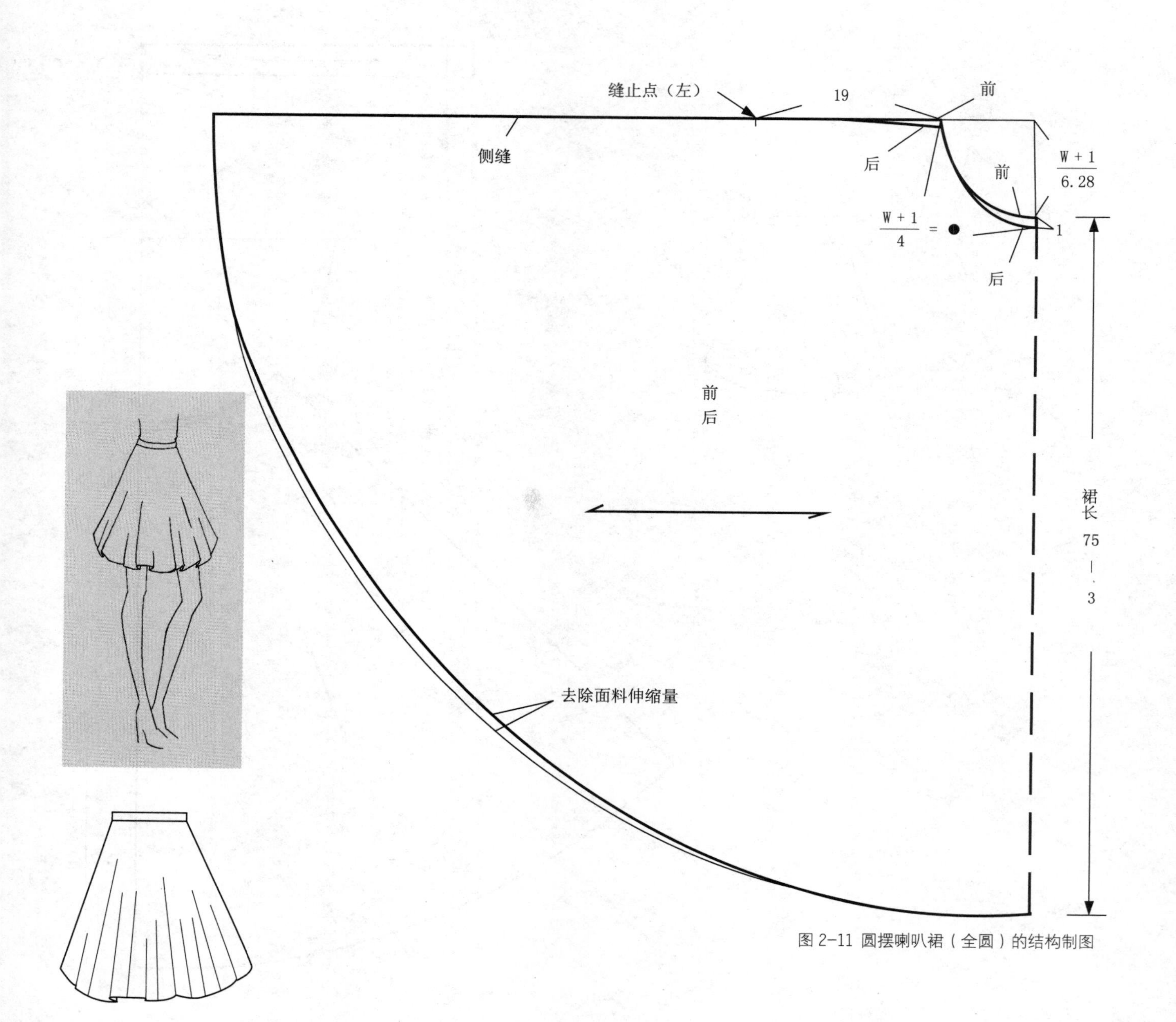

图 2-11 圆摆喇叭裙（全圆）的结构制图

案例六：单向褶裥裙结构设计

单向褶裥裙的褶裥是向一个方向折叠而形成的平面的、规则的褶裥，既具有造型功能又具有实用功能。制图中臀围加放 6cm 的量，是考虑到褶裥折叠起来形成的三层面料的重叠量，可依面料的厚度调节。腰围加放 2cm 又追加了 2cm ~ 3cm 的量，是考虑到作为吻合体型的缩缝量和面料的厚度。褶裥数量的设定最好是能被 4 整除的数（见图 2-12-1）。加放褶裥的方法（见图 2-12-2）。

规格设计：160/68A

裙长 =70cm

腰围 =68(W)+2cm

臀围 =90(H)+6cm

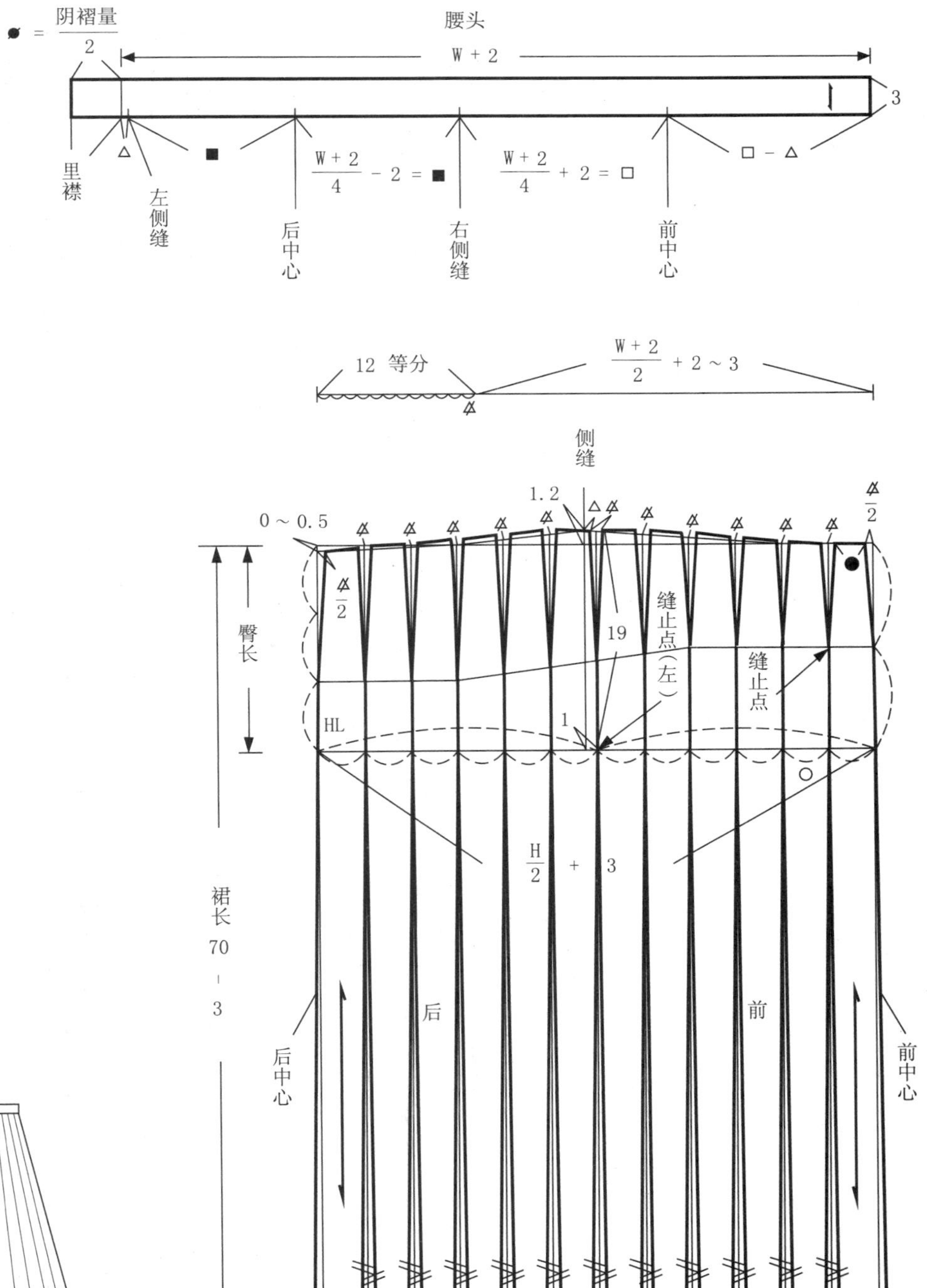

图 2-12-1 单向褶裥裙结构制图

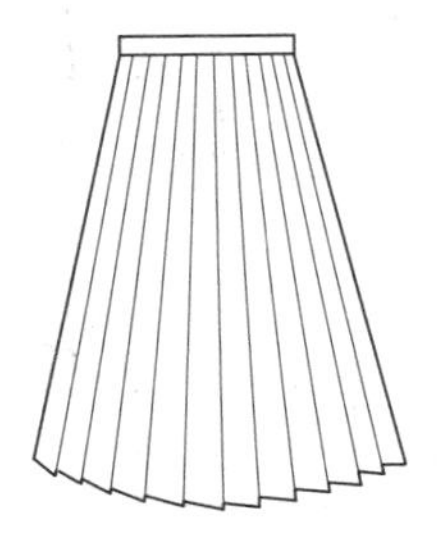

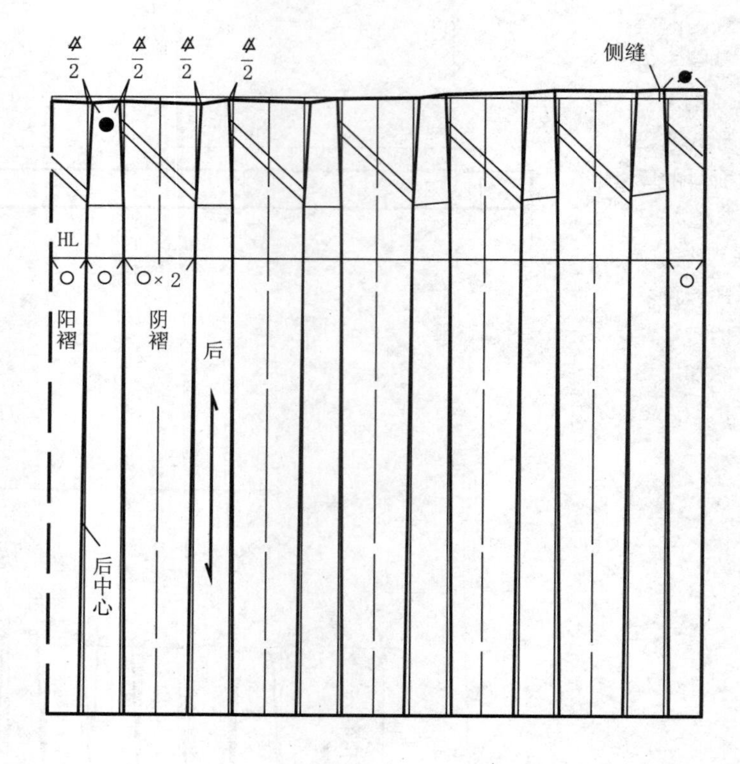

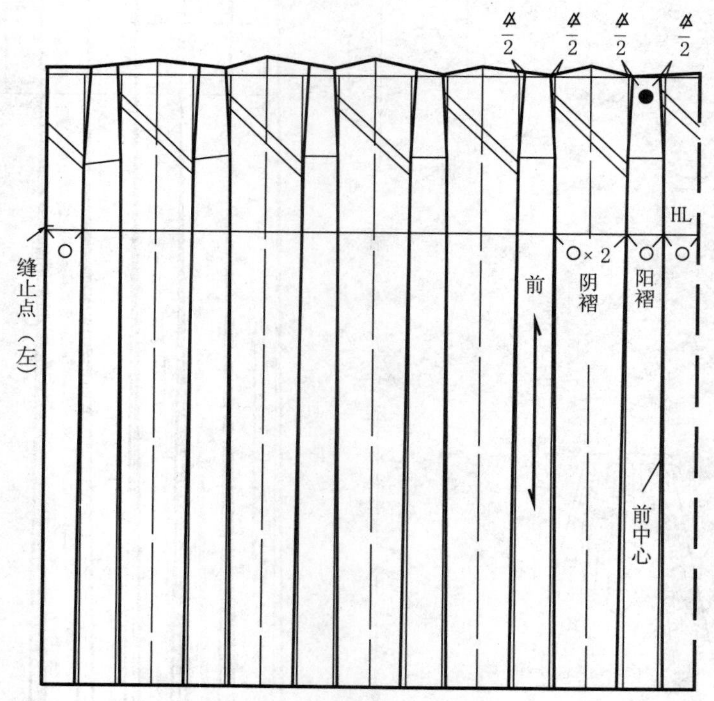

图 2-12-2 加放褶裥方法

案例七：鱼尾裙结构设计

此款裙型为鱼尾造型，由八片梯形裙片组成，腰臀部合体，下摆呈喇叭状（见图 2-13）。

规格设计：160/68A

裙长 =76cm

腰围 =68(W)+1cm

臀围 =90(H)+4cm

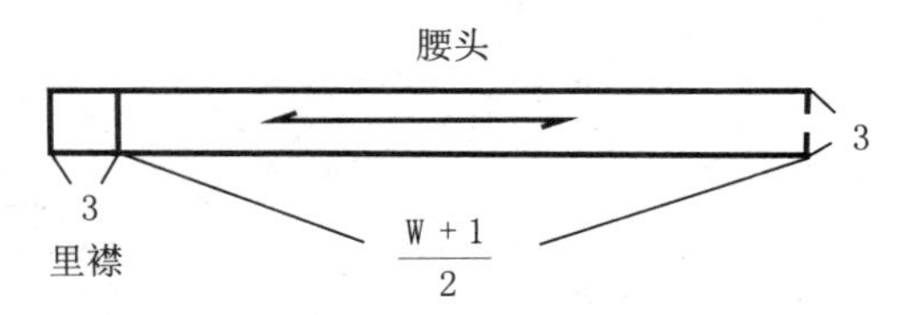

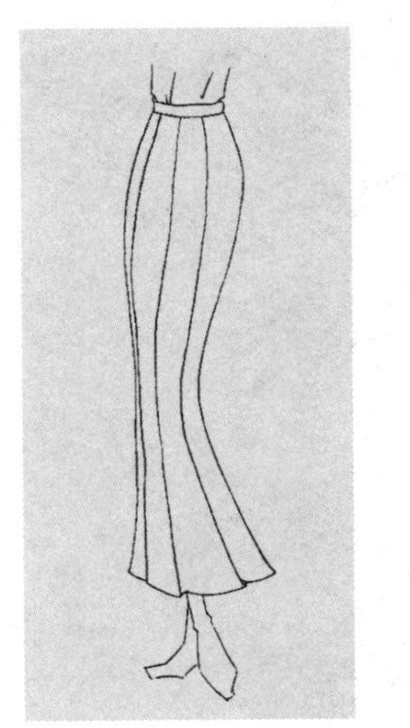

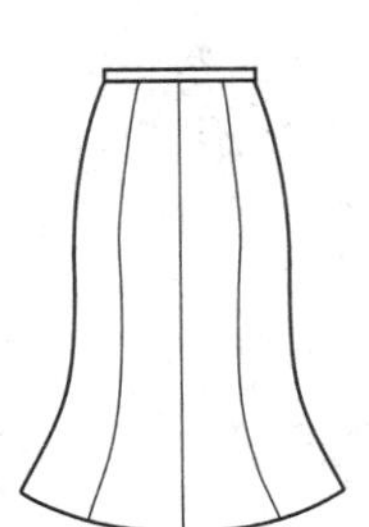

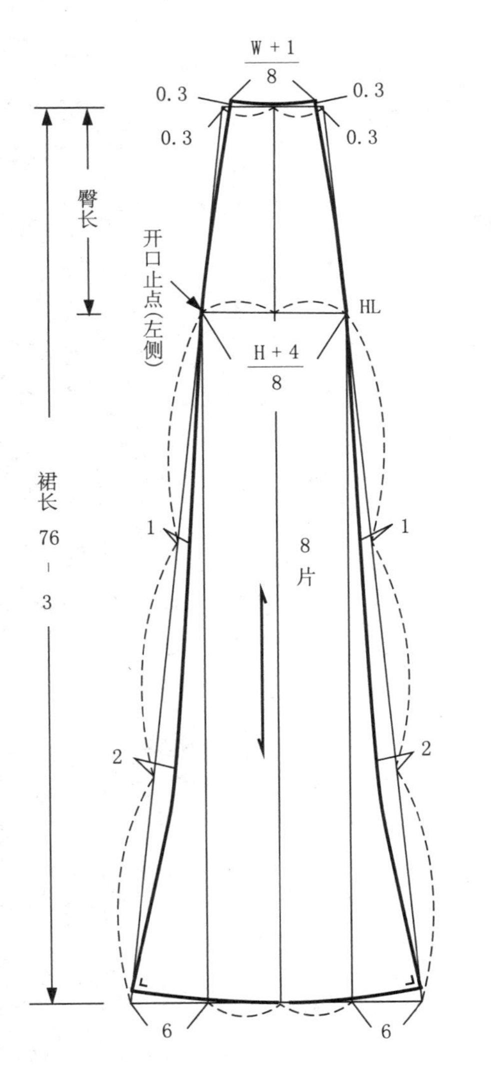

图 2-13　鱼尾裙结构制图

课后实训

一、用所学知识，完成下列半裙的结构设计。

二、市场调研。

3 ~ 5 个同学一组进行市场调研，收集半裙款式 20 款，按其款式风格进行分类，分析其结构构成特点并加以说明。

三、用所学知识，独立设计完成三款半裙的结构设计。

制图要求：

制图比例：1:1。

线条规范，分清轮廓线与基础线。

尺寸准确，符号与字母书写规范。

样板结构准确，相关部位结构线吻合。

标注必要尺寸公式。

标注纱向线。

第三章

相对于女上装和半裙的配套穿着方式而言，连衣裙更注重表现服装外形轮廓的整体性，即强调衣身与裙身的整体感。

课题说明

本章对连衣裙的外部形态、内部分割线进行分类归纳，并以几款有代表性的连衣裙进行结构设计的案例分析说明。

实践意义

通过对连衣裙款式造型的分类归纳及具体结构设计的案例分析，掌握连衣裙结构设计的基本特点与规律。

实践目标

掌握几种基本型连衣裙的结构制图方法与规律。

掌握运用纸样切展的方法进行连衣裙结构设计的方式。

实践方法

以1∶1等比例制图训练为主的实践操作训练。

以市场调研收集相关款式资料为辅的实践活动。

第一节 连衣裙结构设计分类

一、按连衣裙的轮廓形状分类
二、按连衣裙纵向分割线分类
三、按连衣裙横向分割线分类

连衣裙是指上衣和裙子连接在一起的服装，是女装的主要种类之一。连衣裙无论是从外形的紧身到宽松，还是从面料的选择、穿着的季节与场合，它的适用范围都非常广泛。

一、按连衣裙的轮廓形状分类（见图3-1）

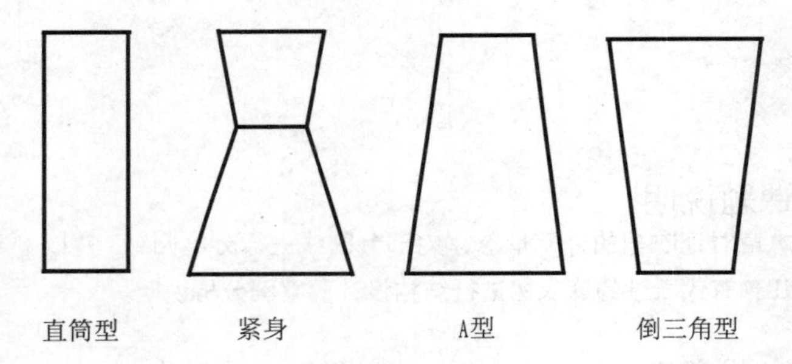

图 3-1 连衣裙轮廓形状的分类

二、按连衣裙纵向分割线分类（见图3-2）

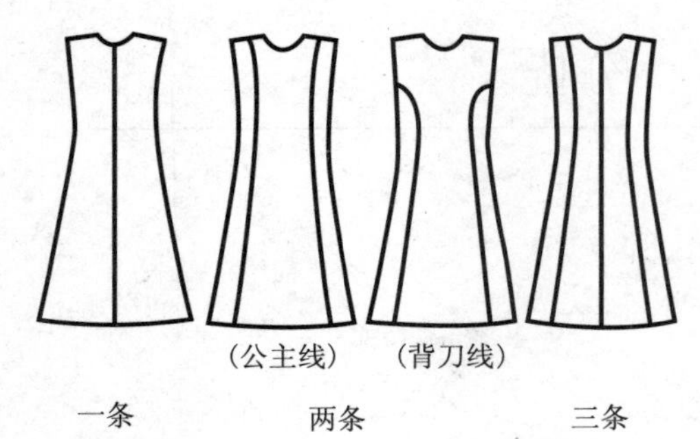

图 3-2 连衣裙纵向分割线的分类

三、按连衣裙横向分割线分类（见图3-3）

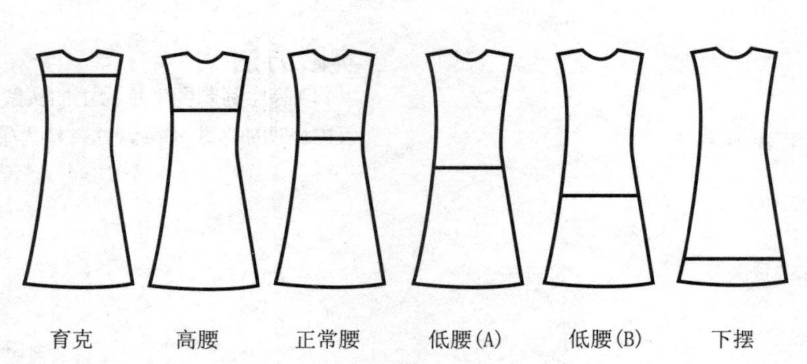

图 3-3 连衣裙横向分割线的分类

第二节 连衣裙结构设计的案例分析

案例一：接腰式连衣裙结构设计

A 款：这是一款基础型连衣裙，在衣原型和基础裙上稍作变化，腰部缝合后形成的连衣裙。前后衣片侧缝处差量以侧缝省的形式去掉，前中心处有搭门开口设计。半裙前后片各一个腰省，与衣片腰省对接（见图 3-4）。

规格设计：160/84A

裙长 = 背长 +56cm

胸围 =84+8cm

腰围 =68(W)+6cm

臀围 =90(H)+6cm

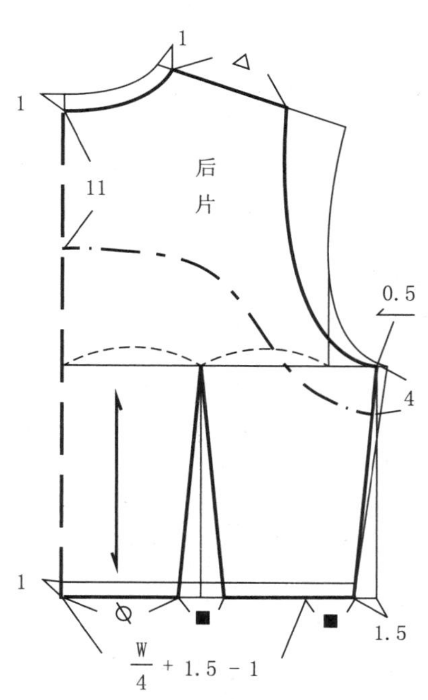

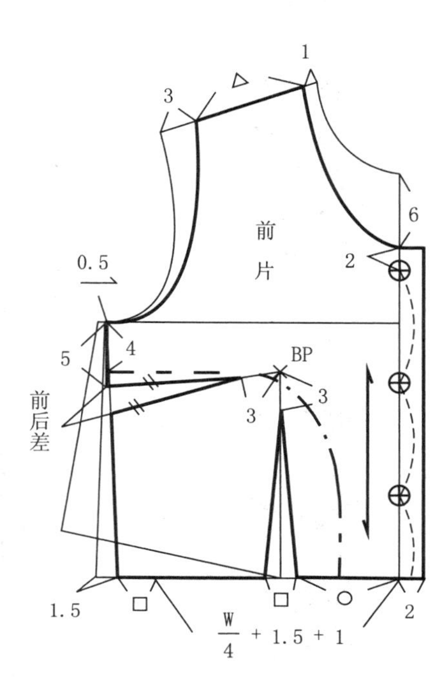

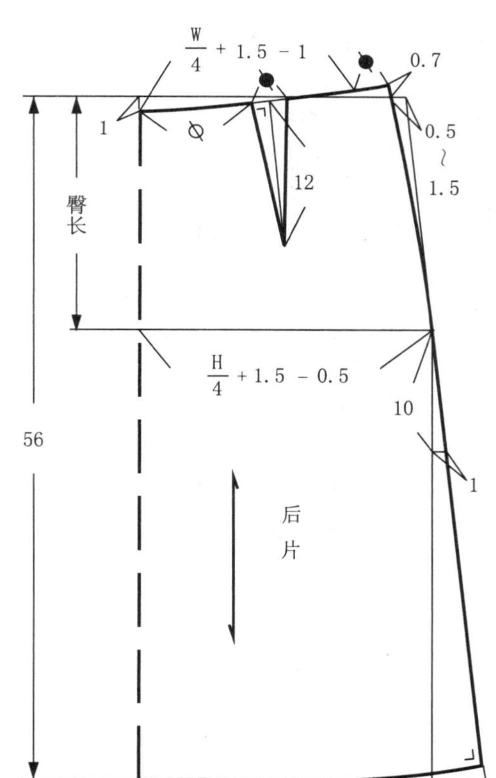

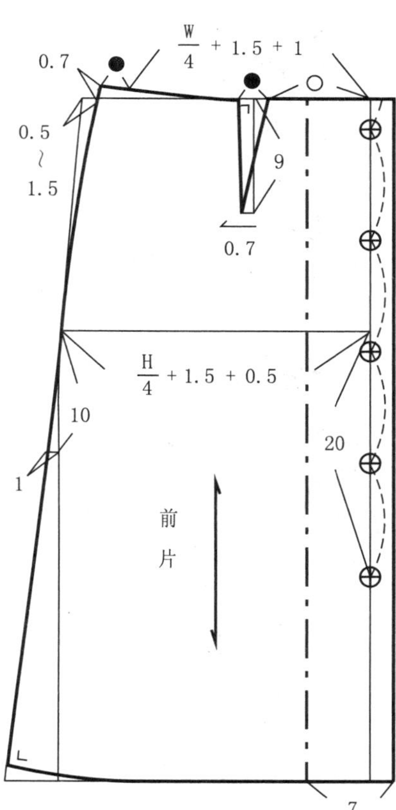

图 3-4 接腰式连衣裙结构制图

B 款：同样是一款腰部缝合的基础型连衣裙，后衣片肩省合并，转移至袖窿作为松量，前衣片袖窿省的 1/3 作为袖窿处松量，剩余量以袖窿省去掉。前后衣片靠近侧缝处的腰省合并去掉。半裙纸样的腰省合并，下摆展开形成喇叭形（见图 3-5-1 ～图 3-5-3）。

规格设计：160/84A

裙长 = 背长 +55cm

胸围 =84+12cm

腰围 =68(W)+6cm

臀围 =90(H)+5cm

袖长 =20cm

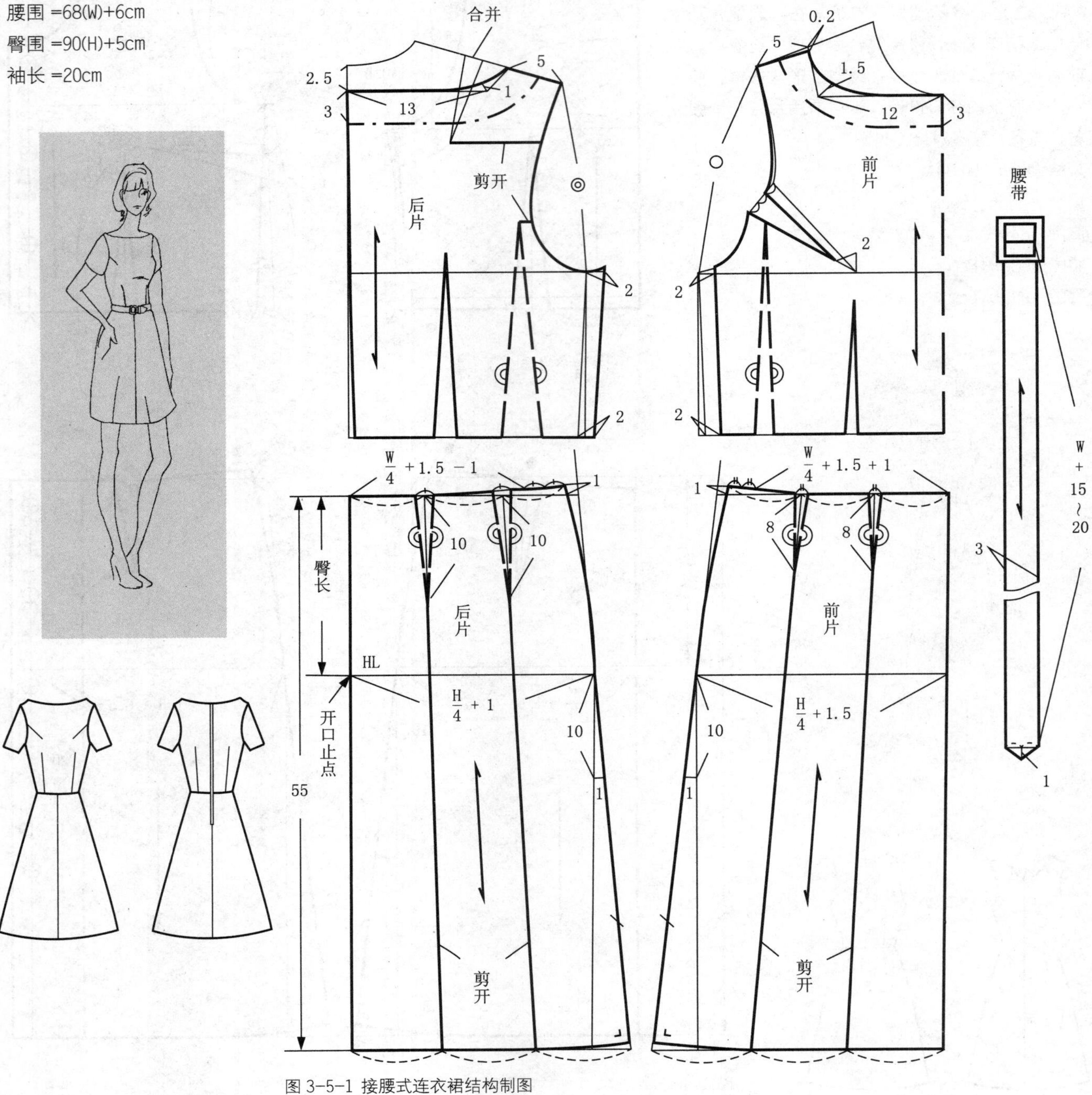

图 3-5-1 接腰式连衣裙结构制图

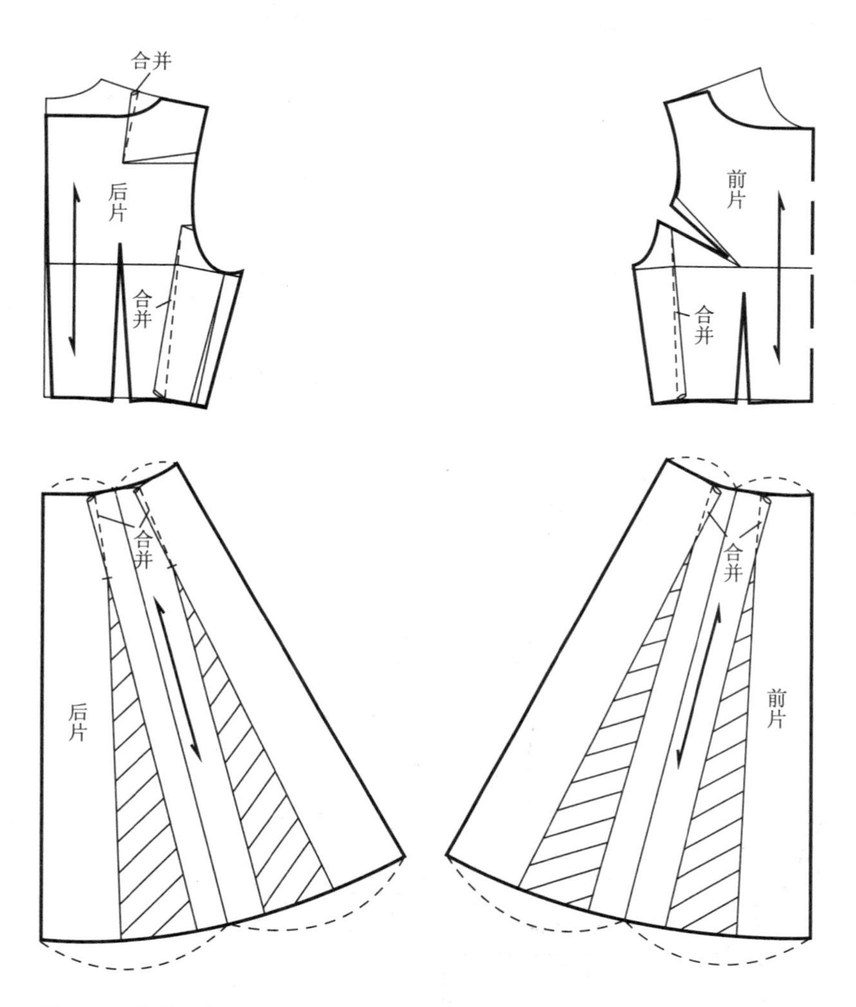

图 3-5-2 接腰式连衣裙纸样变化

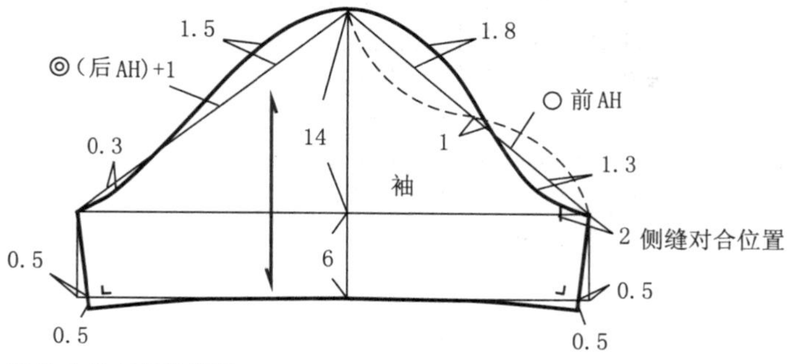

图 3-5-3 袖结构制图

案例二：低腰式连衣裙结构设计

此款连衣裙接腰线下落，上身收身合体，下裙宽松活泼。前衣片侧缝省合并转移至腰省中，裙腰处抽碎褶（见图 3-6-1 ～图 3-6-3）。

规格设计：160/84A

裙长 = 背长 +80cm

胸围 =84+8cm

腰围 =68(W)+6cm

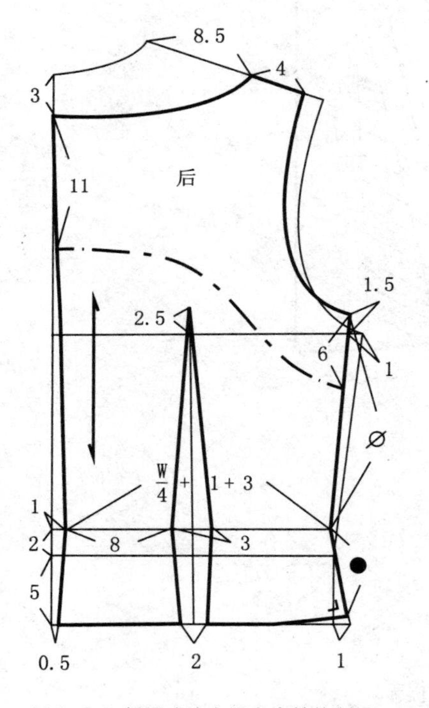

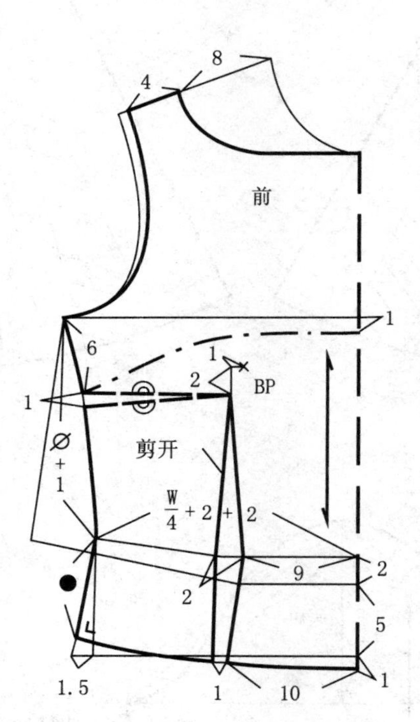

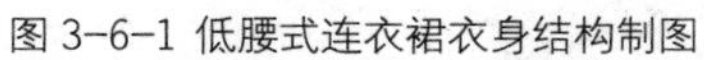
图 3-6-1 低腰式连衣裙衣身结构制图

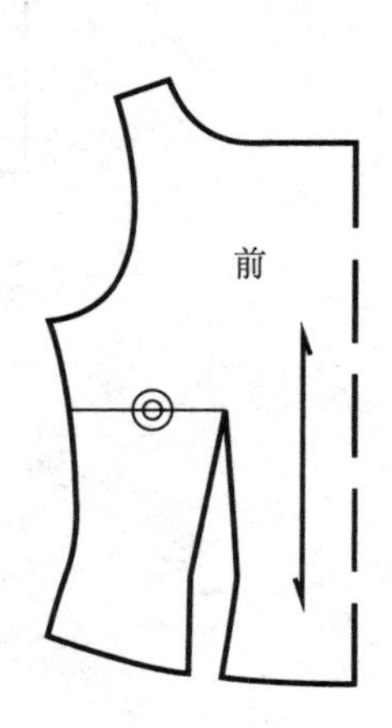

图 3-6-2 衣身纸样变化

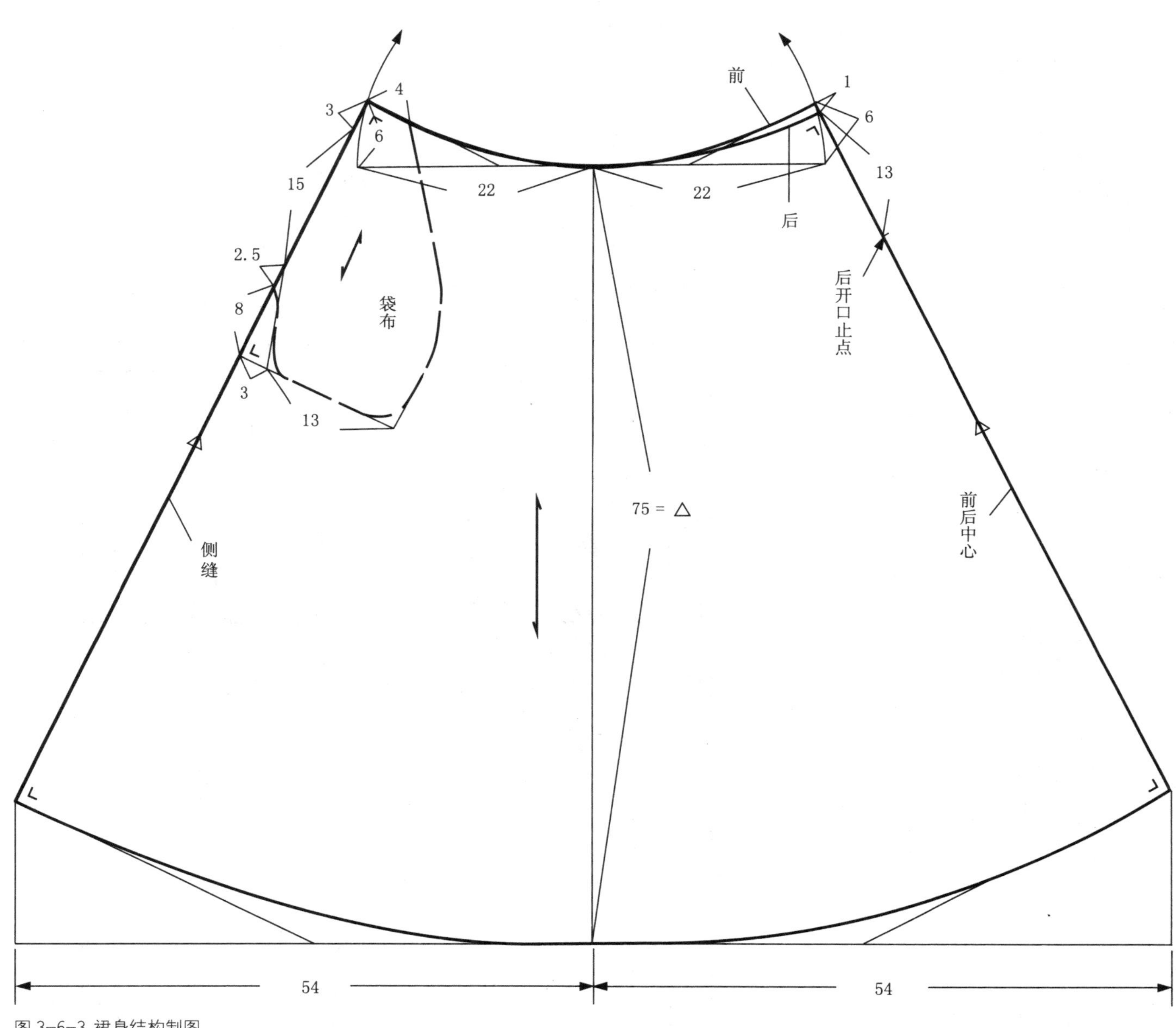

图 3-6-3 裙身结构制图

案例三：高腰式连衣裙结构设计

此款连衣裙接腰线上提，裙装整体较合体，由于裙摆内收，侧缝处开衩以满足活动量（见图 3-7）。

规格设计：160/84A

裙长 = 背长 +50cm

胸围 =84+8cm

腰围 =68(W)+6cm

臀围 =90(H)+4cm

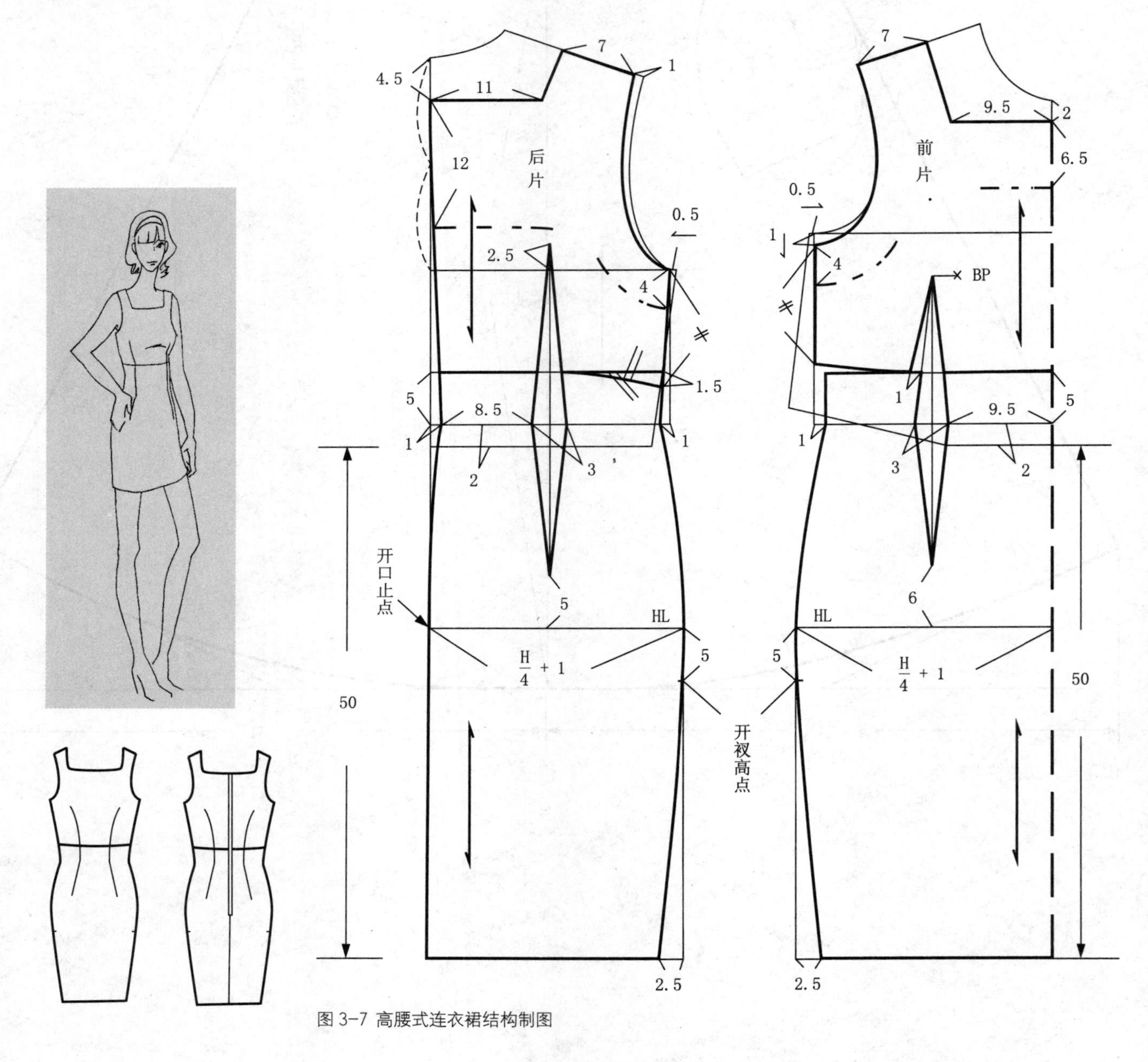

图 3-7 高腰式连衣裙结构制图

案例四：公主线式连衣裙结构设计

此款连衣裙以公主线分割形式收身塑型，公主线的分割形式比较容易显现体型，腰线位置在原来腰线基础上提高，是为了视觉的平衡美观（见图 3-8-1）。前衣身袖窿省合并转移至分割线中。领子的绱领尺寸减小量需用归拔的工艺补足，减小量依面料性能而定（见图 3-8-2）。衣袖结构制图（见图 3-8-3、图 3-8-4）。

规格设计：160/84A

裙长 = 背长 +60cm

胸围 =84+12cm

腰围 =68(W)+8cm

袖长 =55cm

袖口 =22cm

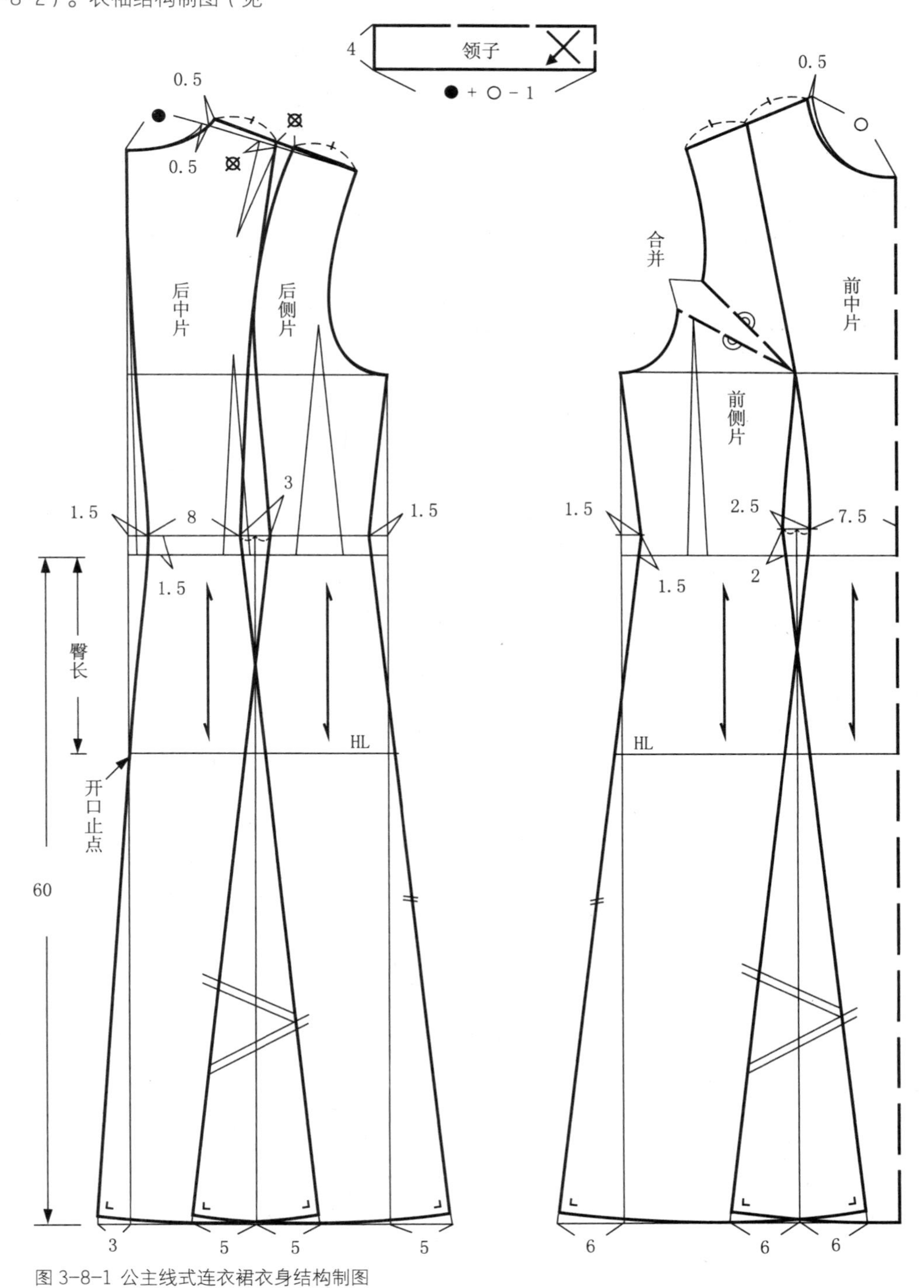

图 3-8-1 公主线式连衣裙衣身结构制图

图 3-8-2 领部对应的工艺处理

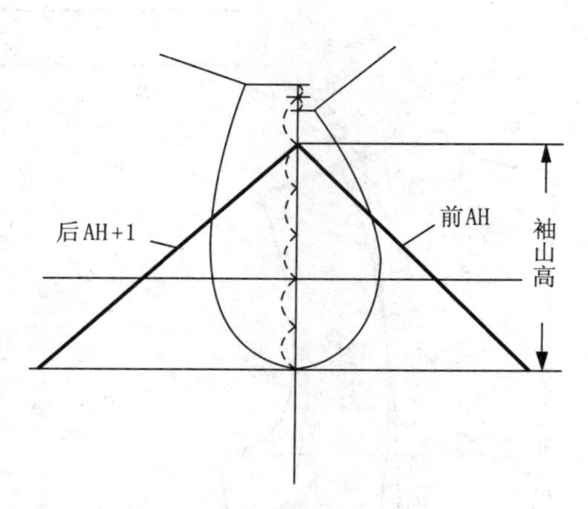

图 3-8-3 袖山高的确定

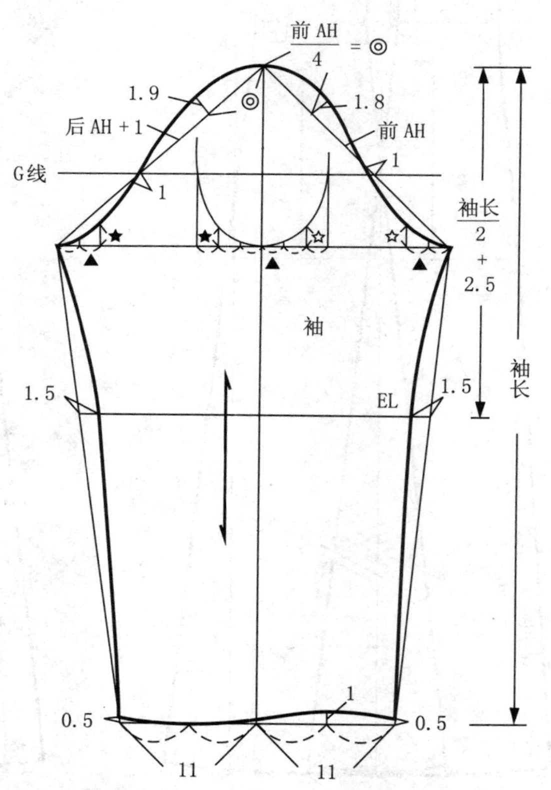

图 3-8-4 袖结构制图

案例五：刀背线式连衣裙结构设计

此款连衣裙腰部以上收身合体，腰部以下呈微喇叭状。刀背线的分割形式同公主线的分割相似，同样具有较好的塑型功能。前肋片侧缝省合并，省量转移至刀背分割线中（见图 3-9）。

规格设计：160/84A

裙长 = 背长 +46cm

胸围 =84+8cm

腰围 =68(W)+6cm

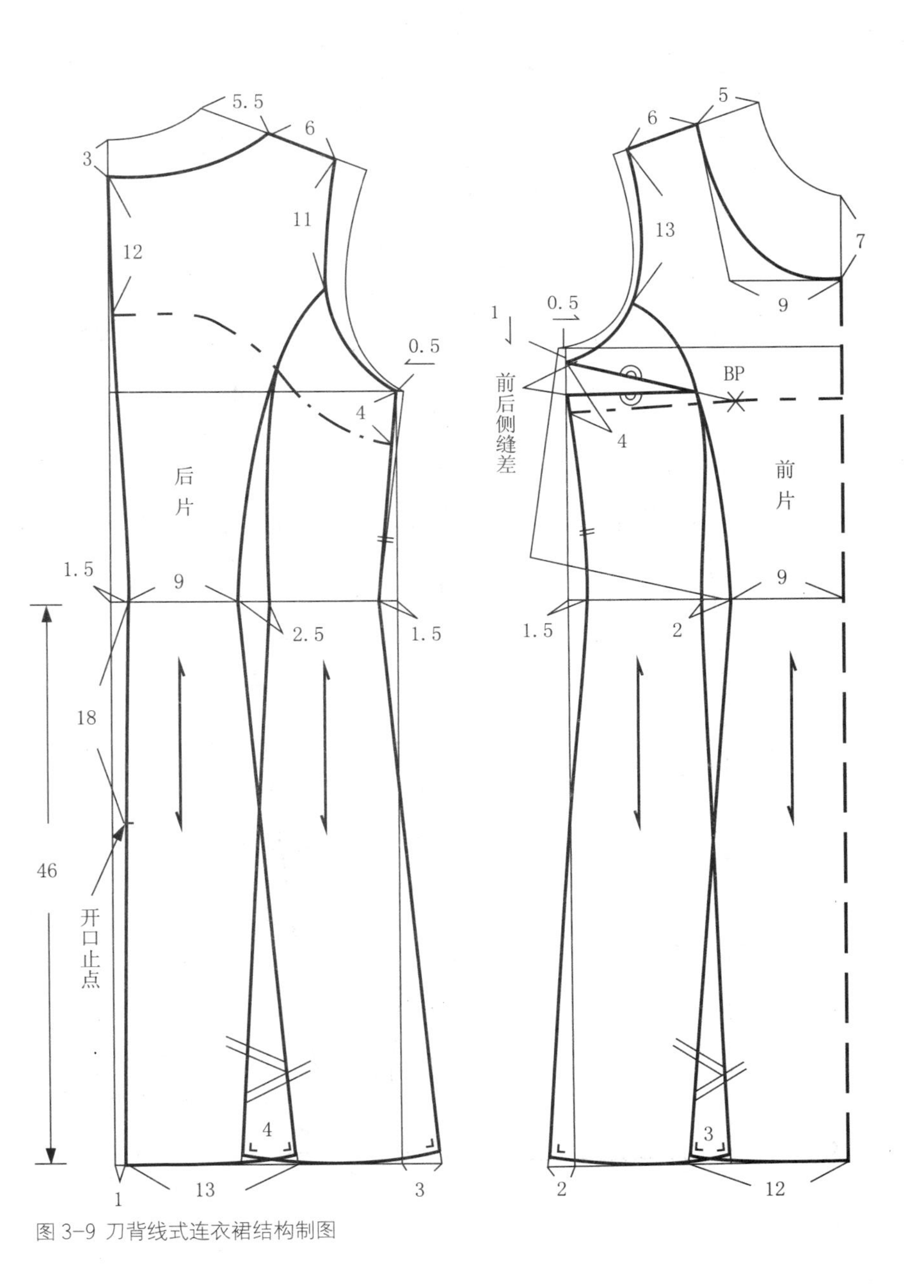

图 3-9 刀背线式连衣裙结构制图

案例六：斜线式连衣裙结构设计

此款连衣裙的款式特点是前衣身设计了两条斜向不对称的分割线，因结构不对称，所以需要画出完整的前片。纸样制作时将侧缝省合并，沿斜向分割线剪开并拉展（见图 3-10-1、图 3-10-2）。

规格设计：160/84A

裙长 = 背长 +52cm

胸围 =84+10cm

腰围 =68(W)+8cm

臀围 =90(H)+6cm

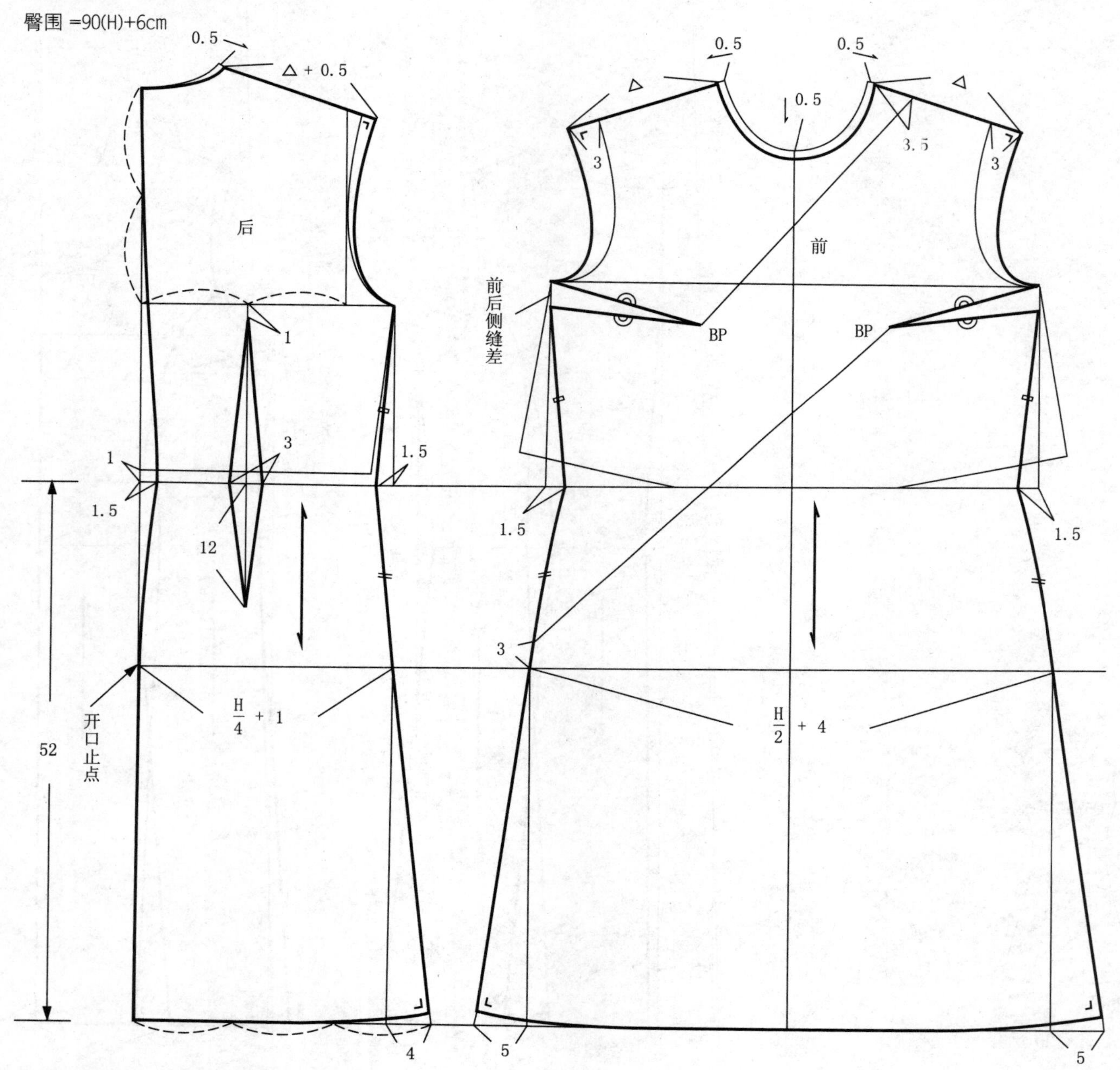

图 3-10-1 斜线式连衣裙结构制图

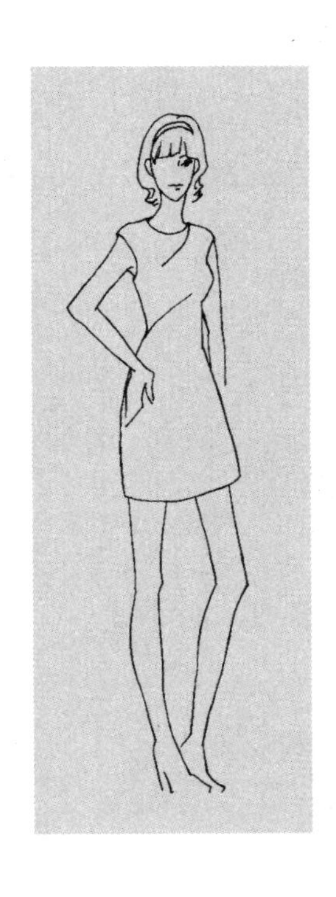

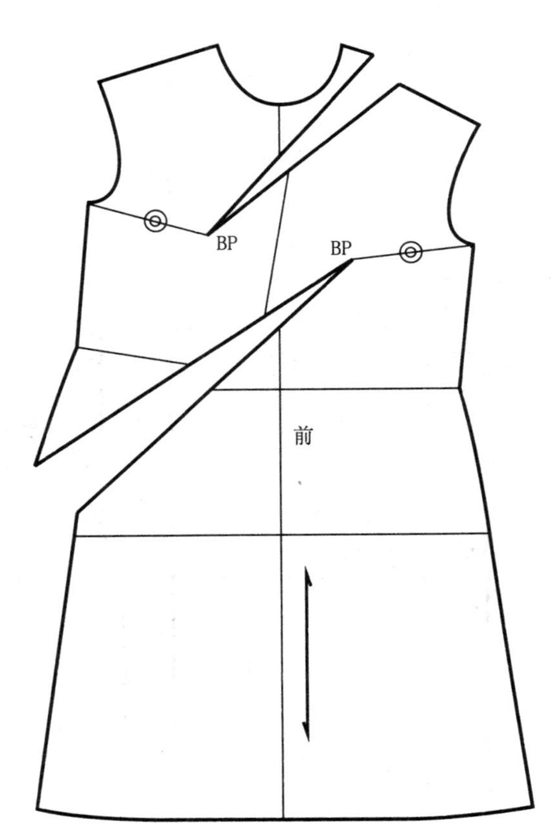

图 3-10-2 纸样变化

案例七：加入碎褶式连衣裙结构设计

此款连衣裙的特点是在分割线中加入碎褶设计，制图见图3-11-1。纸样制作时先将侧缝省合并，拉开需要加碎褶部位，再设计一条新的辅助线并剪开，拉展所需碎褶量，碎褶量依款式和面料而定（见图3-11-2）。

规格设计：160/84A

裙长 = 背长 +50cm

胸围 =84+8cm

腰围 =68(W)+6cm

臀围 =90(H)+5cm

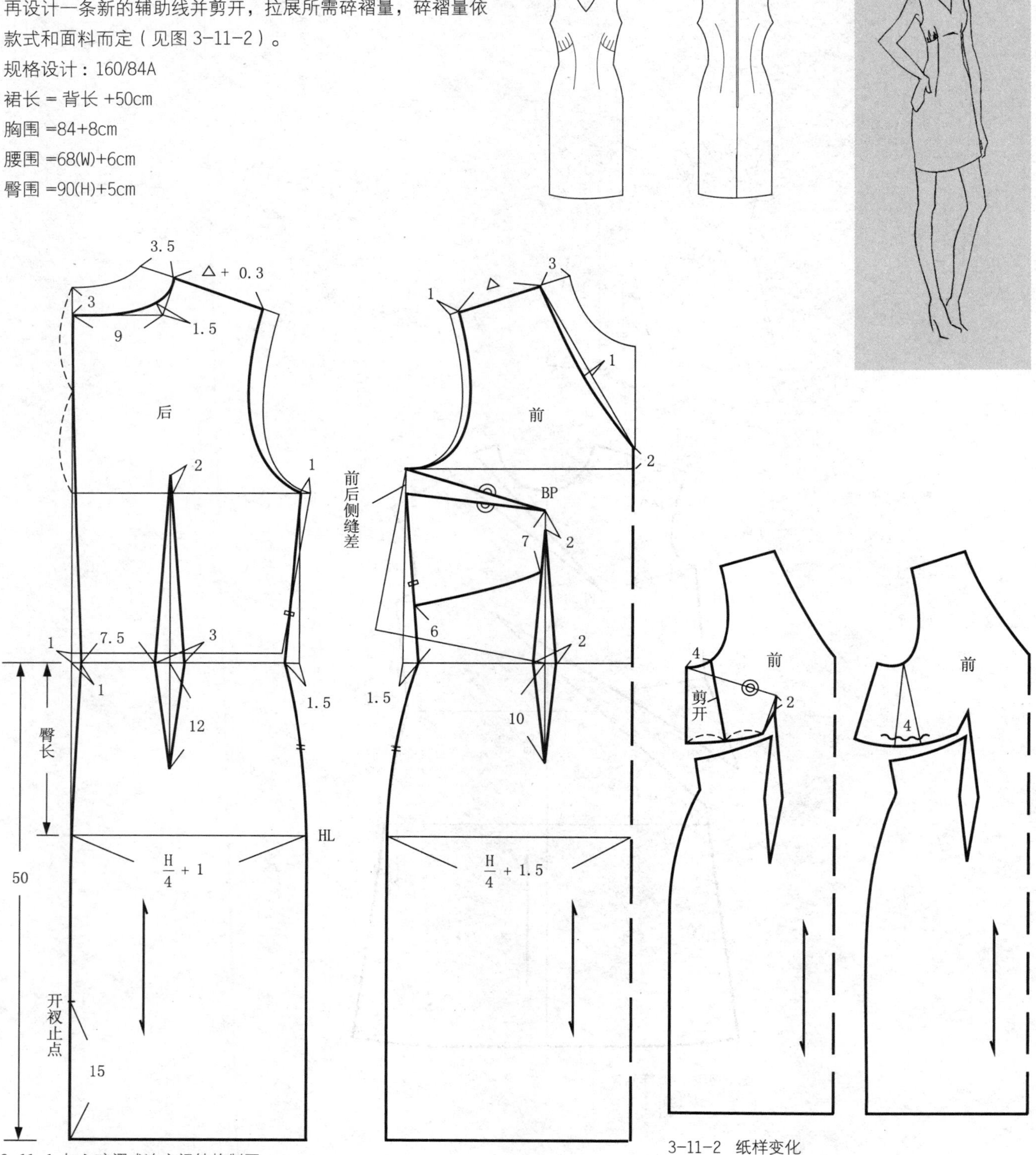

3-11-1 加入碎褶式连衣裙结构制图

3-11-2 纸样变化

案例八：A 字形连衣裙结构设计

此款连衣裙款式简洁大方，衣身轮廓为 A 字形。袖窿处收省，胸部适体，向下逐渐展开。由于不收腰省，后衣身长度减短 0.7cm。后肩省合并，转移至袖窿处作为松量（见图 3-12-1、图 3-12-2）。

规格设计：160/84A

裙长 = 背长 +55cm

胸围 =84+8cm

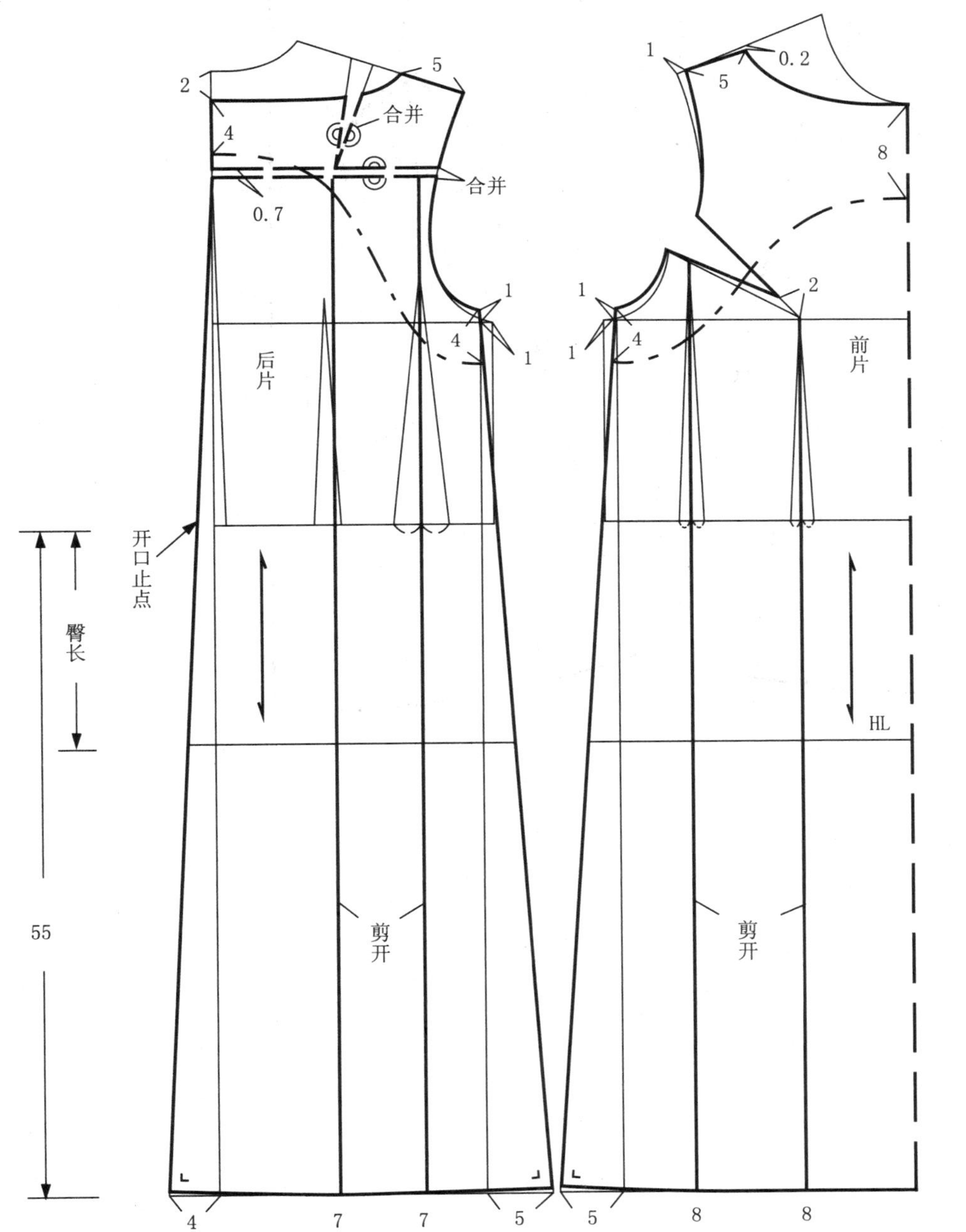

图 3-12-1 A 字形连衣裙结构制图

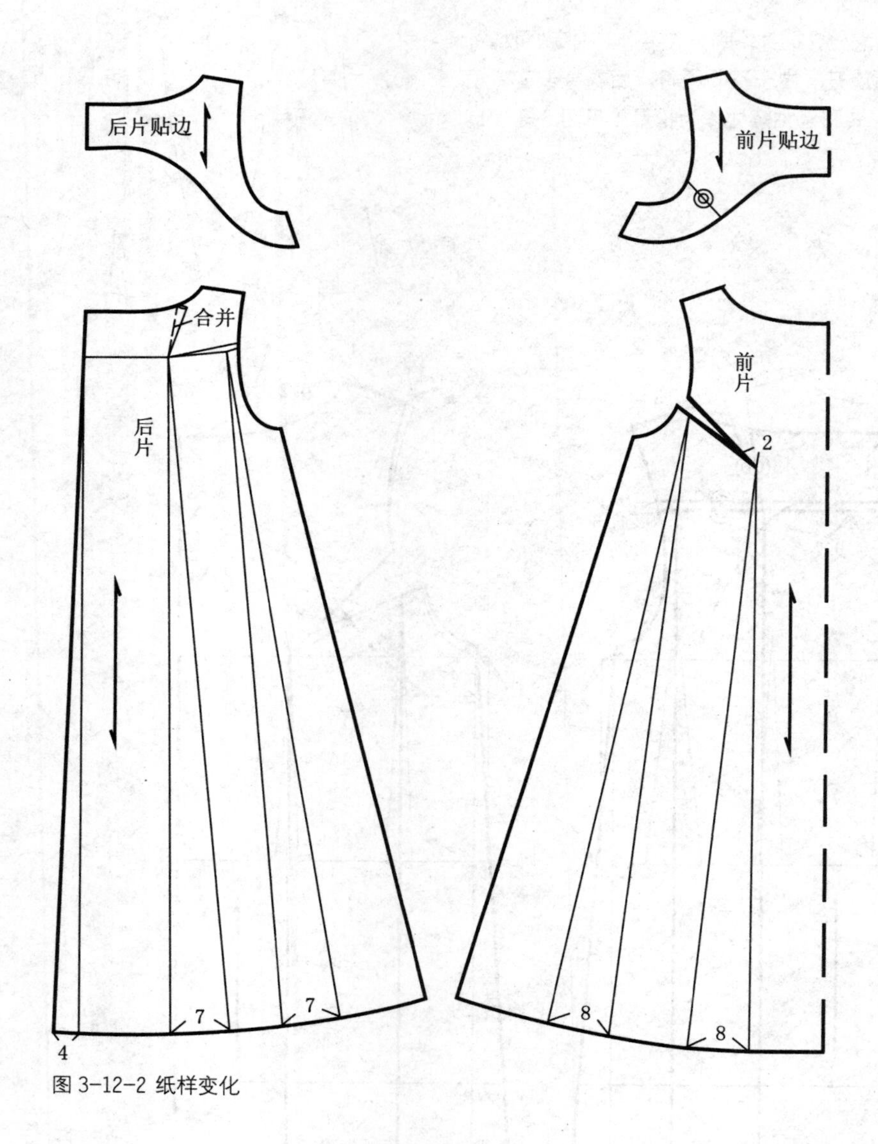

图 3-12-2 纸样变化

案例九：吊带式连衣裙结构设计

此款连衣裙腰部以上紧身合体，胸部与腰部放松量较小，腰部以下裙摆放开。前后中心线处下落量较大，肩部以肩带形式连接（见图 3-13）。

规格设计：160/84A

裙长 = 背长 +50cm

胸围 =84+6cm

腰围 =68(W)+4cm

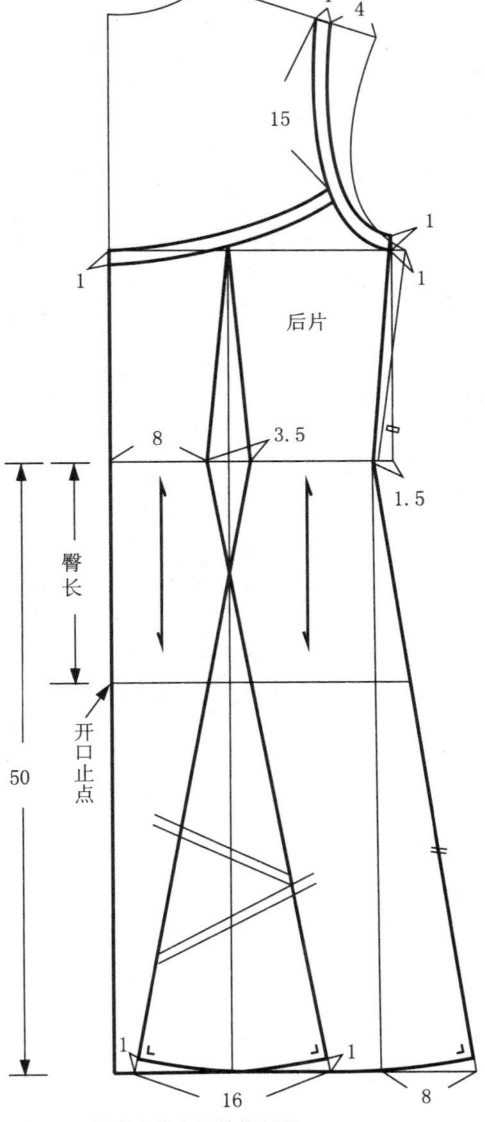

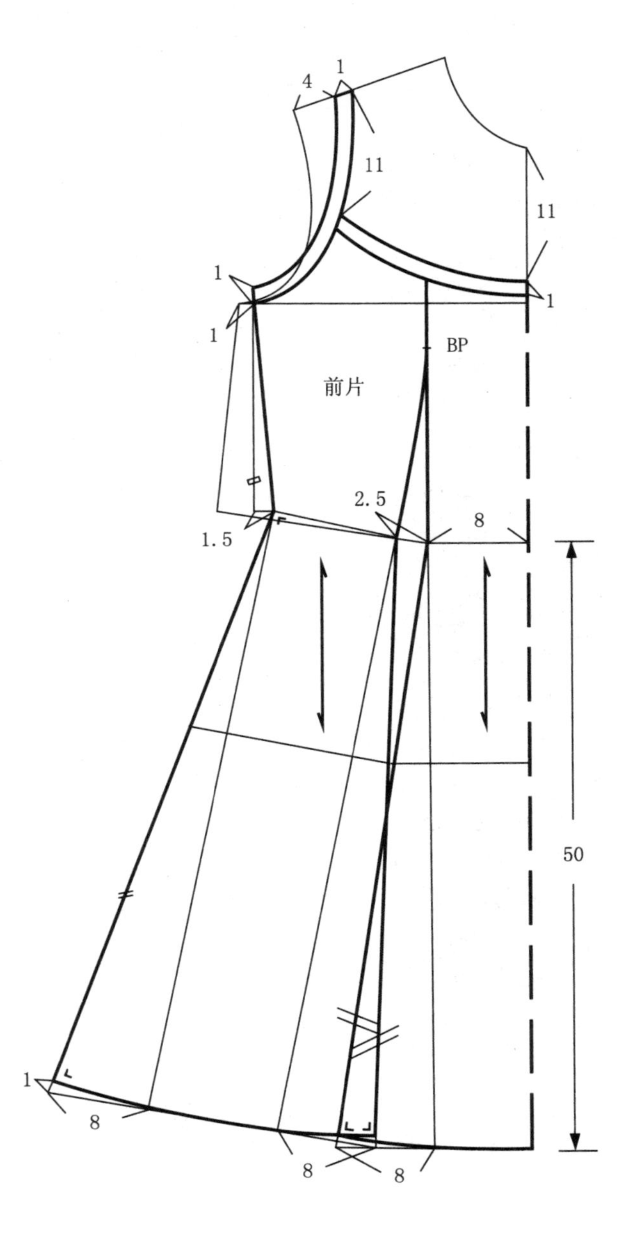

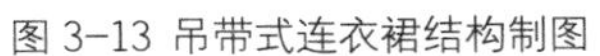

图 3-13 吊带式连衣裙结构制图

课后实训

一、用所学知识，完成下列连衣裙的结构设计。

二、市场调研。

3 ~ 5 个同学一组进行市场调研，收集连衣裙款式 20 款，按其款式风格进行分类，分析其结构构成特点并加以说明。

三、用所学知识，独立设计完成三款连衣裙的结构设计。

制图要求：

制图比例：1:1。

线条规范，分清轮廓线与基础线。

尺寸准确，符号与字母书写规范。

样板结构准确，相关部位结构线吻合。

标注必要尺寸。

标注纱向线。

第四章

裤子最早作为男性服装，女性从 19 世纪中期开始穿着。随着时尚流行趋势的发展变化，裤子的结构设计变化越加丰富多样。

课题说明

本章从裤子的长度、外部形态轮廓、裤口形状及前部腰省造型几方面进行分类与归纳。以几款有代表性的裤装款式进行裤子结构设计的案例分析说明。

实践意义

通过对裤装款式造型的归纳及其具体结构设计的案例分析，掌握裤装结构设计的基本特点与规律。

实践目标

掌握裤装款式造型的分类方法。

掌握几种基本裤型的结构制图方法与规律。

掌握不同款式裤装的规格设计。

实践方法

以 1:1 等比例制图训练为主的实践操作训练。

以市场调研收集相关款式资料为辅的实践活动。

第一节 裤装结构设计分类

一、按裤子长度分类
二、按裤口形态分类
三、按裤前片腰省形态分类
四、按裤子外轮廓形状分类

裤子是将人体下半身的两腿分别包裹起来的服装种类。穿着后下肢能活动自如，在服装中占有重要的地位。随着服装文化的发展，裤子的装饰性越来越强，在形状、长短、口袋等细节上的设计变化越来越丰富。

一、按裤子长度分类（见图 4–1）

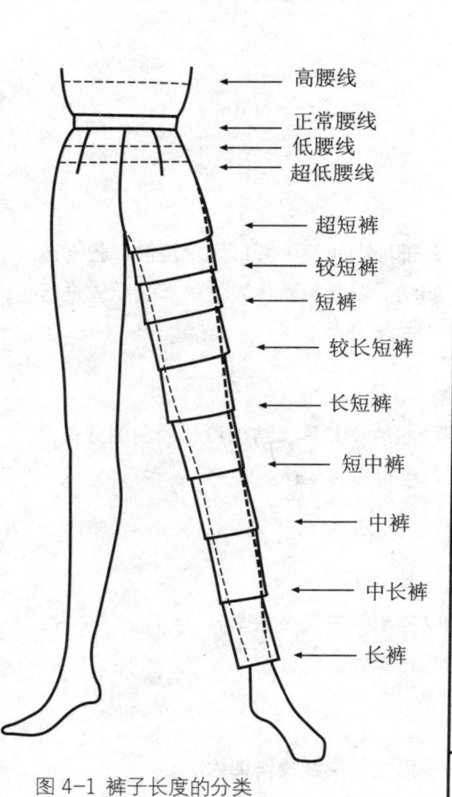

图 4-1 裤子长度的分类

二、按裤口形态分类（见图 4–2）

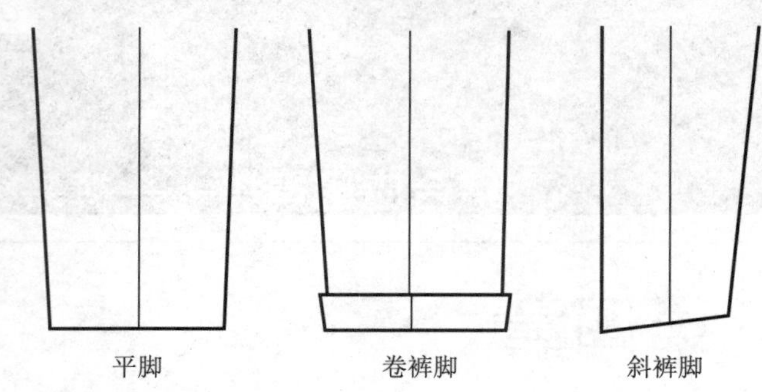

图 4-2 裤口形态的分类

三、按裤前片腰省形态分类（见图 4–3）

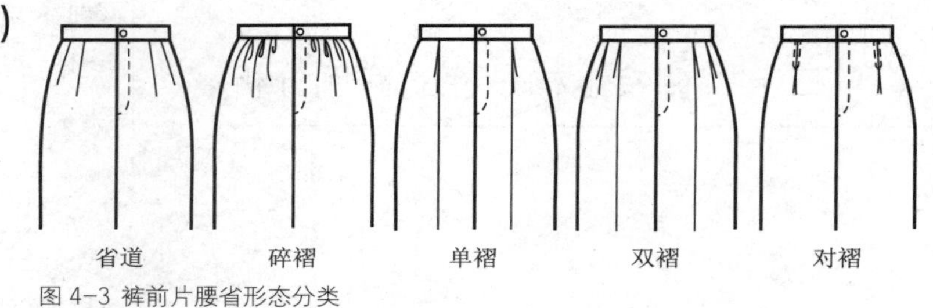

图 4-3 裤前片腰省形态分类

四、按裤子外轮廓形状分类（见图 4–4）

直筒裤	紧身裤	小锥形裤	大锥形裤	大喇叭裤	小喇叭裤	裙裤
笔直外形的裤子	整体贴身包腿	臀部宽松，到裤口处自然变窄	立裆较深，裤片肥大，裤口细窄	膝部以上紧身，膝部以下到裤口处宽大	从臀部或大腿根部至裤口逐渐宽大	裤腿肥大

图 4-4 裤子外轮廓形状的分类

第二节 裤装结构设计的案例分析

案例一：紧身裤结构设计

紧身裤裤型合身贴体，腰部、臀部放松量很小，裤管由上至下逐渐变细，给人以轻快运动之感。由于裤身较瘦，前后裤片的裤口与中裆宽差量较小（见图 4-5）。

规格设计：160/68A

裤长 =100cm

腰围 W=68cm

臀围 H=90+4cm

立裆 =23.5cm（H/4）

裤口 =15cm

腰宽 =3cm

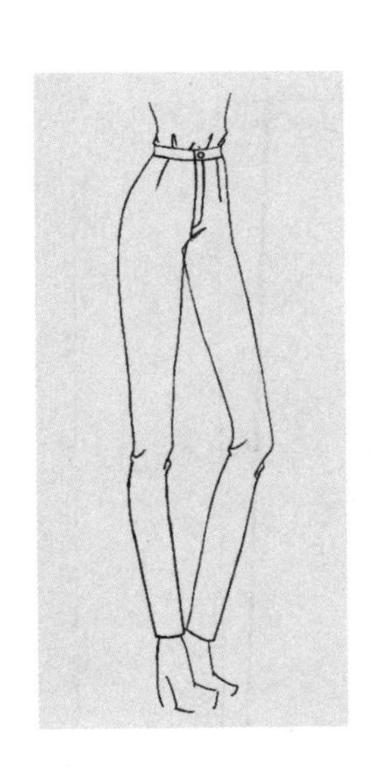

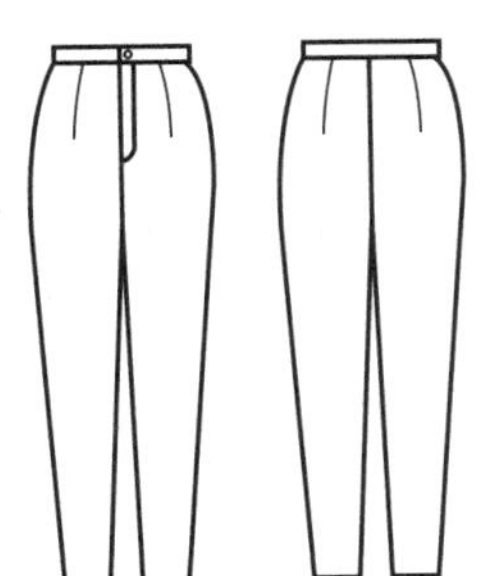

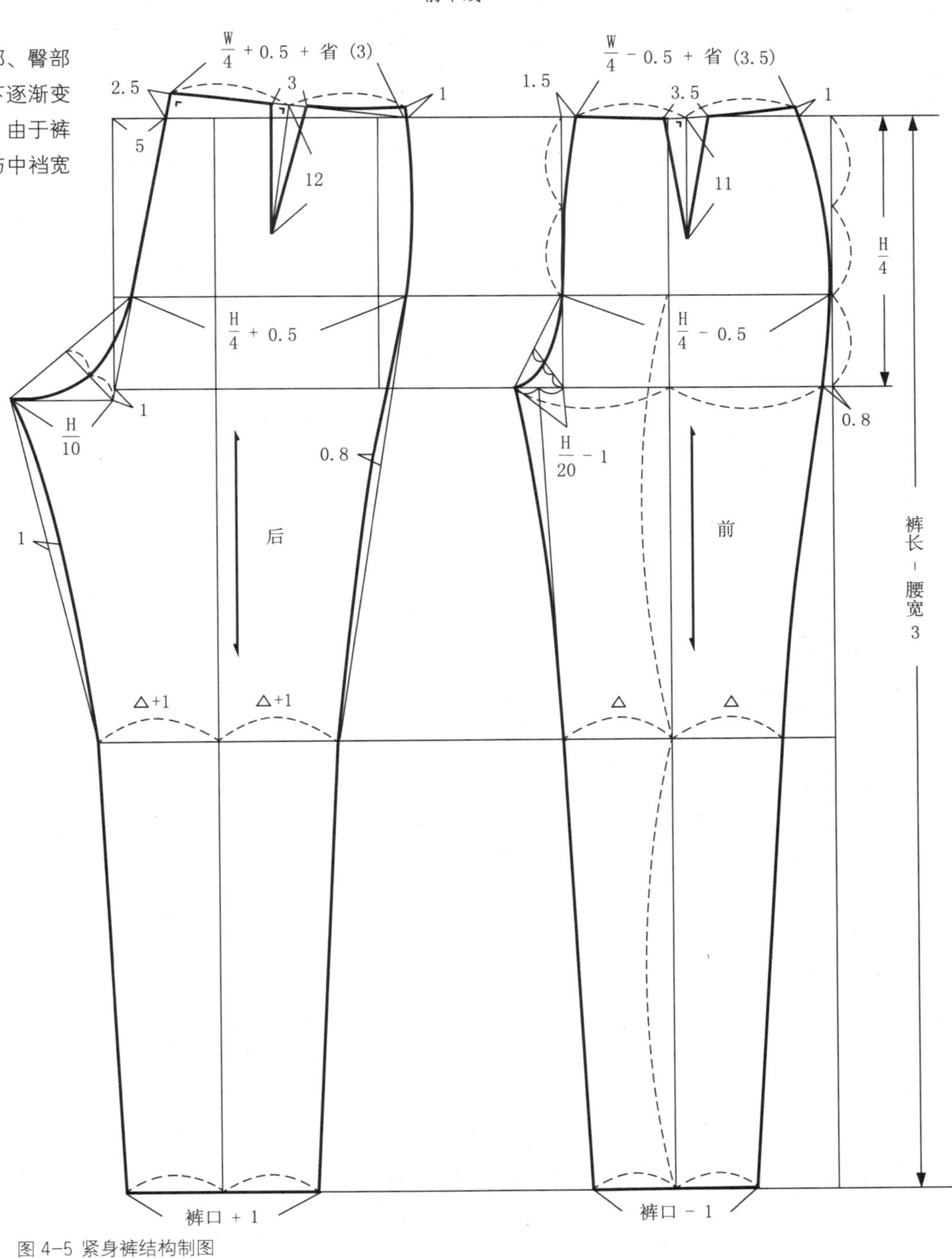

图 4-5 紧身裤结构制图

案例二：低腰喇叭裤结构设计

此款裤型特点为腰部降至胯处，腰臀部合体，裤身呈喇叭状。由于款式风格需要，中裆线上提，从中裆线开始至裤口逐渐变宽。裤长下延6cm是喇叭裤的款式特征之一，此款裤型的裤长与中裆线位置、裤口宽的比例均衡很重要（见图4-6）。

规格设计：160/68A

裤长 =98cm

腰围 W=68cm

臀围 H=90+4cm

立裆 =23.5cm（H/4）

裤口 =28cm

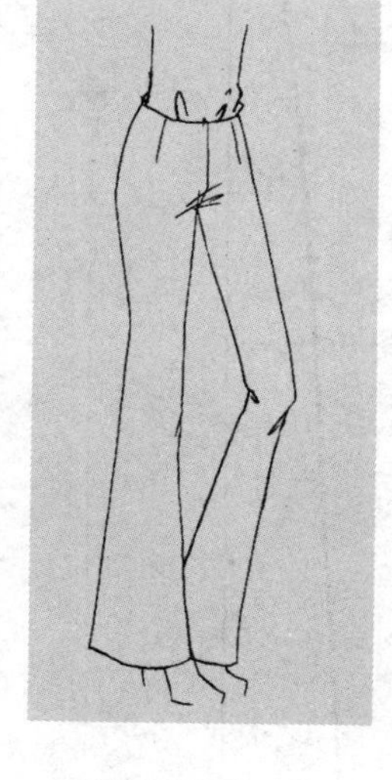

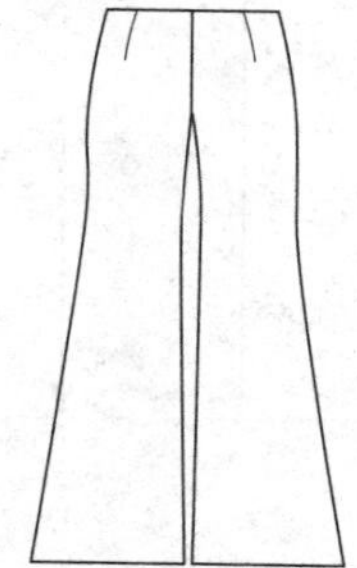

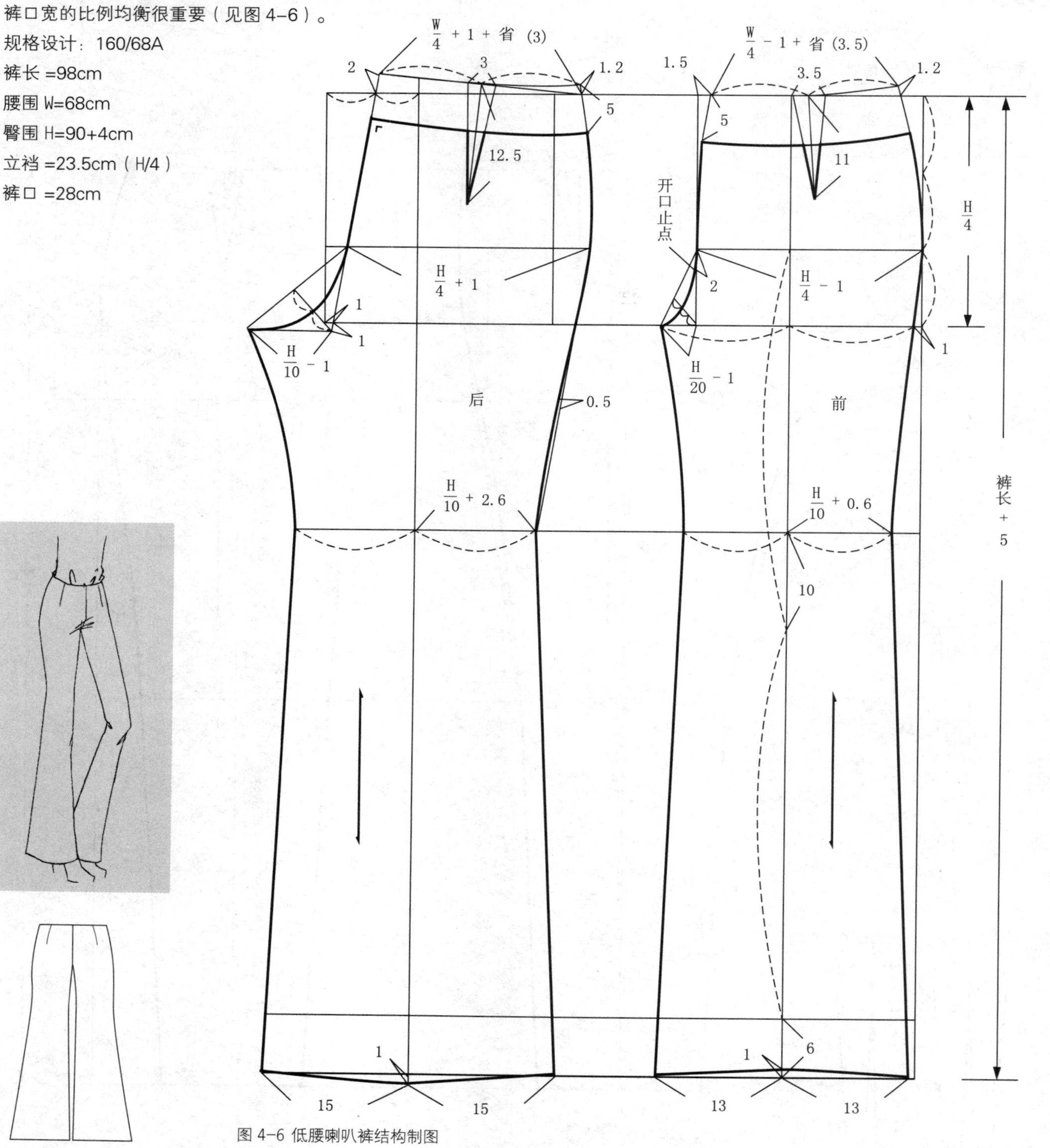

图 4-6 低腰喇叭裤结构制图

案例三：牛仔裤结构设计

牛仔裤是一款常见的深受人们喜爱的传统裤型。明线设计是牛仔裤的特征之一。此款牛仔裤属瘦身合体款式，后裤片中心线倾斜角度加大，后腰省量在两侧去掉，前裤片腰省量利用口袋弯势去掉。立裆尺寸 H/4+1cm 包括了腰头尺寸，中裆线依款式风格上提了 5cm（见图 4-7-1 ~图 4-7-3）。

规格设计：160/68A

裤长 =103cm

腰围 W=68cm

臀围 H=90+4cm

立裆 =24.5cm（H/4+1cm）

裤口 =18cm

腰宽 =3.5cm

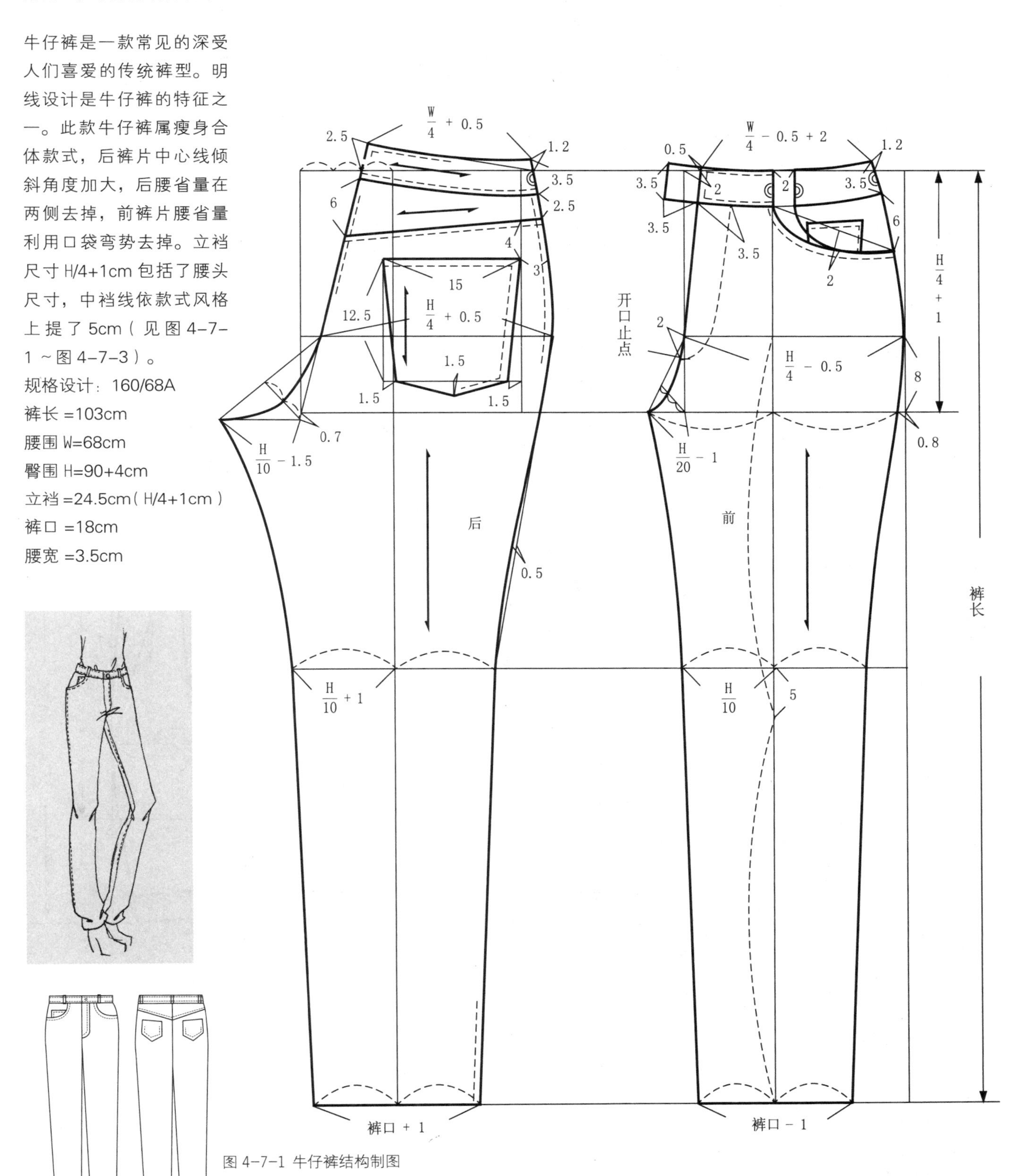

图 4-7-1 牛仔裤结构制图

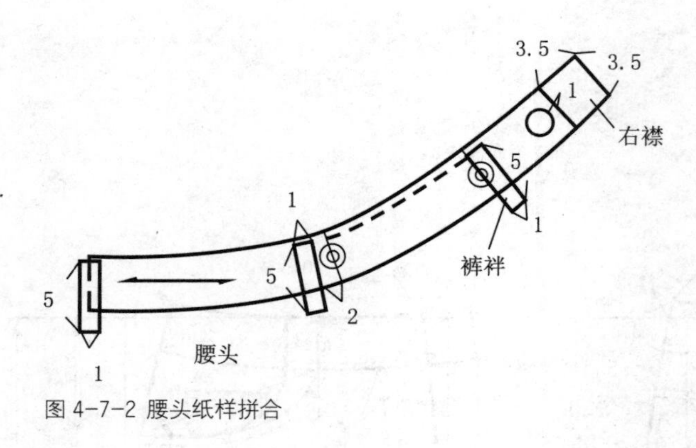

图 4-7-2 腰头纸样拼合

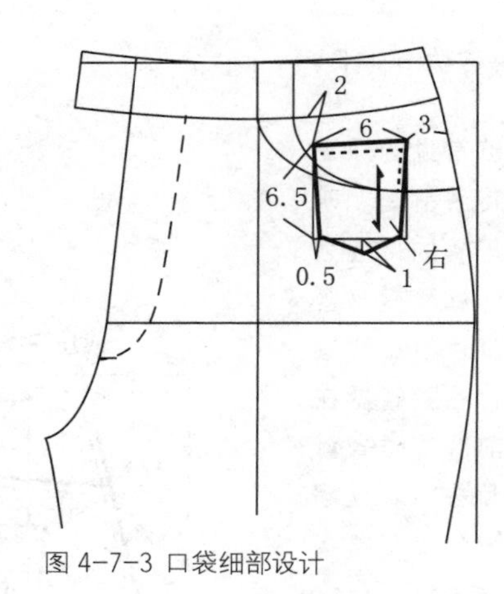

图 4-7-3 口袋细部设计

案例四：短裤结构设计

通常在膝部以上任何位置的裤子都可称为短裤，常给人以轻快活泼的感觉。此款短裤特点是在裤口处的翻边设计，裤身较宽松。制图时后裆线比前裆线下落 2.5cm，与长裤有所区别（见图 4-8）。

规格设计：160/68A

裤长 =40cm

腰围 W=68+0cm

臀围 H=90+8cm

立裆 =24.5cm（H/4）

裤口 =27cm

腰宽 =3.5cm

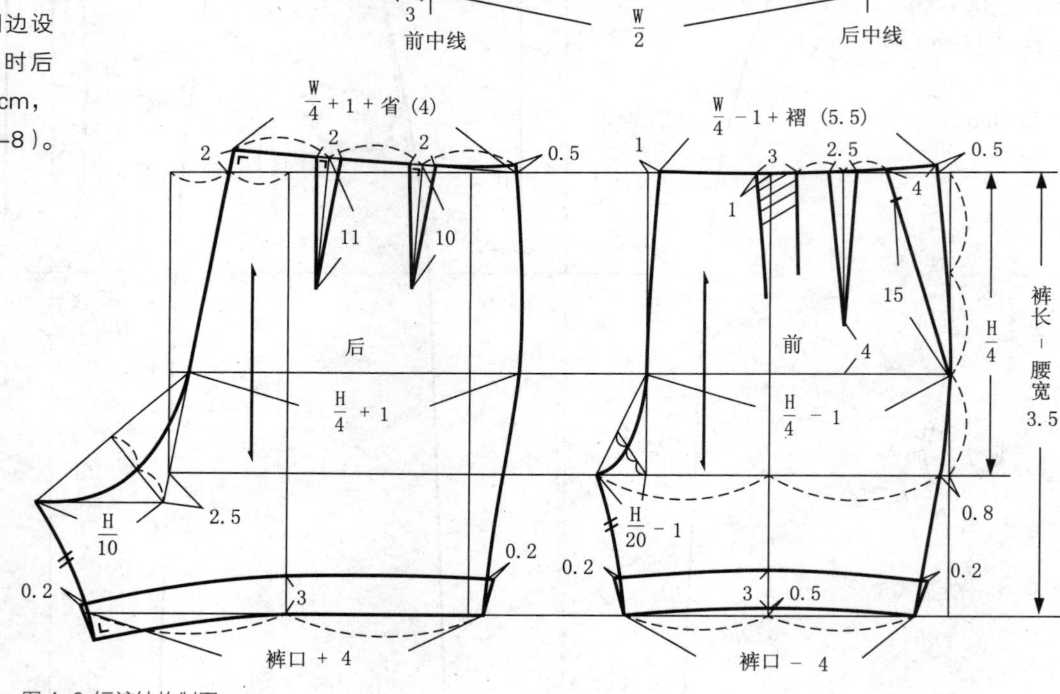

图 4-8 短裤结构制图

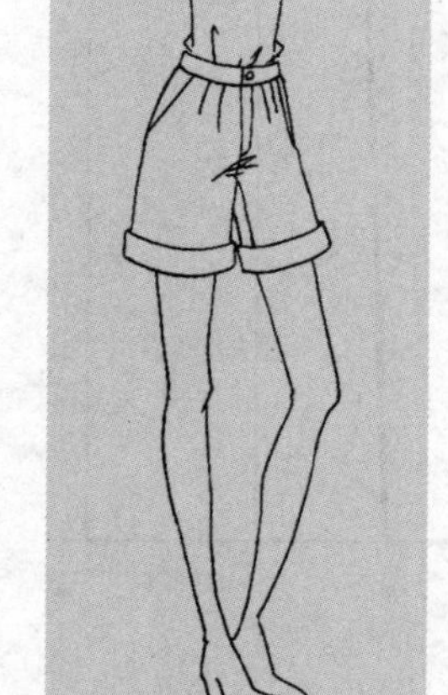

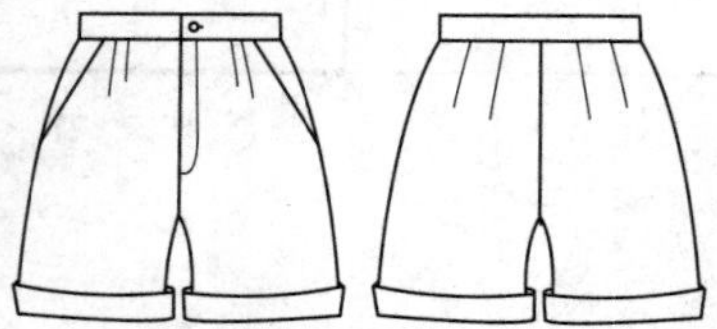

案例五：七分裤结构设计

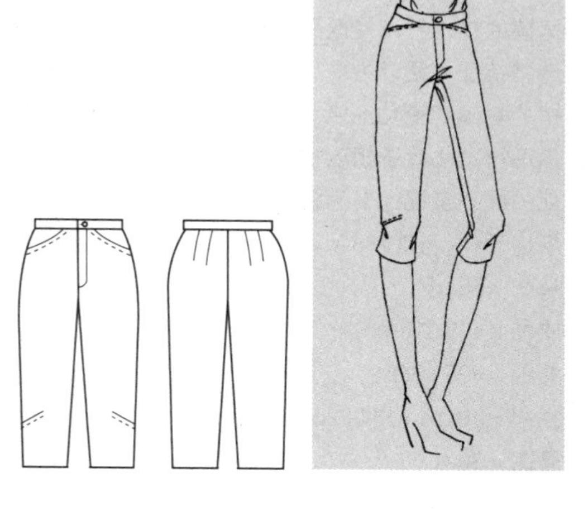

七分裤属于中长裤系列，此款七分裤较合体，前片腰省量分配在袋口弯势和裤片的两侧中，膝部设计省道作适体造型。依款式造型需要立裆尺寸设计稍短：H/4−1cm（见图 4−9）。

规格设计：160/68A

裤长 =74cm

腰围 W=68+0cm

臀围 H=90+4cm

立裆 =23cm（H/4−1cm）

腰宽 =3cm

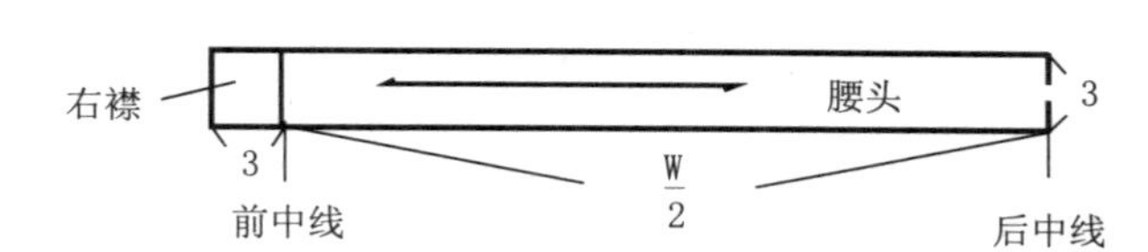

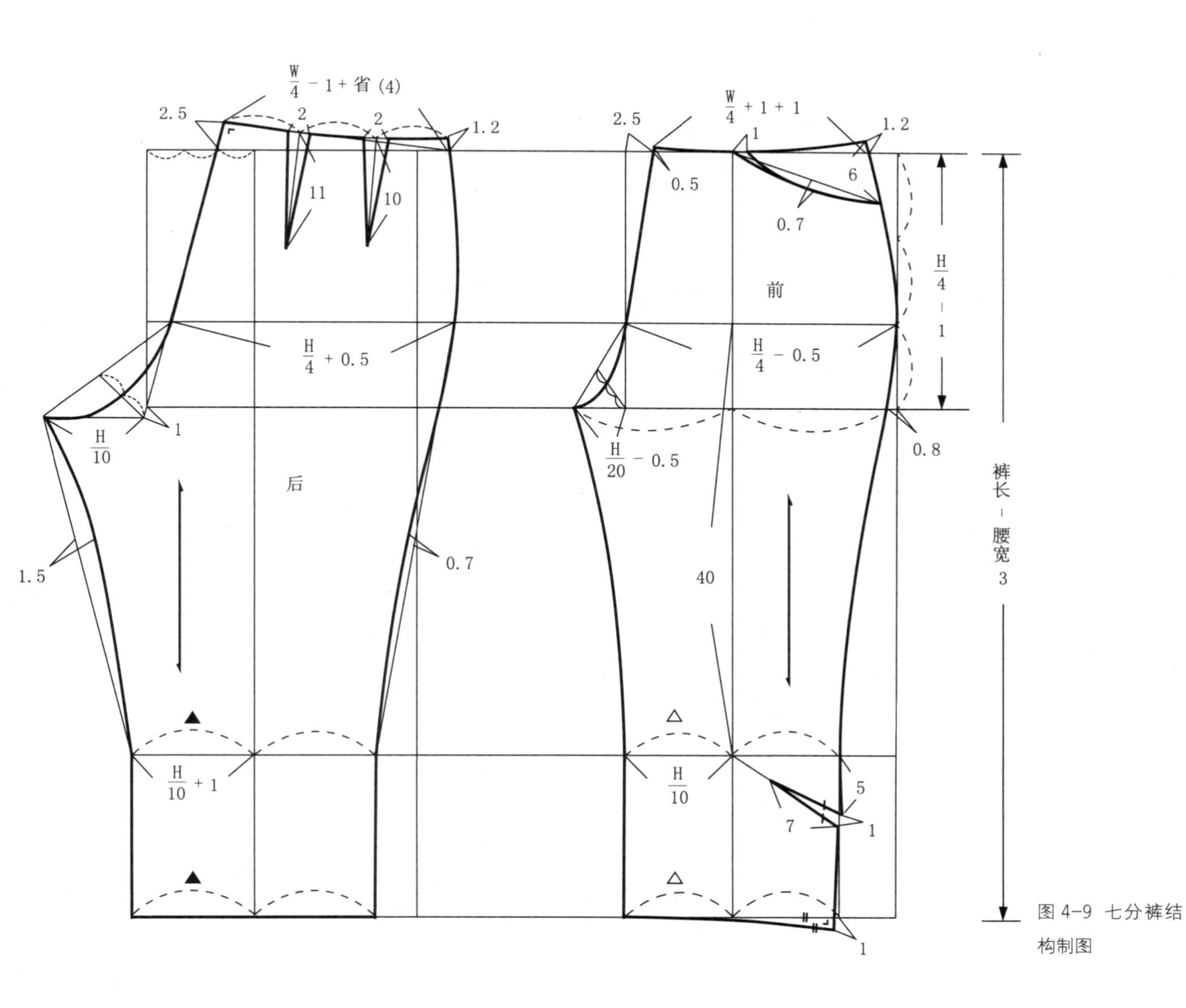

图 4−9　七分裤结构制图

案例六：裙裤结构设计

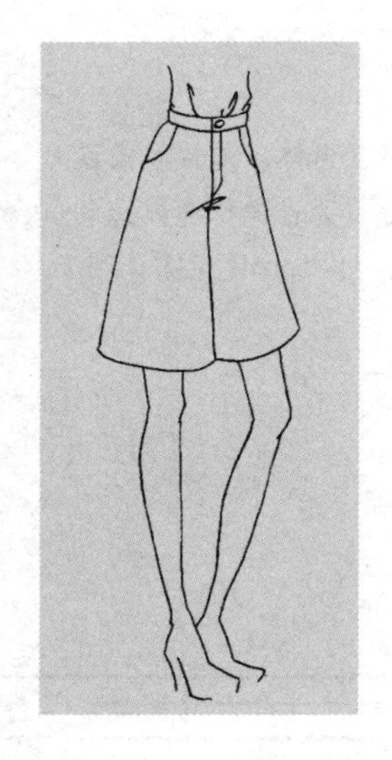

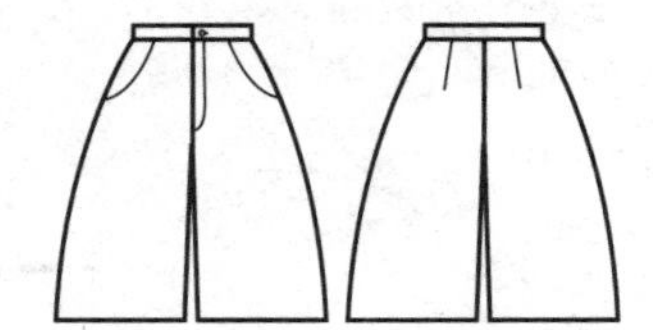

裙裤的结构特点是既具有裤子的裆部结构设计又具有裙子的造型特征，活动方便，深受人们喜爱。此款裙裤是在半紧身裙的基础上变化而来，在裙子的基础上加入立裆线，裙裤的前后裆宽比裤子相应加大，立裆尺寸设计为 H/4+2cm。裙摆处的展开量设计是考虑到造型需要和易于行走（见图 4-10）。

规格设计：160/68A

裤长 =60cm

腰围 W=68+1cm

臀围 H=90+6cm

立裆 =26cm（H/4+2cm）

腰宽 =3cm

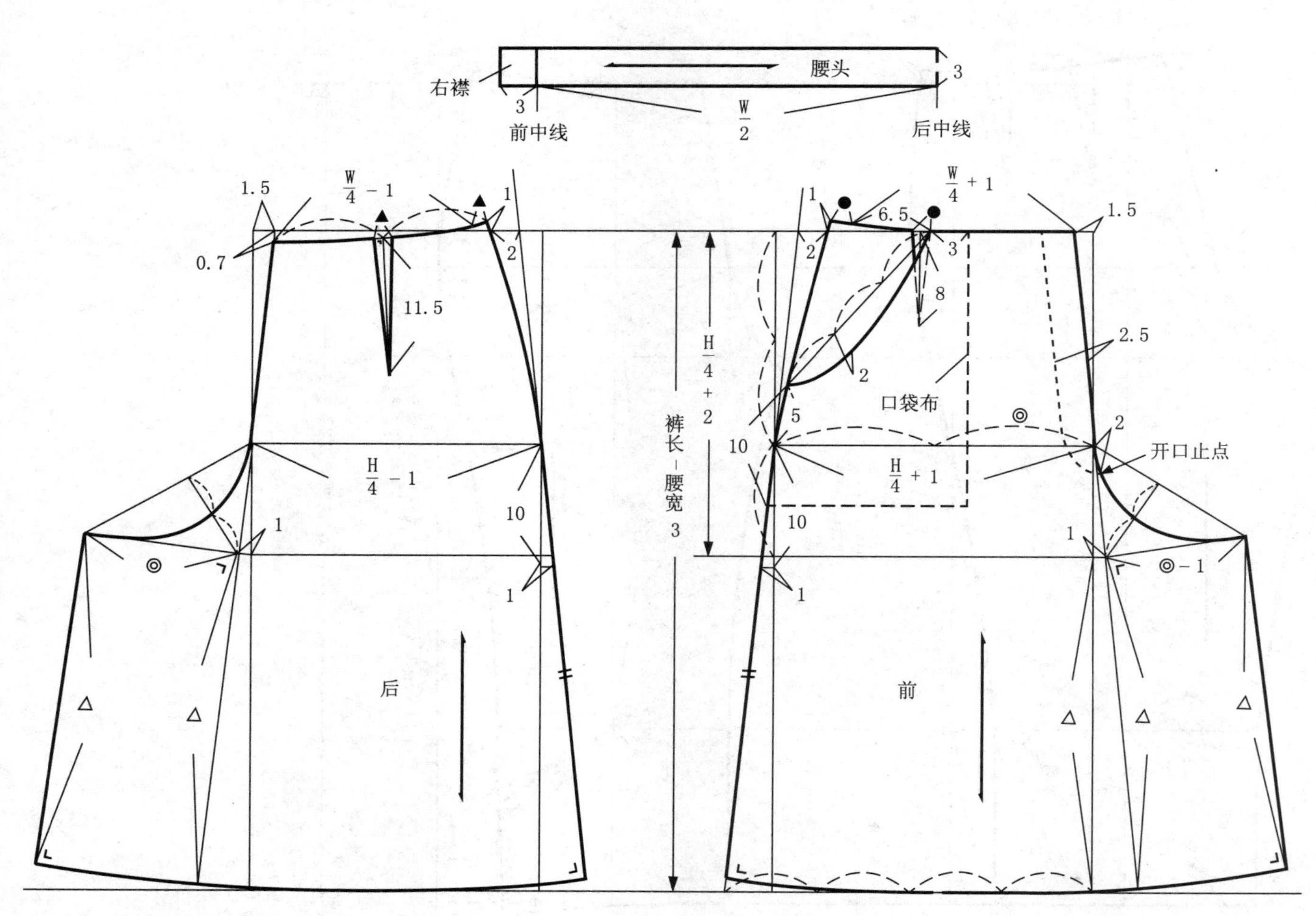

图 4-10 裙裤结构制图

案例七：连腰裤结构设计

此款裤型造型特点为腰部无接缝，腰身与裤身连为一体，整体造型适体修长。前后腰部各设计一个腰省，前后裆宽尺寸作了细微调整（见图 4-11）。

规格设计：160/68A

裤长 =104cm

腰围 W=68+2cm

臀围 H=90+4cm

立裆 =23.5cm（H/4）

裤口 =20cm

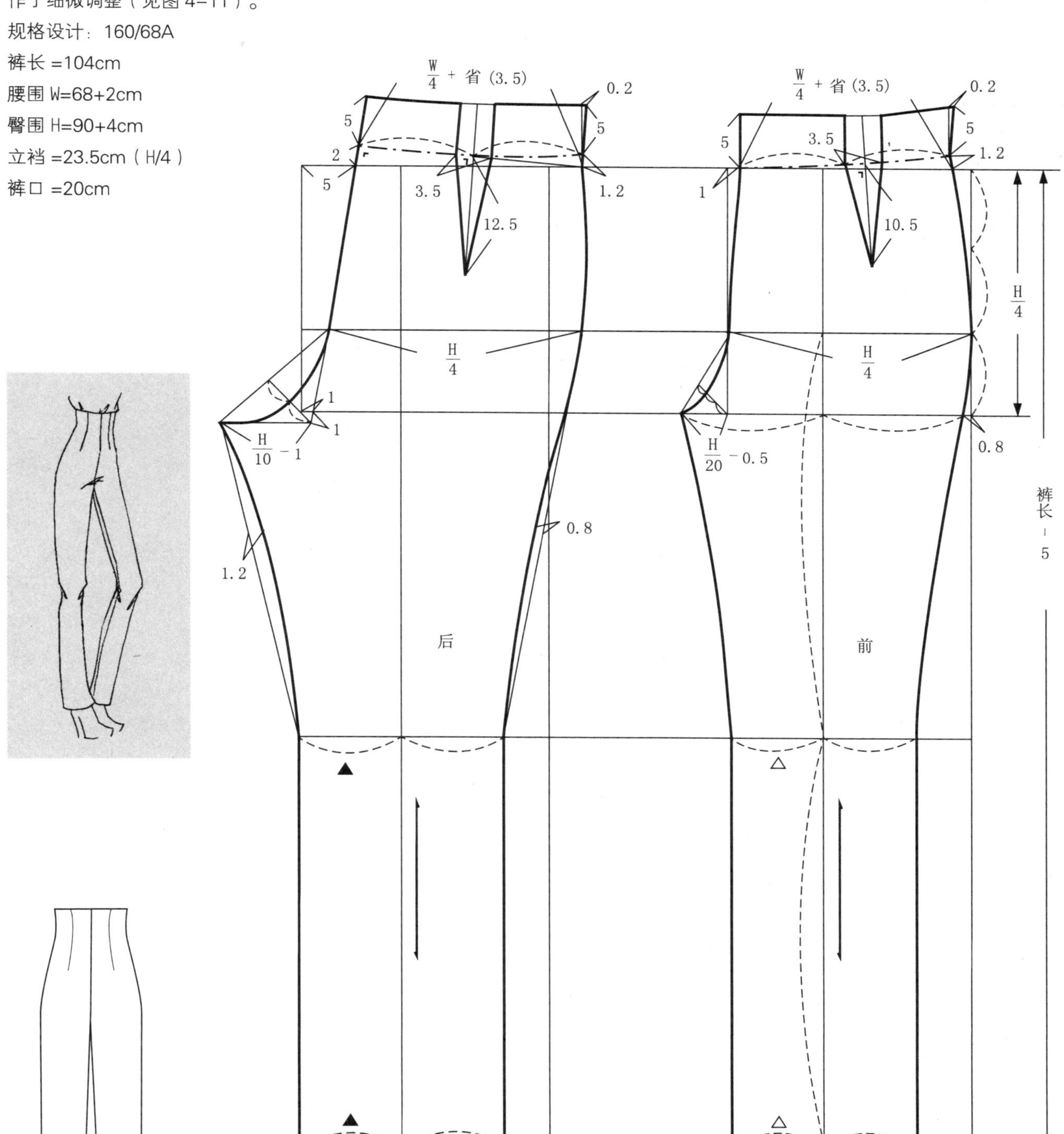

图 4-11 连腰裤结构制图

案例八：背带裤结构设计

背带裤是连体装的一种，裤身与衣身部分相连，源于具有工作性质的工装裤。此款工装裤有明线和腰头设计。腰部较宽松，腰至臀部两侧有纽扣的开口设计，胸部与裤身有不对称的口袋设计。立裆尺寸稍下落（见图 4–12）。

规格设计：160/68A

裤长 =122cm

腰围 W=68+8cm

臀围 H=90+10cm

立裆 =26cm（H/4+1 cm）

裤口 =22cm

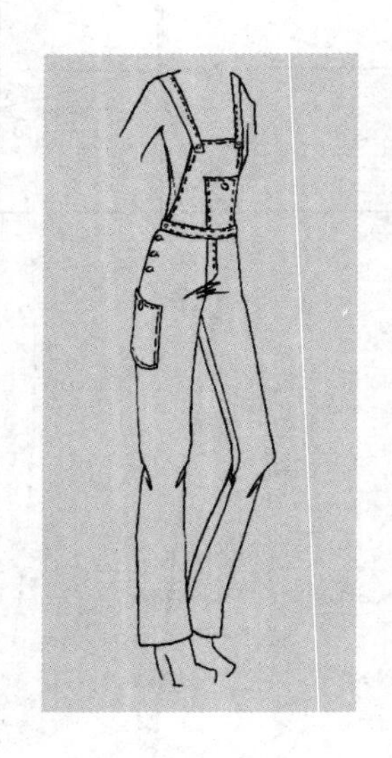

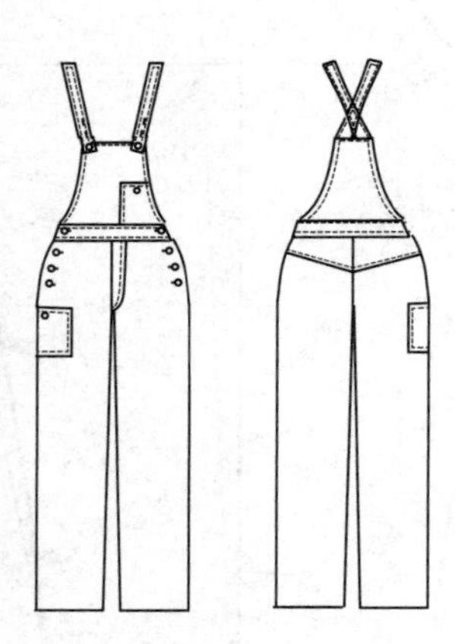

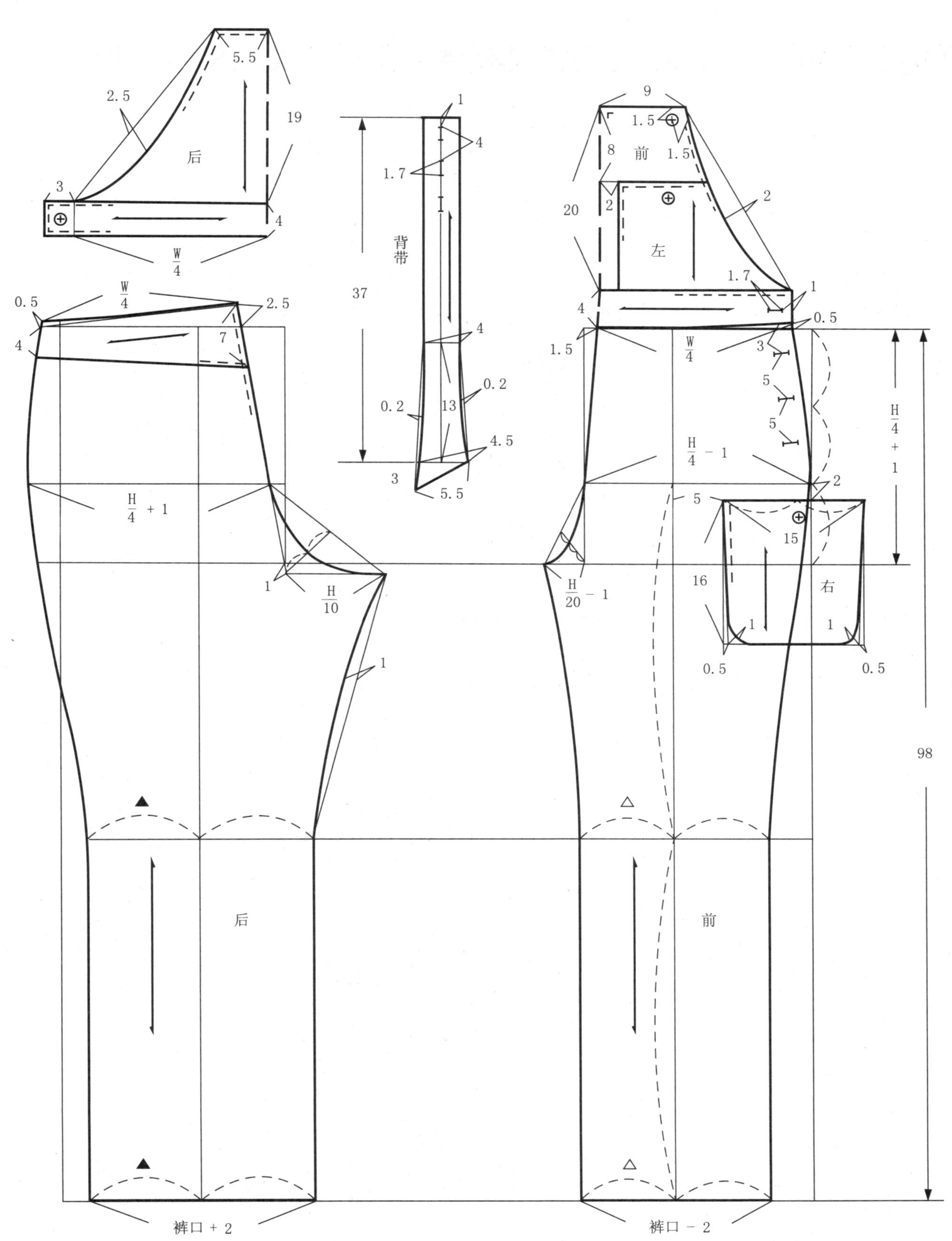

图 4-12 背带裤结构制图

课后实训

一、用所学知识，完成下列裤子的结构设计。

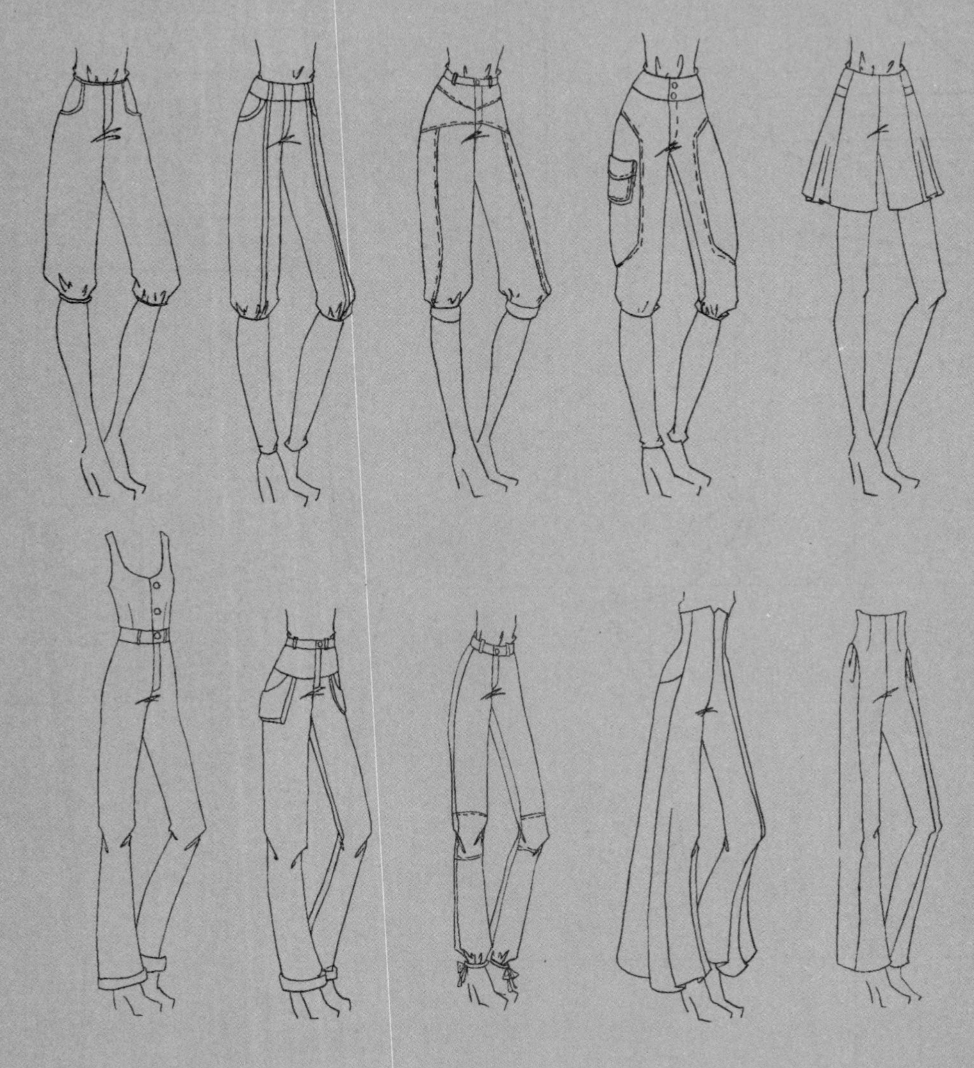

二、市场调研。

3 ~ 5 个同学一组进行市场调研，收集裤子款式 20 款，按其款式风格进行分类，分析其结构构成特点并加以说明。

三、用所学知识，独立设计完成三款裤子的结构设计。

制图要求：

制图比例：1:1。

线条规范，分清轮廓线与基础线。

尺寸准确，符号与字母书写规范。

样板结构准确，相关部位结构线吻合。

标注必要尺寸。

标注纱向线。

第五章

无论是单裁单做，还是批量生产，结构设计样板的延展和工艺制作前的准备都是必不可少的，结构设计与工艺制作之间需要有必要的衔接。

课题说明

本章介绍了结构设计的延展——毛样板的设计与制作要点，缝份的加放原则与注意事项，以及工艺制作前准备：算料与排料的基本方法。

实践意义

掌握毛样板的设计与制作要点及算料与排料的基本方法，可有效地保证工艺制作顺利的进行和结构设计完整、准确的体现。

实践目标

掌握毛样板的设计与制作要点。

掌握缝份的加放原则与注意事项。

掌握算料与排料的基本方法。

实践方法

以完成各种款式的1:1等比例毛样板为主的实践操作训练。

第一节
纸样板的制作

服装样板的制作是服装结构设计的后续和发展，是服装工艺制作的前提准备。服装样板是在服装结构图的基础上，周边作出放量即缝份，并加上文字标记、定位符号等，形成一定形状的样板。一套规格完整的样板，应在保证原有的结构风格特征的原则下，结合面料的特征，考虑裁剪、缝制、整烫等工艺条件，做到既有规范性又有科学性。

一、样板的分类

样板可分为服装个体裁剪样板和服装工业样板，服装工业样板是建立在人体号型系列数据的基础上的制板，因服装工业化生产通常为批量生产，所以工业样板的制作有规范的标准。比较而言，服装个体裁剪样板形式灵活，是以单个人体的尺寸为依据进行制板，以单裁单做的形式完成。有的甚至忽略了纸样的步骤，直接在布料上画样剪裁。

工业样板的介绍

所谓工业样板是指以批量生产为目的为制作服装而准备的纸样，是生产同一产品，多种规格的批量生产的需要。工业样板由一整套从小到大，各种规格的面料、里料和衬料样板组成，可分为裁剪样板和工艺样板两大类（见表5-1）。

服装工业样板
- 裁剪样板
  - 面料样板
  - 里料样板
  - 衬料样板
  - 内料样板
  - 辅助样板
- 工艺样板
  - 修正样板
  - 定位样板
  - 定形样板

表5-1

（1）裁剪样板。

裁剪样板主要用于批量裁剪中的排料、划样等工序，其均为毛样板。裁剪样板又可分为面料样板、里料样板、衬料样板、内衬样板、辅助样板。

内衬样板是面料与里料之间填充物：毛织物、絮料、起绒布等的样板。

辅助样板是服装有特殊部位用绣花、松紧带等工艺时处理，需要制作的辅助裁剪样板。

（2）工艺样板。

工艺样板主要用在服装缝制加工过程和后整理环节中，可以使服装加工顺利进行，保证产品规格一致，提高产品质量。工艺样板是对衣片或半成品进行修正、定位、定形等处理的样板，可分为修正样板、定位样板、定形样板。

修正样板是保证裁片在缝制前与裁剪样板保持一致的样板。面料在裁剪、熨烫过程中会产生不同程度的变形，需要用标准的样板进行核对、调整。修正样板也常用于需要对条格的服装制作中。

定位样板主要用于半成品中某些部件的定位，如衣片上口袋、省道、折边等位置的确定。通常在多数情况下，定位样板与修正样板两者合用。

定形样板是为保证某些关键部位的外形、规格符合标准而采用的用于定形的样板。主要用于衣领、衣袋等部位，通常为净样板，样板常用较硬、耐磨的材料制成（见图5-1）。

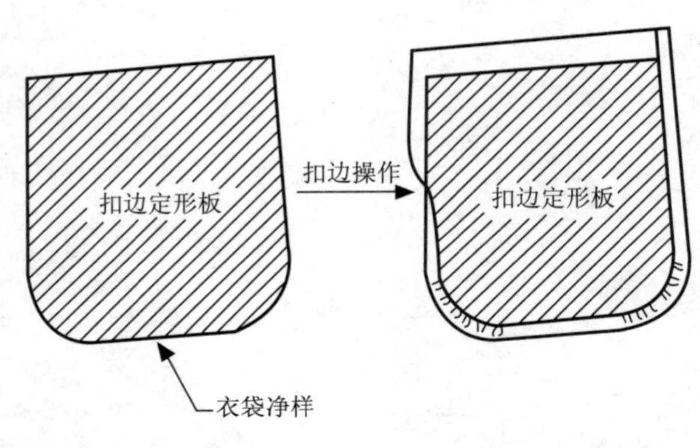

图5-1 扣边定形样板

二、样板制作要点

1. 净样板的检查与修正

净样板的检查与修正包括：结构制图时重叠的部位，要分别透好，检查所有部位的净样板是否齐全；对各部位设定尺寸的复核，主要包括衣长、胸围、腰围、臀围、袖长等主要部位的尺寸检验；对各缝合部位的尺寸是否匹配，对合的线条是否圆顺的检查修正，如下：

（1）领口的圆顺（见图 5-2）。

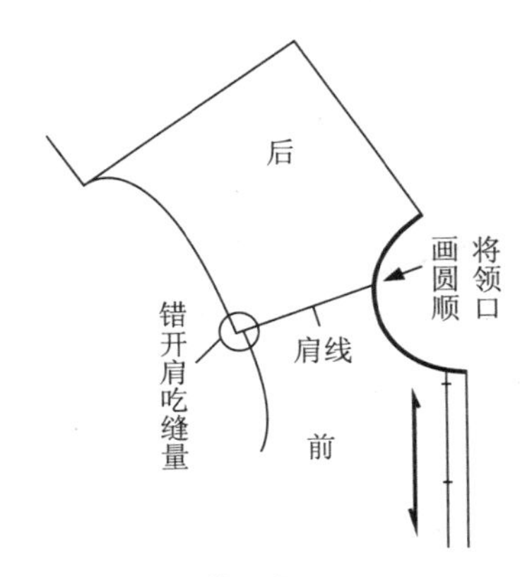

图 5-2 领口的圆顺

（2）肩部袖窿弧线的圆顺（见图 5-3）。

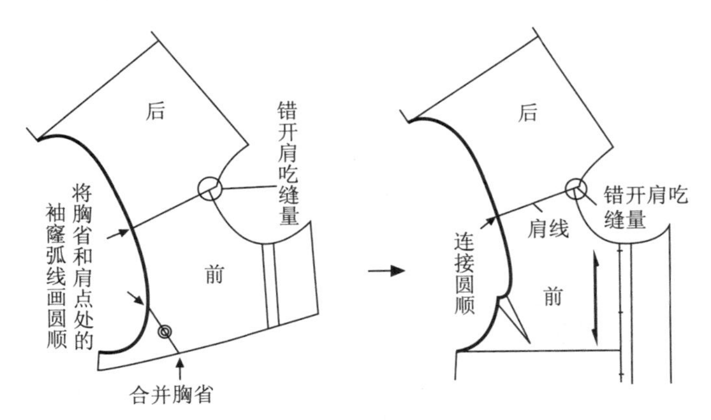

图 5-3 肩部袖窿弧线的圆顺

（3）衣身领口弧线长度与领片下弧线长度等长（见图 5-4）。

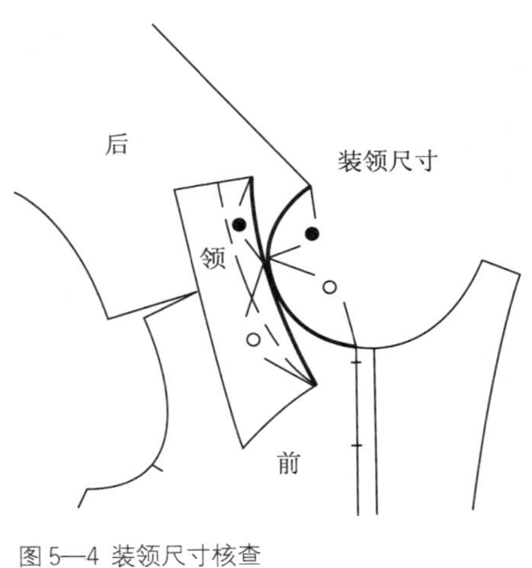

图 5—4 装领尺寸核查

（4）袖山弧线与袖口线的圆顺（见图 5-5）。

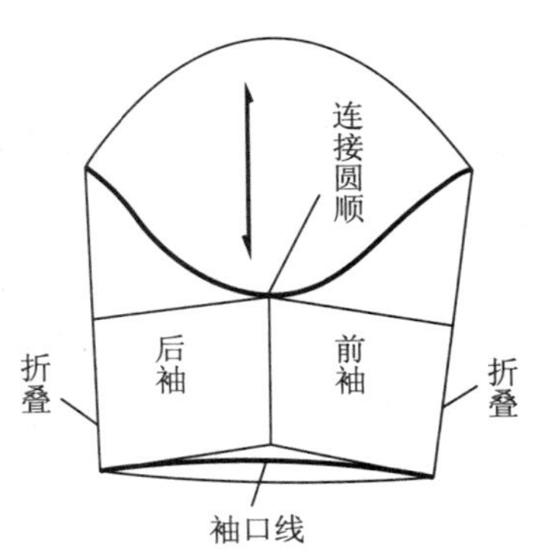

图 5-5 袖山弧线与袖口线的圆顺

（5）衣身袖窿弧线的圆顺（见图5-6）。

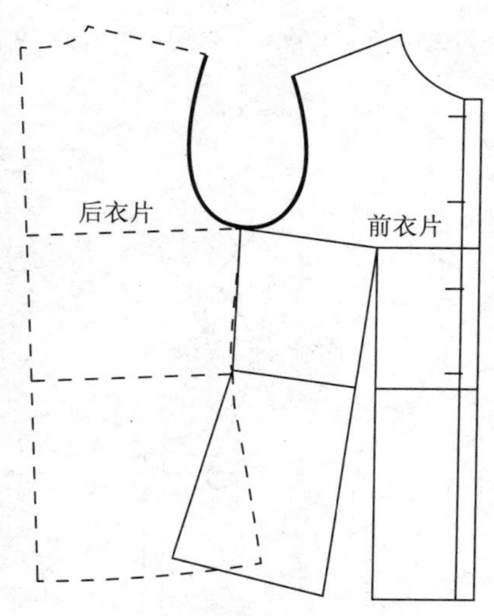

图 5-6 衣身袖窿弧线的圆顺

（6）衣摆的圆顺（见图5-7）。

（7）其他长度如侧缝是否等长、前后肩线长度的匹配都需要核查。

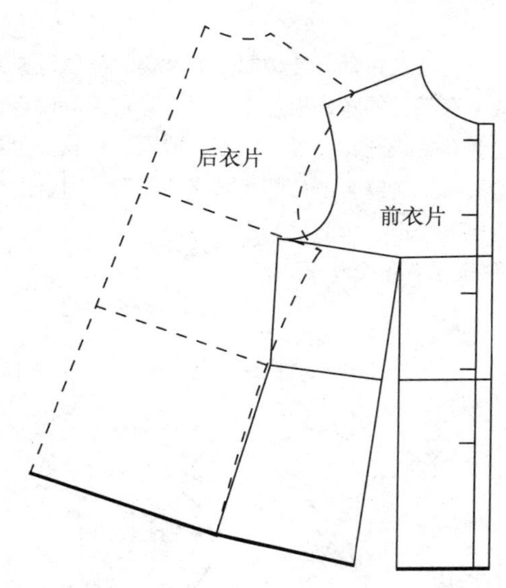

图 5-7 衣摆的圆顺

2. 样板缝份的加放

服装结构设计所产生的样板为净样板，不能用于缝纫。需要在净样板的基础上加出缝份，缝份是缝纫时用的量。加放缝份的样板被称为毛样板。样板缝份的加放应根据服装品种、款式结构、面料特性和缝制工艺要求等来决定。

（1）样板缝份的加放与裁片的部位（见表5-2）。

表 5-2 不同部位的缝份参考数据表　　单位：cm

部位	参考放量
底摆	衬衫 2 ~ 2.5，一般上衣 3 ~ 3.5，毛呢类 4，大衣 5
袖口	一般与底摆放量相同
裤口	长裤 3.5 ~ 4，高档面料 5，短裤 3
裙摆	一般 3 ~ 4，斜裙裙摆≤ 2
口袋	明贴袋、大袋、无袋盖式 3.5，有袋盖式 1.5，小袋、无袋盖式 2.5，有袋盖式 1.5
开衩	一般 1.7 ~ 2
开口	装拉链或钉纽扣的开口，一般 1.5 ~ 2

（2）样板缝份的加放与缝制工艺（见表 5-3）。

表 5-3 不同缝制工艺的缝份参考数据表 单位：cm

名称	图例	说明	参考放量
分缝	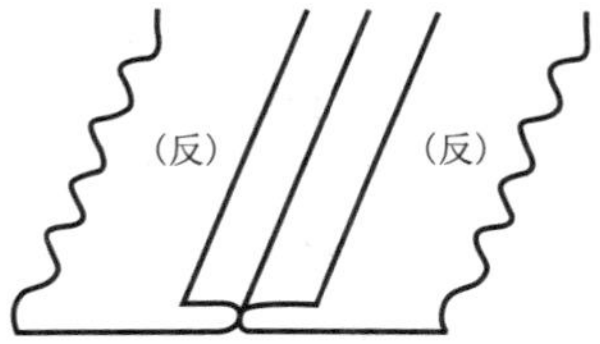 （反）（反）	平缝后缝份两边分开烫平	1
倒缝	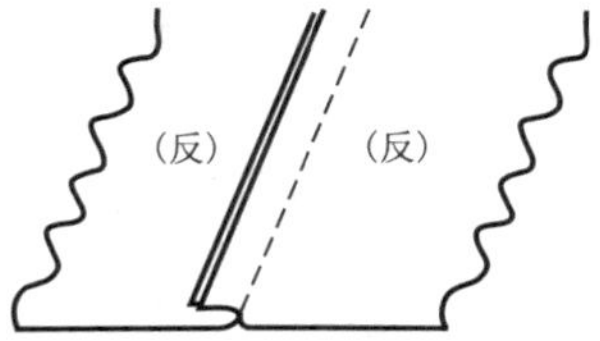 （反）（反）	平缝后缝份向一边烫倒	1
	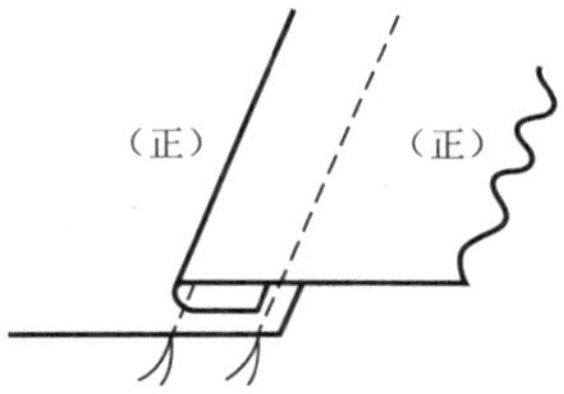 （正）（正）	上层面料缝份被包住，且有一条明线，下层缝份需锁边，可见两条线迹	如明线宽度为 0.5，上层面料缝份为明线宽度减 0.1，下层面料缝份为明线宽度加 0.5
来去缝	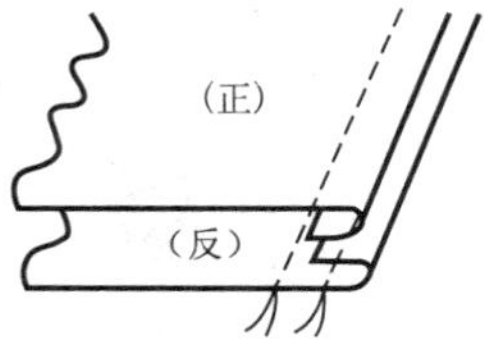 （正）（反）	先将两裁片反面相对，缉线约 0.5 宽，再翻到裁片正面缉线约 0.6 ~ 0.7，将缝份包光	1.2 ~ 1.4
包缝	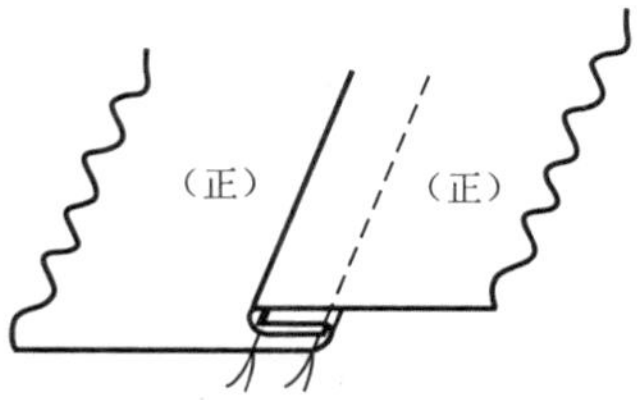 （正）（正）	正面可见一条线迹，反面可见两条线迹	如包缝明线宽 0.6，被包缝一侧缝份 0.4 ~ 0.5 包缝一侧缝份 0.6×2+0.2
弯绱缝	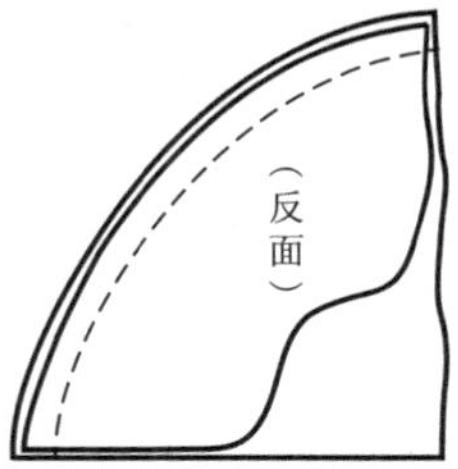 （反面）	相缝合的一边或两边为弧线	0.6 ~ 0.8

（3）样板缝份的加放与面料。

面料的质地有薄有厚，有松有紧，所以样板缝份的加放还要考虑到面料的质地特征。通常质地紧密而薄的面料可按 0.8 cm，中等厚度与密度的面料可按 1cm，质地厚而疏松的面料由于在裁剪及缝纫时容易脱散，所以缝份应相应加大，可为 1.2cm ~ 1.5cm。

在一些高档面料的样板缝份加放时，有时会在人体容易发生变化的部位多加放一些缝份，以备放大或加肥时使用。如上衣的背缝、侧缝、袖缝，裤子的后裆缝等。一般在原缝份上再多加 1.5cm 左右。

3. 缝份的制作

缝份制作的原则是与净样线平行加放，宽度一致。

（1）缝份的直角处理。

为了在缝制时使两裁片容易对合，通常对缝份进行直角处理。具体制图方法：延长净样线，与另一缝份线相交，过交点作一条直线垂直于净样线，交于缝份线，形成四角形端角。在对缝份进行直角处理时，一般是从净样线交叉角大的裁片开始，如交叉角相等，先从哪一片开始都可以。如图 5-8，净样线交叉角 a ＞ a′，所以先从 a 角裁片开始。

（2）无里布缝份制作。

不加里布时，领口和袖窿处的缝份在缝合分缝烫开后会发现缺少一部分缝份，既不美观还影响与其他部件组装后的牢度。此时的制作方法应为：过净样线交点 a 向里取一个缝份的宽度为 b，过 b 点作净样线的平行线与另一缝份线相交于 c 点，再过 c 点作 bc 的垂线，取两个缝份的宽作四角形端角，缝合分缝烫开后，将多余的部分剪掉（见图 5-9）。

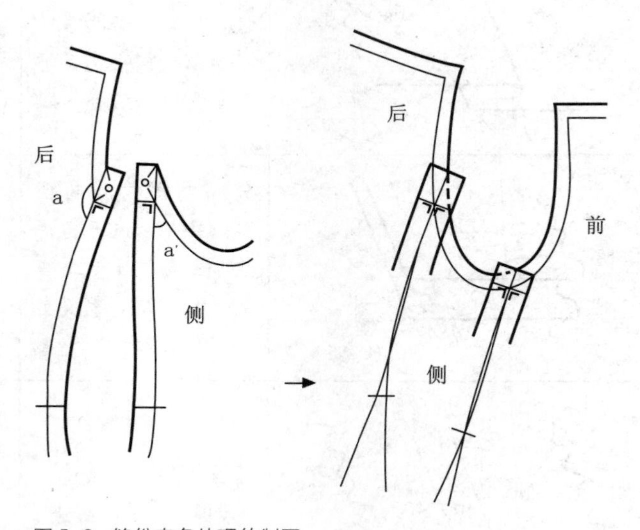

图 5-8　缝份直角处理的制图

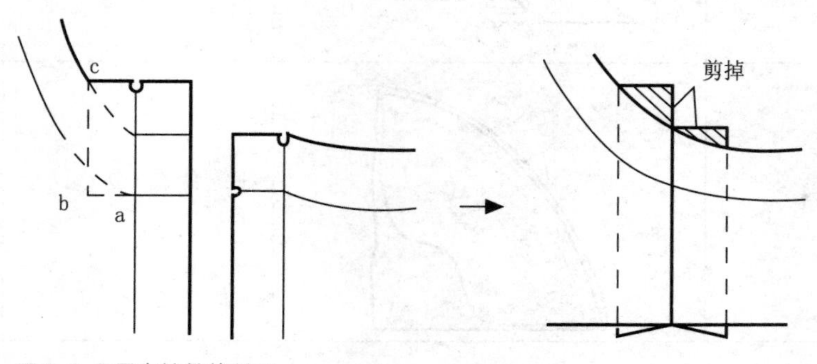

图 5-9 无里布缝份的制图

（3）衣摆、袖口、裤口等部位折边缝份的制作。

衣片的衣摆、袖口及裤口等部位的折边，如按平行净样线加放缝份，会出现尺寸不一、互不服帖的现象。正确的制作方法（见图 5–10）。

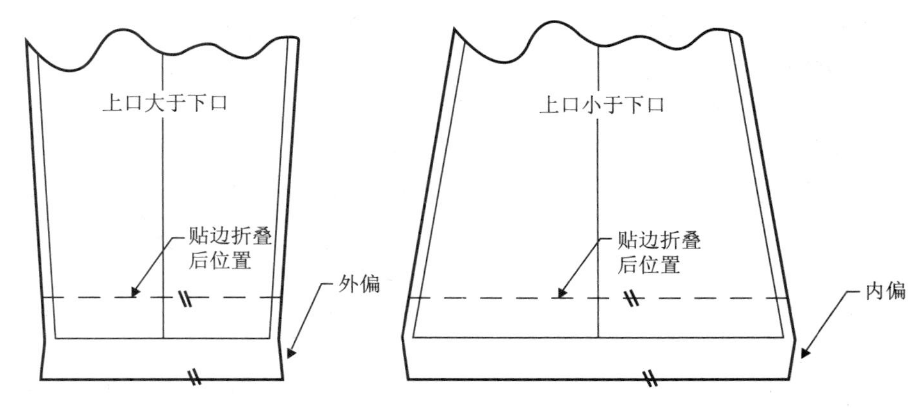

图 5–10 裤口折边缝份的制图

4. 样板的标记

必要的标记是规范化样板的重要组成部分，是无声的样板语言。样板中的标注主要包括文字的标记、剪口标记和钻眼标记。

（1）文字的标记。

文字标注的字体要规范统一，标注方向通常与布纹方向一致。见图 5–11，图（a）通常是手工制板标注的方向，图（b）通常是 CAD 制板标注的方向。标注的主要内容包括：

①服装名称及规格的标注。

②样板名称的标注（面料样板、里料样板、衬料样板等）。

③纸样部位名称及数量的标注。

④布纹方向的标注。

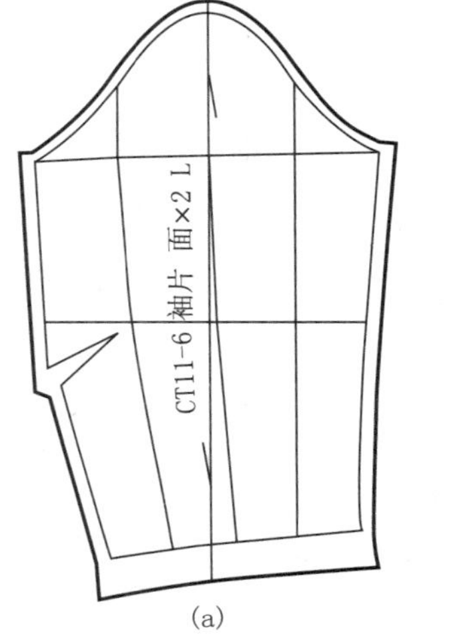

图 5–11 样板的文字标注

（2）剪口标记和钻眼标记。

剪口标记和钻眼标记都属于定位标记。

剪口一般用来表示缝份与折边的大小、宽窄以及对合部位的标记等。剪口的形状通常为三角形，宽度为 0.2 ~ 0.3cm，深度为 0.5cm，并垂直于轮廓线。

钻眼是在裁片的内部，应细小，一般不超过 0.5cm，其位置应比实际所需距离短，如收省的定位，比省的实际距离短 1 cm。贴袋的定位，比袋的实际大小偏进 0.3cm。剪口与钻眼标记的部位有：

① 缝份与折边的宽窄（见图 5–12）。

② 收省的位置和大小（见图 5–13）。

图 5–12 缝份与折边宽窄的标记

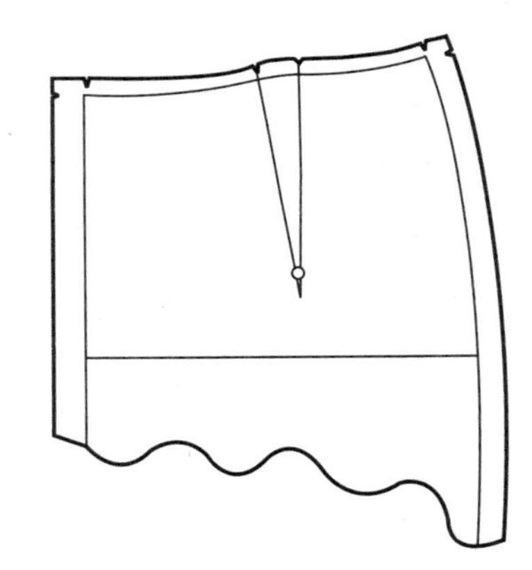
图 5–13 收省位置和大小的标记

③ 褶裥、缉裥、缝线的位置或抽褶的大小（见图 5-14）。
④ 开衩的位置（见图 5-15）。
⑤ 零部件装配对合的位置（见图 5-16）。
⑥ 不同裁片相同的位置（见图 5-17）。
⑦ 其他依款式、面料需要标明的位置。

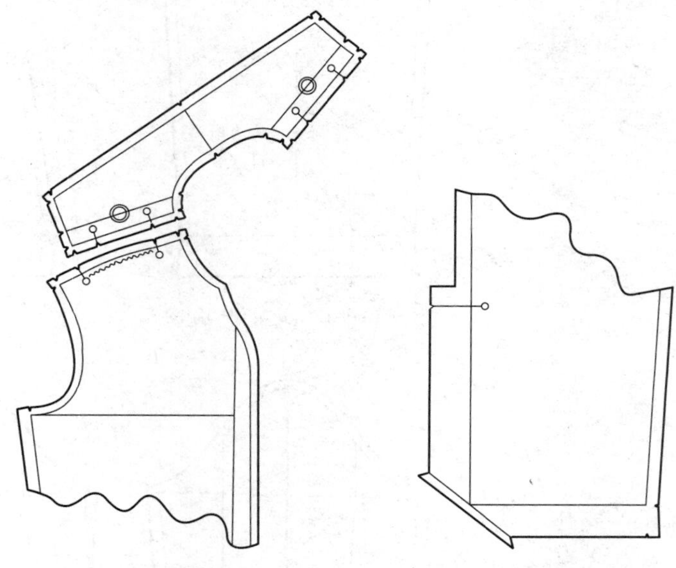

图 5-14 抽褶大小的标记

图 5-15 开衩位置的标记

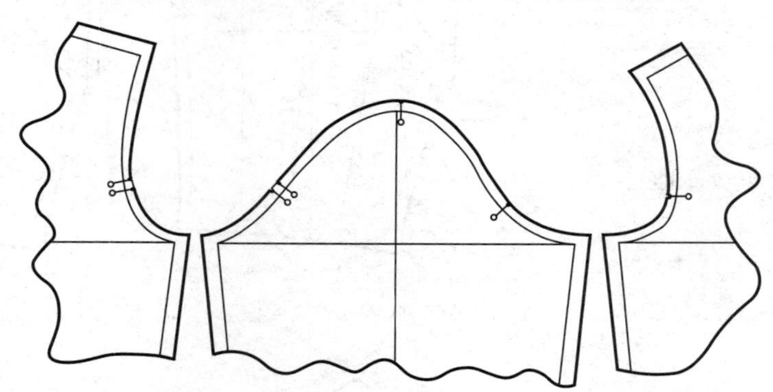

图 5-16 零部件装配对合的标记

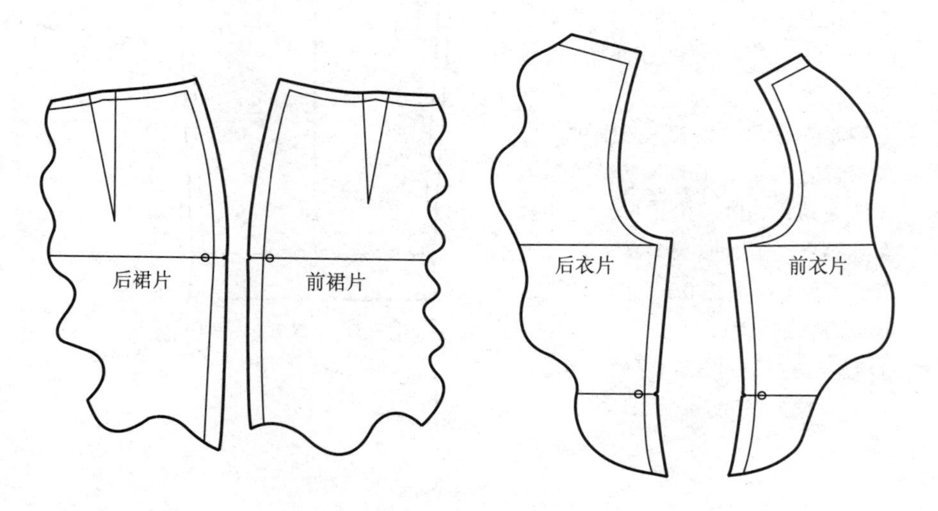

图 5-17 裁片相同位置的标记

第二节
算料与排料

一、算料
二、排料

一、算料（见表 5–4）

表 5–4 常用女装算料公式 单位：cm

款式	布幅	用料	说明
短袖衬衫	90	衣长 ×2+ 袖长	胸围大于 100，每大 3，加料 6。
	114	衣长 + 袖长 ×2+10	
	146	衣长 + 袖长	
长袖衬衫	90	（衣长 + 袖长）×2–6	胸围大于 100，每大 3，加料 6。
	114	衣长 ×2+10	
	146	衣长 + 袖长	
西装两用衫	90	（衣长 + 袖长）×2	胸围大于 100，每大 3，加料 6。
	114	衣长 + 袖长 +30	
	146	衣长 + 袖长 +10	
连衣裙	90	裙长 ×2.5	一般款式。
	114	裙长 ×2	
	146	裙长 +20	
女裤	90	裤长 ×2+10	臀围大于 120，每大 3，加料 6。
	114	裤长 ×1.5+20	
	146	裤长 +8	

二、排料

1. 排料的基本原则

（1）注意面料的正反一致和衣片的左右对称

（2）注意面料的丝绺和方向的正确

①依据样板上纱向线的方向，按面料的经纱、纬纱或斜纱向摆正。

②注意具有方向性的面料：表面起绒或起毛的面料；有些条格颜色或条格有方向性变化的面料；有些图案和花纹具有方向性的面料。对于这些具有方向性的面料，排料时要特别注意衣片的方向按设计和工艺要求，保证衣片外观的一致和对称，避免图案倒置。

（3）注意面料的色差与疵点

（4）注意对条对格

（5）注意节约用料

①齐边平靠，紧密套排

齐边平靠是指样板有平直边的部位，平贴于面料的一边或两条直边相靠。其他形状的边线，弯弧相交，凹凸互套，紧密套排，尽量减少样板间的空隙。

②先大后小，缺口合并

先将主要部件、大部件按上述方法，两边排齐，尽量将有缺口的样板合并在一起，使两片之间的空隙加大，放入小片样板。

2. 公主线式连衣裙的双幅面料排料图（见图 5-18）

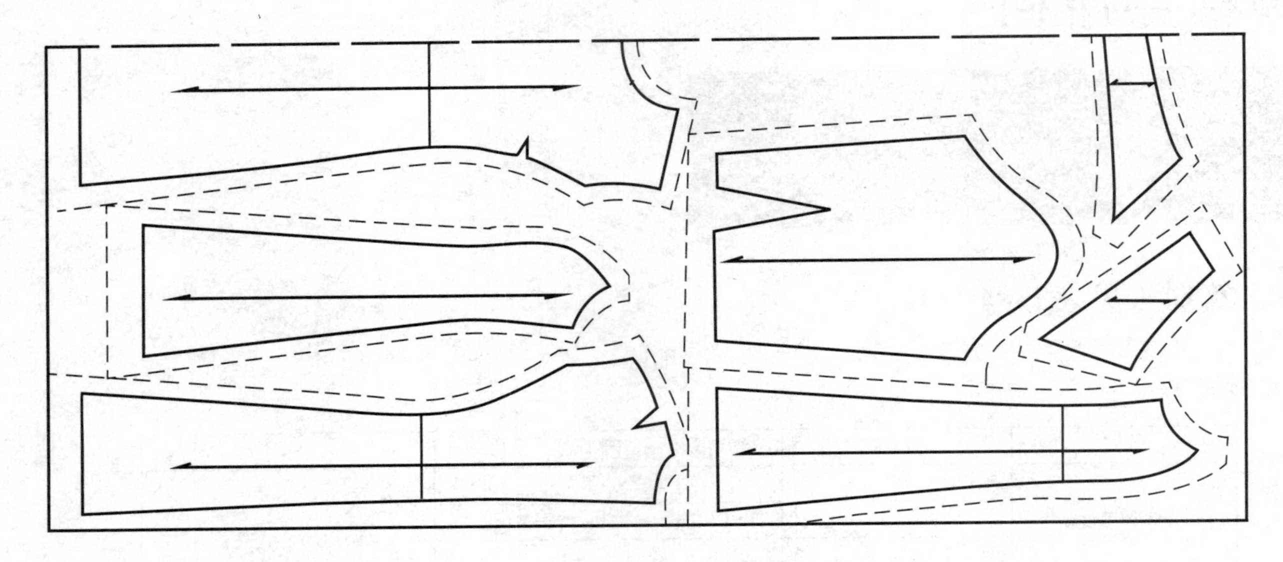

图 5-18 公主线式连衣裙的双幅面料排料图

课后实训

一、用所学知识，完成各种款式服装 1:1 等比例毛样板的制作。

二、依各种实际面料尺寸，计算各种不同款式服装的用料量。

三、按排料的基本原则，依据不同款式服装的特点进行灵活排料。

后记

结合本专业特点，研究学生接受新知识的心理特征，改变学生对服装结构制图枯燥单调的印象，增强学生服装结构设计的实际应变能力，是本书力图解决的问题。随着本书的完成，编者感到还有许多不尽之处，希望同行和前辈提出宝贵意见共同探讨。

本书在内容上以原型法的结构设计方法为主，介绍引入了日本文化服装学院女装原型的相关理论知识，在此加以说明，并对提供相关理论依据的作者表示深深的感谢！在教程的编写过程中王立慧老师负责完成了相关资料的提供、整理工作。王盈智、相鑫、李希振、乔玉玉、徐镜薇、刘培鑫等同学为本书的插图做了大量辛苦的工作，在此一并表示衷心的感谢！

编者

2012 年 3 月

参考书目

1. 第 30 页 图 2-13 三维激光扫描人体测量 来源 《服装造型学理论篇》 [日] 三吉满智子 主编 中国纺织出版社 2006 年 4 月 第 115 页

2. 第 30 页图 2-14 马丁人体测量仪器 来源《服装造型学理论篇》[日] 三吉满智子 主编 中国纺织出版社 2006 年 4 月 第 74 页

3 . 第 30 页图 2-15 杆状水平计测器的人体厚度测量 来源 《服装造型学理论篇》[日] 三吉满智子 主编 中国纺织出版社 2006 年 4 月 第 75 页

4 . 第 30 页图 2-16 外轮廓照相仪 来源 《服装造型学理论篇》[日] 三吉满智子 主编 中国纺织出版社 2006 年 4 月 第 94 页

5 . 第 30 页图 2-17 石膏人体测量法 来源《服装造型学理论篇》[日] 三吉满智子 主编 中国纺织出版社 2006 年 4 月第 109 页

1 .《服饰造型讲座 1——服饰造型基础》[日] 文化服装学院编 张祖芳 王明珠 张志英等译 东华大学出版社 2005 年 1 月

2 .《服饰造型讲座 2——裙子・裤子》[日] 文化服装学院编 张祖芳 纪万秋 朱瑾等译 东华大学出版社 2004 年 12 月

3 .《服饰造型讲座 3——女衬衫・连衣裙》[日] 文化服装学院编 张祖芳 周洋溢 束重华 周静等译 东华大学出版社 2004 年 12 月

4. 《服装造型学理论篇》[日] 三吉满智子 主编 郑嵘 张浩 韩洁羽 翻译 中国纺织出版社 2006 年 4 月

5 .《服装造型学技术篇 I》[日] 中屋典子 三吉满智子 主编 孙兆全 刘美华 金鲜英 翻译 中国纺织出版社 2004 年 10 月

6 .《服装造型学技术篇 II 》[日] 中屋典子 三吉满智子 主编 刘美华 孙兆全 翻译 中国纺织出版社 2004 年 9 月

7 .《文化服装讲座——基础篇》[日] 文化服装学院编 范树林 翻译 中国轻工业出版社 2003 年 8 月

8 .《女装结构设计 (上)》 章永红 主编 浙江大学出版社 2005 年 9 月

9.《服装结构设计》张文斌 主编 中国纺织出版社 2006 年 5 月

10. 《服装纸样设计原理与应用》刘瑞璞 编著中国纺织出版社 2008 年 9 月

11.《服装创意结构设计与制板》向东 著中国纺织出版社 2005 年 9 月

12.《服装号型标准及其应用》戴鸿 编著 中国纺织出版社 2009 年 4 月

13 .《服装制板与推板细节解析》徐雅琴 谢红 刘国伟 编著 化学工业版社 2010 年 4 月

14 .《实现设计——服装造型工艺》周少华 著 中国纺织出版社 2010 年 2 月

15. 《人体与服装》[日] 中泽愈 著 袁观洛 译 中国纺织出版社 2001 年 2 月